安徽省高等学校一流教材

# 数据结构与算法实训教程

上册


主　编　陈黎黎　许海峰

副主编　国红军　梁楠楠　张晓梅

编　委（以姓氏笔画为序）

李明东　杨小莹　杨成志　余晓永　张家喜

周　玮　凌　军　浮盼盼　谈成访　潘正高

中国科学技术大学出版社

## 内 容 简 介

本书为上册，共 9 章，内容包括绪论、线性表、栈和队列、串、数组和广义表、树和二叉树、图、查找和内排序。本书内容丰富，逻辑严密，条理清晰，还配有涵盖所有知识点的教学视频和示例代码等教学资源，可作为高等院校计算机类专业或信息类相关专业的教材，也可作为从事计算机工程与应用工作的广大读者的参考用书。

**图书在版编目(CIP)数据**

数据结构与算法实训教程. 上册/陈黎黎，许海峰主编. --合肥：中国科学技术大学出版社，2024.5

ISBN 978-7-312-05514-0

Ⅰ. 数… Ⅱ. ①陈… ②许… Ⅲ. ①数据结构—高等学校—教材 ②算法分析—高等学校—教材 Ⅳ. TP311.12

中国版本图书馆 CIP 数据核字(2022)第 170139 号

**数据结构与算法实训教程(上册)**

SHUJU JIEGOU YU SUANFA SHIXUN JIAOCHENG (SHANG CE)

**出版** 中国科学技术大学出版社
安徽省合肥市金寨路 96 号，230026
http://press.ustc.edu.cn
https://zgkxjsdxcbs.tmall.com

**印刷** 合肥市宏基印刷有限公司

**发行** 中国科学技术大学出版社

**开本** 787 mm×1092 mm 1/16

**印张** 17

**字数** 433 千

**版次** 2024 年 5 月第 1 版

**印次** 2024 年 5 月第 1 次印刷

**定价** 58.00 元

# 前　言

“数据结构与算法”是计算机学科中一门重要的专业核心课程，也是多数高校计算机及相关专业研究生入学考试必考的专业课程之一。它主要研究数据的各种组织形式、存储结构以及建立在不同存储结构之上的各种运算的算法设计、实现和分析，着重培养学生的数据抽象能力和编程能力。它是“操作系统”“编译原理”“软件工程”等后续专业课程的理论先导，也是从事Web信息处理、人工智能等理论研究、应用开发、技术管理等工作的理论和实践基础。

“数据结构与算法”内容丰富、涉及的概念多、算法灵活、抽象性强，给学生的学习带来了一定的困难。教材是促进教学质量提升的关键和基础。然而，现有的大多数“数据结构与算法”教材普遍过于侧重理论，难度较大且内容枯燥，特别是对于应用型本科院校的学生而言，缺乏一定的针对性和实用性，无法满足培养知识面广、实践能力强、可以灵活应用所学知识解决实际问题的应用型人才的需要。为了使学生能够更好地学习这门课程，掌握算法设计所需的技术，编者根据应用型本科院校学生的学习特点，结合近20年的教学经验，编写了《数据结构与算法实训教程》。

教材分为上、下两册，各9章。第1章为绪论，主要介绍数据结构的基本概念、算法和算法效率的度量等；第2～7章分别介绍线性表、栈和队列、串、数组和广义表、树和二叉树、图等各种基本类型的数据结构及其应用；第8章介绍查找技术；第9章介绍内排序技术。上册是数据结构与算法涵盖的相关“知识单元”，下册包含“实训项目”和“典型习题”。其中，“知识单元”给出了相关知识点的详细阐述，可以帮助学生更好地掌握理论知识，提高抽象思维能力；“实训项目”分为“基础实训”和“拓展实训”两种类型，它们提供了与知识点对应的不同难度的应用案例，可以方便教师开展实践教学，帮助不同层次的学生提高算法设计和实践能力；“典型习题”精选了大量不同类型的习题，包括近年来的一些考研真题等，以此帮助学生加深对数据结构知识点的理解，同时也是对所学知识掌握程度的一种有效检验。

本书为上册，由宿州学院陈黎黎、许海峰任主编，国红军、梁楠楠、张晓梅任副主编。其中，第1～3章由国红军、陈黎黎编写，第4、5章由许海峰、梁楠楠编写，第6、7章由陈黎黎、国红军编写，第8、9章由许海峰、张晓梅编写。宿州学院潘正高、崔琳等多位教授在本书编写过程中提供了富有建设性的宝贵意见，同时，各编委老师积极参与了本书的校对和整理工作，在此致以诚挚的谢意。另外，本书还参阅和借鉴了国内外许多相关的教材和专著,在此对相关作者表示感谢。

为了方便教师教学和学生学习,本书提供了全面而丰富的教学资源,其中包括教学PPT、教学视频、实训案例源代码和习题参考答案等,读者可以扫描书中二维码或从宿州学院网络教学平台(http://ahszu.fanya.chaoxing.com/portal)上免费获取。

本书为安徽省质量工程一流教材项目(2018yljc161)建设成果,得到了省级一流专业(2019163)、省级特色示范软件学院项目(2021cyxy069)的资助。

由于编者的学识水平有限,虽不遗余力,但书中仍可能存在疏漏之处,恳请广大读者批评指正。

编　者

2023年6月

# 目　录

# 第1章　绪　　论

## 学习要求

1. 了解数据结构的发展过程、数据结构在计算机领域的地位和作用。
2. 掌握数据结构的定义及相关的概念。
3. 理解并掌握数据的逻辑结构、存储结构及相互之间的关系。
4. 了解使用C/C++语言对数据结构进行抽象数据类型表示的方法。
5. 掌握算法分析的相关技术，能够正确地分析算法的时间和空间复杂度。

## 学习重点

1. 数据的逻辑结构和存储结构及两者之间的关系。
2. 算法的时间复杂度和空间复杂度的计算。

## 知识单元

在计算机发展的初期，人们使用计算机的目的主要是处理数值计算问题。处理这类问题，一般需要经过以下几个步骤：首先是从具体问题中抽象出一个适当的数学模型，然后设计或选择一个解决此类数学模型的算法，最后编写出程序并进行调试、测试，直至得出最终的解答。例如，汉诺塔问题的数学模型是一个递推公式，可以使用递归算法来求解。由于此时涉及的运算对象一般都是简单的整型、实型或布尔型数据，所以程序设计者的主要精力集中在程序设计的技巧上，无需重视数据结构。

随着软硬件技术的快速发展，计算机的应用不再局限于当初的数值计算，而是更多地用于控制、管理及数据处理等非数值计算领域。据统计，当今处理非数值计算性问题占用了90%以上的机器时间。与此相应的是，计算机加工处理的对象也由纯粹的数值型数据发展为字符、表格和图像等各种具有复杂结构的数据。然而，在非数值计算问题中，数据之间的相互关系一般无法用数学方程式来描述，这时考虑问题的关键不再是数学分析和计算方法，而是能否设计出合适的数据结构，从而有效地解决问题。

# 1.1 概　　述

数据结构是一门研究非数值计算的程序设计问题中,计算机的操作对象以及它们之间的关系和操作等的学科。

## 1.1.1 数据结构的起源

1968年,美国的D.E.Knuth教授开创了数据结构的最初体系,他所编著的《计算机程序设计技巧》第一卷《基本算法》是第一本较系统地阐述数据的逻辑结构和存储结构及操作的著作。

“数据结构”作为一门独立的课程最早也是从1968年开始设立的。虽然把“数据结构”作为一门课程,但当时对课程的范围并没有明确的规定。

20世纪70年代中期开始,各种版本的数据结构著作相继出现。到20世纪80年代初期,数据结构的基础研究日臻成熟,逐步成为一门完整的学科。时至今日,面向各专业领域中特殊问题的数据结构得到了深入研究和发展,如:多维图形数据结构等。同时,从抽象数据类型和面向对象的观点来讨论数据结构也已成为一种新的趋势。

## 1.1.2 数据结构的地位

数据结构的研究不仅涉及计算机硬件,而且与计算机软件的研究有着更为密切的关系,无论是编译程序还是操作系统,都涉及数据元素在存储器中的分配问题。在研究信息检索时,也必须考虑如何组织数据,以便快速查找和存取数据元素。因此,可以认为数据结构是介于数学、计算机硬件和计算机软件三者之间的一门核心课程。

要想有效地运用计算机来解决实际问题,必须学习和掌握好数据结构方面的有关知识。瑞士著名计算机科学家尼古拉斯·沃斯(Niklaus Wirth)教授在《数据结构+算法=程序》一书中指出,程序是由算法和数据结构组成的,程序设计的本质是对要处理的问题选择好的数据结构,同时在此结构上施加一种好的算法,而且好的算法很大程度上取决于描述实际问题的数据结构。

学习数据结构的目的是了解计算机处理对象的特性,将实际问题中所涉及的处理对象在计算机中表现出来并对它们进行处理。与此同时,通过学习过程中的算法训练可以提高学习者的思维能力,通过程序设计的技能训练还可以提高学习者的综合应用能力和专业素质。打好数据结构这门课程的扎实基础,对于学习计算机专业的其他课程,如操作系统、编译原理、数据库系统、软件工程、人工智能等也是十分有益的。

# 1.2　数据结构的研究内容

## 1.2.1　数据结构的基本概念和术语

**1. 数据**

数据(Data)是对信息的一种符号表示。在计算机科学中,所有能输入计算机中并被计算机程序处理的符号统称为数据。数据可分为数值型数据和非数值型数据。

**2. 数据元素**

数据元素(Data Element)是数据的基本单位,也称为结点、记录、元素等,在计算机程序中通常作为一个整体进行考虑和处理。一个数据元素可以由若干个数据项(Data Item)组成。如果将一个学生的信息作为一个数据元素,则学生信息中的每一项(如姓名、性别、年龄等)就是一个数据项(也称为字段)。数据项是数据不可分割的最小单位。

**3. 数据对象**

数据对象(Data Object)是性质相同的数据元素的集合,它是数据的一个子集。例如:整数数据对象是集合 $Z=\{0,\pm 1,\pm 2,\cdots\}$,字母字符数据对象是集合 $C=\{'A','B',\cdots,'Z'\}$。

**4. 数据类型**

数据类型(Data Type)是一个值的集合和定义在值集合上的一组操作的总称。例如,C语言中的整型变量,其值集为某个区间上的整数(区间大小依赖于不同的机器),定义在其上的操作为加、减、乘、除和取模等算术运算。

**5. 抽象数据类型**

抽象数据类型(Abstract Data Type,ADT)是一个数学模型和定义在该模型上的一组操作的总称。抽象数据类型可用三元组表示为 $\mathrm{ADT}=(D,S,P)$,其中,$D$ 为数据对象,$S$ 为 $D$ 上的关系集,$P$ 为对 $D$ 的基本操作集。

抽象数据类型定义的格式为

```
ADT 抽象数据类型名
{
    数据对象:<数据对象的定义>
    数据关系:<数据关系的定义>
    基本操作:<基本操作的定义>
}
```

这里“抽象”的意义在于数据类型的数学抽象特性,而不是它们的实现方法。

**6. 数据结构**

数据结构(Data Structure)是数据之间的相互关系,即数据的组织形式。一般包括以下三方面的主要内容。

(1) 数据的逻辑结构

数据的逻辑结构是指数据元素之间抽象化的相互关系,与计算机存储无关,它可以看作从具体问题中抽象出来的数学模型,是数据的应用视图,有时也称为数据结构。

(2) 数据的存储结构(或称为物理结构)

它是数据的逻辑结构在计算机存储器中的存储形式(映象)。它依赖于计算机,是数据的物理视图。

(3) 数据的运算/操作

它是定义在数据的逻辑结构之上的一组运算。每种数据结构都有一个运算的集合,如检索、插入、删除、更新、排序等。运算的具体实现是在存储结构上进行的。

## 1.2.2 数据的逻辑结构

数据的逻辑结构是从数据元素的逻辑关系上描述数据的。现实世界中,数据元素的逻辑关系多种多样,但在数据结构中主要讨论的是数据元素之间的相邻关系或者邻接关系。数据元素之间存在的不同的逻辑关系构成了以下四种结构类型。

**1. 集合**

在此结构中,数据元素除了同属于一个集合外,再无其他关系。例如:{16,25,9,7,31}中的各个元素除了同属于整数集外,元素之间没有其他关系,可用图 1.1(a)描述。

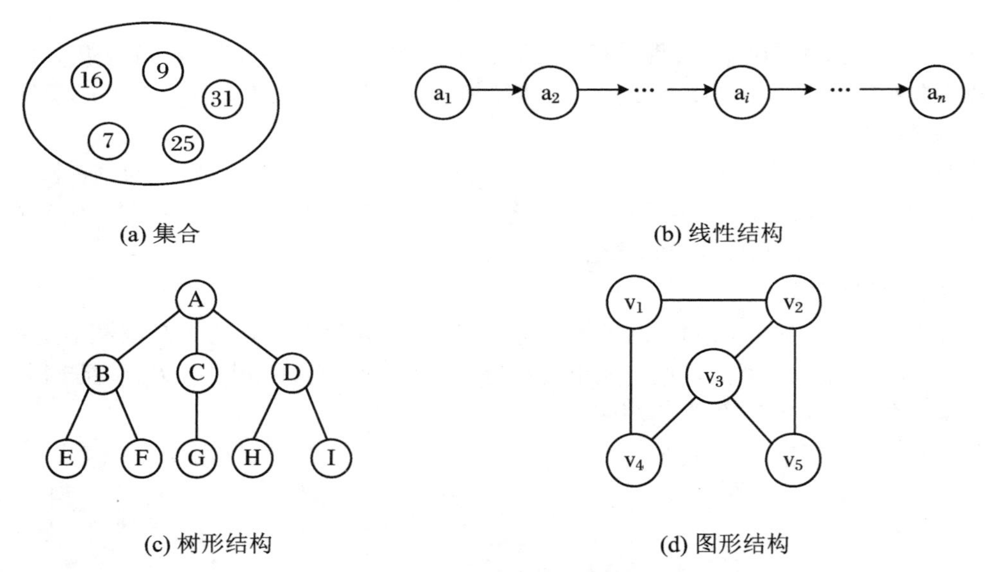


(a) 集合　(b) 线性结构

(c) 树形结构　(d) 图形结构

**图 1.1 逻辑结构示意图**

**2. 线性结构**

该结构中的结点之间存在一对一的关系,如图 1.1(b)所示,即该结构有且仅有一个开始结点和一个终端结点;除开始结点外,其余每个结点都有且仅有一个直接前驱;除终端结点外,其余每个结点都有且仅有一个直接后继。线性表就是一种典型的线性结构。

**3. 树形结构**

该结构中的结点之间存在一对多的关系,如图 1.1(c)所示,即该结构有且仅有一个开始结点,可以有多个终端结点;除开始结点外,每个结点有且仅有一个直接前驱;除终端结点外,每个结点可以有多个直接后继。一个单位的组织结构关系、典型的菜单系统都是树形结构。

**4. 图形结构**

该结构中的结点之间存在多对多的关系，如图1.1(d)所示，即该结构中的每个结点的前驱和后继的个数都可以是任意的。因此，可能没有开始结点和终端结点，也可能有多个开始结点和多个终端结点。城市之间的交通路线图就是一种图形结构。

由以上内容可知，线性结构是树形结构的特殊情况；树形结构是图形结构的特殊情况。树形结构和图形结构常被统称为非线性结构。由于集合是元素之间极为松散的一种结构，有些教材对此结构不做讨论，因此我们也可以说，数据的逻辑结构可分为线性结构和非线性结构两种类型。

### 1.2.3 数据的存储结构

数据的存储结构也称为物理结构，它是数据的逻辑结构在计算机中的存储形式。显然，数据的存储结构是依赖于计算机的，需要借助某种计算机语言来实现。一般只在高级语言的层次上讨论存储结构，本书采用的是C/C++语言。

在实际应用中，数据的存储方法灵活多样，归纳起来，可分为以下四类常用的存储结构类型。

**1. 顺序存储结构**

顺序存储结构是指采用一组连续的存储单元(通常借助高级语言中的数组来实现)来依次存放所有的数据元素，如图1.2所示。

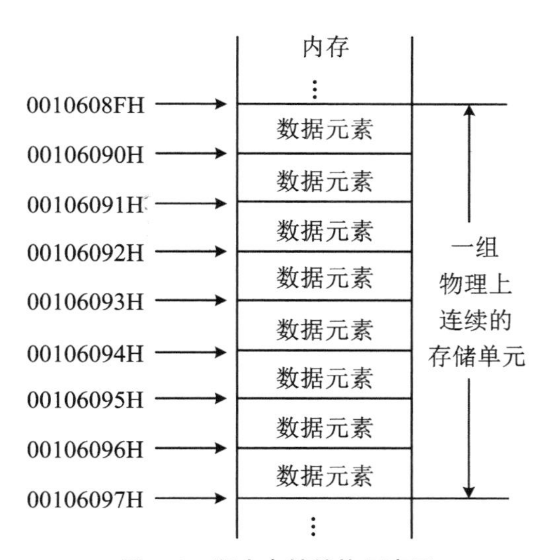


**图1.2　顺序存储结构示意图**

在顺序存储结构中，所有数据元素在存储器中占用一片连续的存储单元，且逻辑关系相邻的两个元素的物理位置也必定是相邻的，即元素之间的逻辑关系可以由存储单元地址之间的关系来间接表示。因此，我们只需要存储数据元素，而无需占用额外的存储空间来存储元素之间的关系，故存储空间的利用率高。另外，这种存储结构可以实现对元素的随机存取，即每个元素都对应一个逻辑序号(数组的下标)，由该序号就可以直接计算出对应元素的存储地址，从而获取元素的值。但是，由于顺序存储结构要求存储单元在物理位置上是连续的,因此在进行插入和删除等操作时,可能需要移动一系列的数据元素,这就造成了插入和删除操作的效率相对较低。

**2. 链式存储结构**

在链式存储结构中,每个数据元素均使用一个内存结点来存储,每个结点的存储空间是单独分配的,所有结点的地址不一定是连续的。也就是说,链式存储结构无需占用一整块连续的存储空间。但为了表示结点之间的逻辑关系,除了用于存储数据元素本身的数据域之外,还需要给每个结点附加一个指针域用来存储逻辑上相邻的下一个结点的地址。这样,通过每个结点的指针域将各个结点链接起来,就形成了最简单的链式存储结构——单链表,如图 1.3 所示。

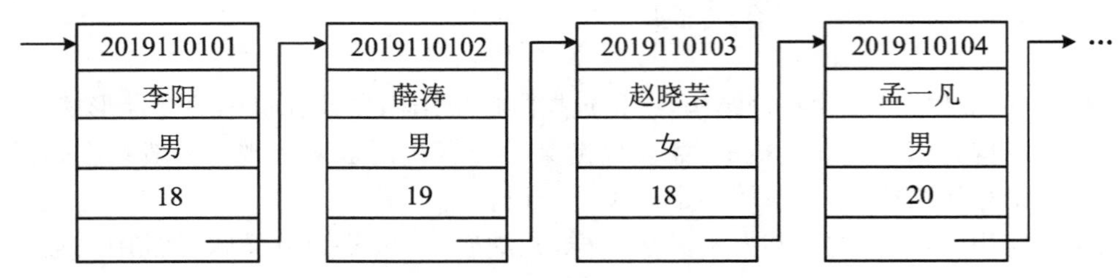


**图 1.3 链式存储结构示意图**

在链式存储结构中,由于分配给每个数据元素的存储单元有一部分被用来存储结点之间的逻辑关系,因此,链式存储结构的存储空间利用率较低。而且,由于逻辑上相邻的元素在存储空间中不一定是相邻的,所以,不能对元素进行随机存取。但是,与顺序存储结构相比,在链式存储结构中插入和删除元素时,可以直接通过修改相应结点的指针域中的地址来实现,而不必移动大量结点,因此,插入和删除操作的效率较高。

**3. 索引存储结构**

索引存储结构是指在存储结点信息的同时,再建立附加的索引表的一种存储结构,其中,存储所有数据元素信息的表称为主数据表。

主数据表中,每个数据元素都有一个关键字和对应的存储地址。索引表中的每一项称为索引项,索引项的一般形式为“关键字,地址”,其中“关键字”唯一标识一个元素,“地址”对应该关键字的元素在主数据表中的存储地址。通常,索引表中的所有索引项是按关键字有序排列的。在按关键字查找时,首先在索引表中利用关键字的有效性快速查找到该关键字的地址,然后通过该地址在主数据表中找到对应的元素。在进行插入和删除操作时,也只需修改存储在索引表中的结点的存储地址,而不必移动结点表中的数据。但由于需要建立索引表,所以,该结构的空间开销较大。

**4. 散列存储结构**

散列存储结构也称哈希存储结构,它的基本思想是根据元素的关键字通过散列(或哈希)函数计算出一个值,并将这个值作为该元素的存储地址。

在这种存储结构上的查找速度快,且该结构只需要存储元素的数据,不存储结点间的逻辑关系,一般只适合要求对数据能够进行快速查找和插入的场合。

以上四种基本的存储方法既可以单独使用,又可以组合使用。同一种逻辑结构采用不同的存储方法可以得到不同的存储结构,在不同的存储结构中同一运算的实现过程也各不相同。因此,在实际应用中,选择哪一种存储结构来表示相应的逻辑结构要视具体的情况来确定，主要考虑的是运算的方便性及算法在时空性能等方面的要求。

### 1.2.4 数据的运算

数据的运算是指对数据实施的操作。每种数据结构都有一组相应的运算，如检索、插入、删除、更新、排序、输出等。数据的运算是定义在数据的逻辑结构之上的，而最终需要在对应的存储结构上用算法来实现。

综上所述，数据结构的研究内容主要包括：数据的逻辑结构、存储结构和数据的运算，三者之间的关系如图1.4所示。

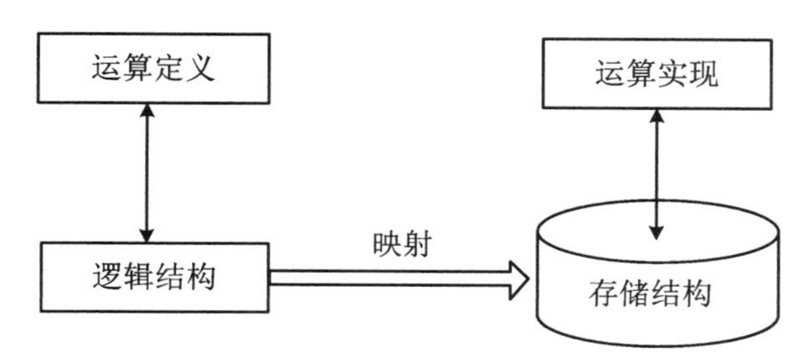


**图1.4 逻辑结构、存储结构和运算之间的关系**

## 1.3 算法及其描述

### 1.3.1 什么是算法

算法是解决特定问题的求解步骤的描述，在计算机中表现为指令的有限序列，其中每一条指令表示计算机的一个或多个操作。

例如，求 $n$ 个数中的最大值的算法如下：① 定义一个数组 data 和一个变量 max，分别用来存放 $n$ 个数和最大值，并假设数组中的第一个数最大，将其赋值给 max；② 依次把数组 data 中的其余 $n-1$ 个数与 max 进行比较，将较大的数赋值给 max；③ 最后，max 中保存的数就是这 $n$ 个数中的最大值，输出 max。

一个算法应具有以下五个重要的特性。

**1. 有穷性**

算法必须总是在执行有限的步骤之后自动结束，而不会出现无限循环，并且每一个步骤都应在可接受的时间内完成。任何不会终止的算法都是没有意义的。

**2. 确定性**

算法的每一个步骤都具有确定的含义，使算法的执行者或阅读者都能明确其含义及如何执行，并且算法在任何条件下只有一条执行路径，也就是相同的输入只能有唯一的输出结果,不会产生二义性。

**3. 可行性**

算法中的所有操作都可以通过已经实现的基本运算执行有限次来实现。

**4. 输入**

一个算法有零个或多个输入,它们是算法所需的初始量或被加工的对象的表示。当用函数描述算法时,输入往往是通过形参来表示的。当它们被调用时,从主调函数获得输入值。

**5. 输出**

一个算法有一个或多个输出,它们是算法进行信息加工后得到的结果,无输出的算法没有任何意义。当用函数描述算法时,输出多用返回值或引用类型的形参表示。

人们常把算法和计算机程序等同看待,但严格地讲,它们是两个不同的概念。算法侧重于对解决问题的方法描述,即要做什么。而程序是算法用某种计算机程序设计语言的具体实现,即具体要怎么做。算法必须满足有穷性,而程序不一定满足有穷性。例如,操作系统,它是一个在无限循环中执行的程序,因此不是一个算法。然而,可以把操作系统的各种任务看成是一些单独的问题,每一个问题由操作系统中的一个子程序通过特定的算法来实现,该子程序得到输出结果后便终止。

## 1.3.2 算法描述

算法可以用不同的方式来描述,如自然语言、伪代码(或称为类语言)、流程图、程序设计语言等。本书所有算法均采用 C/C++ 语言描述,以函数的形式给出。算法描述的一般格式如下:

```
返回值　算法对应的函数名(形参列表)
{　临时变量的定义
　 由输入参数到输出参数的相关操作
　 ……
}
```

其中,“返回值”可以设计为 bool 型,表示算法是否成功执行;“形参列表”用来表示算法的参数,由于算法包含输入和输出,所以形参列表由输入型参数和输出型参数构成,输出型参数可以设计为引用类型的形参,用 C++ 语言中的引用运算符“&”来表示;函数体用来完成从输入到输出的操作过程,实现算法的功能。

一个算法通常完成某个单一的功能,在进行算法设计时,一般采用如下步骤:

① 分析算法的功能;② 确定算法有哪些输入,将它们设计成输入型参数;确定算法有哪些输出,将它们设计为输出型参数;③ 设计函数体,实现算法功能。

**【例 1.1】** 设计一个算法,求 $n$ 个整数中的最大值和最小值。

```
void fun1(int data[], int n, int &max, int &min)
{  /* data数组和n为输入型形参,max和min两个引用型变量为输出型形参 */
   int i;
```

```
max=a[0];  min=a[0];
for (i=1; i<n; i++)
{   if (a[i]>max)
        max=a[i];
    else if (a[i]<min)
        min=a[i];
    }
}
```

# 1.4 算法分析

同一个问题可以设计出不同的算法，它们之间自然也有优劣之分。判定算法质量时应遵循以下几个原则。

**1. 正确性**

算法能够满足具体问题的要求，即对任何合法的输入都能得出正确的结果。算法的正确性一般可分为四个层次，即算法对应的程序不含语法错误；程序对于几组输入数据都能够得出满足规格说明要求的结果；程序对于精心选择的经典、苛刻而带有刁难性的几组输入数据都能得到满足规格说明要求的结果；程序对于一切合法的输入数据都能产生满足规格说明要求的结果。

**2. 可读性**

算法主要是为了人的阅读与交流，其次才是为计算机执行。可读性好有助于人们对算法的理解；晦涩难懂的程序往往隐含不易被发现的错误，难以调试和修改。

**3. 健壮性**

健壮性也称为鲁棒性，即对非法输入的抵抗能力。当输入的数据非法时，算法应当能恰当地做出反应或进行相应处理，而不是产生奇怪的输出结果。并且，处理出错的方式不应是中断程序的执行，而应是返回一个表示错误或错误性质的值，以便在更高的抽象层次上进行处理。

**4. 高效率与低存储量需求**

通常，效率指的是算法的执行时间；存储量指的是算法执行过程中所需的最大存储空间，两者都与问题规模有关。尽管计算机的运行速度提高很快，但这种提高无法满足问题规模加大带来的速度要求。所以，追求高速算法仍然是必要的。相比起来，人们会更多地关注算法的效率，但这并不是因为计算机的存储空间是海量的，而是由人们面临的问题的本质决定的。二者往往相互矛盾，常常可以用空间换时间，也可以用时间换空间。

## 1.4.1 算法的时间性能分析

算法的执行时间需通过依据该算法编制的程序在计算机上运行所消耗的时间来度量，而这个时间与多方面因素有关，如实现算法的程序设计语言、编译产生的机器语言代码质量、机器执行指令的速度、问题规模等。在这些因素中,前三个都与机器有关。当度量一个算法的时间效率抛开具体的机器,仅考虑算法本身的时间效率高低时,算法的效率就是问题规模的函数。为了详细描述这个函数,引入下面几个概念。

**1. 语句的频度**

语句的频度是指可执行的语句在算法(或程序)中重复执行的次数。

**【例 1.2】** 求两个 $n$ 阶方阵的相加 $C = A + B$ 的算法如下,分析每条语句的频度。

```
#define MAX    20                                    /*定义最大的方阵*/
void matrixadd(int n, int A[MAX][MAX], int B[MAX][MAX], int C[MAX][MAX])
{   int i, j;
    for (i=0; i<n; i++)                              /*语句①*/
        for (j=0; j<n; j++)                          /*语句②*/
            C[i][j]=A[i][j]+B[i][j];                 /*语句③*/
}
```

**解** 算法中包含三个可执行的语句①、②和③。其中,语句①的循环控制变量 $i$ 从 0 开始逐次增 1,直到 $i = n$ 时循环终止。因此,语句①的频度是 $n+1$,但其循环体只执行了 $n$ 次。同理,如果单独分析语句②,则其频度也应为 $n+1$,但语句②又是语句①的循环体,也就是说,在 $i$ 从 0 变化到 $n-1$ 的过程中,每一种 $i$ 的取值都会使语句②执行 $n+1$ 次。$i$ 共有 $n$ 种不同的取值,故语句②的频度应为 $n\times(n+1)$。同理,语句③的频度应为 $n\times n$。这样,该算法中所有语句的频度和为 $n+1+n\times(n+1)+n\times n=2n^2+2n+1$。

**2. 算法的时间复杂度**

算法的时间复杂度就是该算法的执行时间,可记作 $T(n)$,$T(n)$是该算法所求问题规模 $n$ 的函数。通常,一个算法消耗的时间等于其中所有语句的执行时间之和,而每一条语句的执行时间等于该语句的执行次数(语句的频度)乘以执行一次该语句所消耗的时间。假设每条语句执行一次的时间是相等的,且认为是单位时间,则一个算法的执行时间就等于所有语句的频度和,即一个算法的时间复杂度可以用该算法所有语句的频度和来衡量。

在例 1.2 中,算法的时间复杂度 $T(n)=2n^2+2n+1$。由于算法分析不是绝对时间的比较,在求出 $T(n)$后,通常用 $T(n)$的数量级来表示,记作 $T(n)=O(f(n))$。所以,对于例 1.2 来说,当 $n\to\infty$ 时,$\lim(T(n)/n^2)=2$,故 $T(n)$与 $n^2$ 是同阶的,记为 $T(n)=O(n^2)$。

一般情况下,一个没有循环(或者有循环,但循环次数与问题规模 $n$ 无关)的算法中,语句的执行次数与问题规模 $n$ 无关,此时,可将算法的时间复杂度 $T(n)$记作 $O(1)$,也称为常数阶。算法中的每个简单语句,如定义变量的语句、赋值语句和输入输出语句等,其执行时间都可以看成是 $O(1)$。

只有一重循环的算法中,语句的执行次数与问题规模 $n$ 的增长呈线性增大关系,其时间复杂度记作 $O(n)$,也称为线性阶。其余常用的还有平方阶 $O(n^2)$、立方阶 $O(n^3)$、对数阶 $O(\log_2 n)$、线性对数阶 $O(n\log_2 n)$、指数阶 $O(2^n)$等,各种不同的时间复杂度存在以下关系:

$$O(1)<O(\log_2 n)<O(n)<O(n\log_2 n)<O(n^2)<O(n^3)<O(2^n)<O(n!)$$

除了用所有语句的频度和来衡量算法的时间复杂度外,下面再介绍几种常见的时间复杂度的求解方法。

【例 1.3】 某算法执行部分的语句如下，分析该算法的时间复杂度。

```
x=1;
for (i=1; i<=n; i++)
    for (j=1; j<=i; j++)
        for (k=1; k<=j; k++)
            x++;
```

**解** 此例中，循环变量 $i$ 从 1 变化到 $n$；对于每一个 $i$，循环变量 $j$ 从 1 变化到 $i$；而对于每一个 $j$，循环变量 $k$ 从 1 变化到 $j$。显然，最内层循环体的语句 x++ 执行频度最高，故以 x++ 的执行次数来刻画 $T(n)$，即

$$T(n)=\sum_{i=1}^{n}\sum_{j=1}^{i}\sum_{k=1}^{j}1=\sum_{i=1}^{n}\sum_{j=1}^{i}j=\sum_{i=1}^{n}i(i+1)/2=n(n+1)(n+2)/6$$

所以，$T(n)=O(n^3)$。

【例 1.4】 分析以下算法的时间复杂度。

```
int exp(int n)
{   int x=2, count=0;
    while(x<n/2)
    {   x=x*2;   count++;   }
    return count;
}
```

**解** 此算法的基本操作是 while 循环体内的语句，假设循环体执行了 $T(n)$次，每执行一次循环体，变量 $x$ 上就累乘了一个 2。当开始执行第 $T(n)$次时[即执行完第 $T(n)-1$ 次后]，$x=x\times2^{T(n)-1}=2^{T(n)}<n/2$，即 $T(n)<\log_2 n-1$；当执行完第 $T(n)$次后，$x=x\times2^{T(n)}=2^{T(n)+1}>=n/2$，即 $T(n)\geqslant\log_2 n-2$。综上可得

$$\log_2 n-2\leqslant T(n)<\log_2 n-1$$

故 $T(n)=O(\log_2 n)$。

【例 1.5】 分析以下算法的时间复杂度。

```
int fun(int a[], int n, int k)
{   int i;
    i=0;                          /*语句①*/
    while (i<n && a[i]!=k)        /*语句②*/
        i++;                      /*语句③*/
    return i;                     /*语句④*/
}
```

**解** 该算法的功能是在数组 $a$ 中查找值为 $k$ 的元素并返回其下标。其中，语句③的频度不仅与问题规模 $n$ 有关，还与输入实例中 $a$ 的各元素取值以及 $k$ 的取值有关，即与输入实例的初始状态有关。若 $a$ 中没有值为 $k$ 的元素，则语句③的频度为 $n$；若 $a$ 的第一个元素值就为 $k$，则语句③的频度为常数 0。此时，可用最坏情况下的时间复杂度作为算法的时间复杂度，即 $T(n)=O(n)$。这样做的原因是：最坏情况下的时间复杂是在任何输入实例上运行时间的上界。

有时，也可以选择将算法的期望（平均）时间复杂度作为讨论目标。所谓期望（平均）时

间复杂度是指在所有可能的输入实例以等概率出现的情况下,算法的期望运行时间与问题规模 $n$ 的数量级关系。

设一个算法的输入规模为 $n$,$D_n$ 是所有输入(实例)的集合,任意输入 $I \in D_n$,$P(I)$是 $I$ 出现的频率,有 $\sum_{I \in D_n} P(I) = 1$,$T(I)$是算法在输入 $I$ 下所执行的基本操作次数,则该算法的平均时间复杂度定义为

$$E(n) = \sum_{I \in D_n} P(I) \times T(I)$$

**【例 1.6】** 下列算法可以用来求 $n$ 个整数序列中前 $i(1 \leqslant i \leqslant n)$个元素的最大值,分析该算法的平均时间复杂度。

```
int nmax(int a[], int n, int i)
{   int j, max=a[0];
    for (j=1; j<=i-1;j++)
        if (a[j]>max)
            max=a[j];
    return max;
}
```

**解** 算法中 $i$ 的取值范围是 $1 \sim n$,共有 $n$ 种情况。求前 $i$ 个元素的最大值时,需要进行 $i-1$ 次元素比较。在等概率(即每种情况的概率均为 $1/n$)情况下:

$$T(n) = \sum_{i=1}^{n} \frac{1}{n} \times (i-1) = \frac{1}{n} \times \sum_{i=1}^{n} (i-1) = \frac{n-1}{2} = O(n)$$

所以,该算法的平均时间复杂度为 $O(n)$。

**【例 1.7】** 分析以下算法的时间复杂度。

```
int fact (int n)
{   if (n<=1)   return 1;
    else   return (n * fact(n-1));
}
```

**解** 设 fact($n$)的执行时间为 $T(n)$,由上述算法可知:

$$T(n) = \begin{cases} O(1) & n \leqslant 1 \\ T(n-1) + O(1) & n > 1 \end{cases}$$

故

$$\begin{aligned} T(n) &= T(n-1) + O(1) = T(n-2) + 2 \times O(1) = T(n-3) + 3 \times O(1) = \cdots \\ &= T(n-(n-1)) + (n-1) \times O(1) = T(1) + (n-1) \times O(1) \\ &= n \times O(1) = O(n) \end{aligned}$$

该算法的时间复杂度为 $O(n)$。

### 1.4.2 算法的空间性能分析

一个算法的存储量包括输入数据所占的空间、程序本身所占的空间和临时变量所占的空间。其中,输入数据所占的存储空间取决于问题本身,是通过参数表由调用函数传递而来

的，它不随本算法的不同而改变。程序本身所占的存储空间与其书写的长短成正比，要压缩这方面的存储空间，就必须编写出较短的程序。因此，对算法进行存储空间分析时只考虑临时变量所占的空间。

算法的空间复杂度是对一个算法在运行过程中临时占用的存储空间大小的度量。它也是问题规模 $n$ 的函数，常用数量级来表示，记作 $S(n)=O(g(n))$。若算法所需的临时空间相对于问题规模来说是常数，即 $S(n)=O(1)$，则称此算法为原地工作算法或就地工作算法。

例如，在例 1.5 的算法中，临时空间为函数体内分配的变量 $i$ 所占的空间，不计形参所占的空间，因此，算法的空间复杂度 $S(n)=O(1)$，该算法为就地算法。

**【例 1.8】** 有如下递归算法，分析调用 maxelem(a,0,$n-1$)的空间复杂度。

```
int maxelem(int a[], int i, int j)
{   int mid=(i+j)/2, max1, max2;
    if (i<j)
    {   max1=maxelem(a,i,mid);
        max2=maxelem(a,mid+1,j);
        return (max1>max2)? max1:max2;
    }
    else return a[i];
}
```

**解** 执行该递归算法需要多次调用自身，每次调用均临时分配三个整型变量的空间。假设 maxelem(a,0,$n-1$)占用的临时空间为 $S(n)$，当 $n=1$ 时，算法仅定义了 mid、max 1 和 max 2 三个临时变量，所以有 $S(n)=O(1)$。算法占用临时空间的递推公式如下：

$$S(n)=\begin{cases}O(1) & n=1\\ 2\times S(n/2)+O(1) & n>1\end{cases}$$

则

$$\begin{aligned}S(n)&=2\times S(n/2)+O(1)=2\times[2\times S(n/2^2)+O(1)]+O(1)\\&=2^2\times S(n/2^2)+2\times O(1)+O(1)\\&=2^2\times[2\times S(n/2^3)+O(1)]+2\times O(1)+O(1)\\&=2^3\times S(n/2^3)+2^2\times O(1)+2\times O(1)+O(1)\\&\cdots\cdots\\&=2^k\times S(n/2^k)+2^{k-1}\times O(1)+2^{k-2}\times O(1)+\cdots+O(1)\end{aligned}$$

令 $n=2^k$，即 $k=\log_2 n$，则

$$S(n)=n\times S(1)+(2^k-1)\times O(1)=(2n-1)\times O(1)=O(n)$$

所以，调用 maxelem(a,0,$n-1$)的空间复杂度 $S(n)=O(n)$。

# 第 2 章　线　性　表

## 学习要求

1. 理解线性表的逻辑结构特性。

2. 深入掌握线性表的顺序存储结构和链式存储结构，并体会这两种存储结构之间的差异。

3. 重点掌握顺序表和链表上各种基本运算的实现。

4. 能够针对具体问题的性质和要求，选择合适的存储结构，设计有效的算法来解决与线性表相关的实际应用问题。

## 学习重点

1. 线性表的逻辑结构和两种不同的存储结构(顺序存储结构和链式存储结构)。

2. 顺序表和链表上各种基本运算的实现及应用。

## 知识单元

线性结构的特点是：在数据元素的非空有限集中，① 存在唯一的一个被称作“第一个”的数据元素；② 存在唯一的一个被称作“最后一个”的数据元素；③ 除“第一个”之外，其余每个数据元素都有且仅有一个直接前驱；④ 除“最后一个”之外，其余每个数据元素都有且仅有一个直接后继。线性表就是一种最简单的线性结构。

## 2.1　线性表及其逻辑结构

### 2.1.1　线性表的定义

线性表(Linear List)是由 $n$($n \geqslant 0$)个性质相同的数据元素(结点)$a_1, a_2, \cdots, a_n$组成的有限序列。其中，数据元素的个数 $n$ 定义为表的长度。当 $n=0$ 时，表中没有任何元素，称为空表；当 $n>0$ 时，称为非空表。非空线性表可记作($a_1, a_2, \cdots, a_n$)，这里的数据元素 $a_i$只是一个抽象符号，其具体含义在不同情况下可以不同。线性表的逻辑结构如

图 2.1 所示。

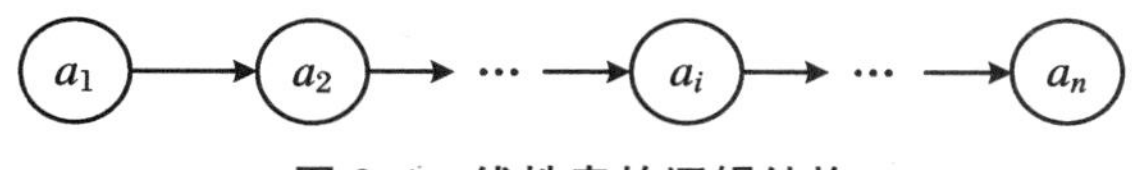

**图 2.1　线性表的逻辑结构**

线性表是最常用且最简单的一种典型的线性结构。例如，26 个英文字母组成的字母表：(A,B,C,…,Z)是线性表，表中的数据元素是字母。又如，安徽省的 16 个下辖市组成一个线性表(宿州，淮北，亳州，阜阳，蚌埠，淮南，滁州，合肥，六安，马鞍山，安庆，芜湖，铜陵，宣城，池州，黄山)，表中的数据元素是各城市的名称。在复杂的线性表中，一个数据元素可以由若干个数据项组成。如学生信息登记表 2.1 所示，表中每个学生的信息为一个记录，每个记录由学号、姓名、性别、年龄、籍贯和班级 6 个数据项组成。这种含有大量记录的线性表又可称为文件。

**表 2.1　学生信息登记表**

| 学号 | 姓名 | 性别 | 年龄 | 籍贯 | 班级 |
| --- | --- | --- | --- | --- | --- |
| 2019110101 | 陈凯 | 男 | 20 | 安徽 | 19 计算机 1 |
| 2019110102 | 王思琪 | 女 | 19 | 山东 | 19 计算机 1 |
| 2019110103 | 赵勇 | 男 | 19 | 河北 | 19 计算机 1 |
| 2019110104 | 张振 | 男 | 18 | 河南 | 19 计算机 1 |
| 2019110105 | 李晓梦 | 女 | 20 | 安徽 | 19 计算机 1 |
| …… | …… | …… | …… | …… | …… |

综合上述三个例子可见，线性表中的数据元素可以是各种各样的，但同一线性表中的元素必定具有相同特性，即属于同一数据对象，相邻数据元素之间存在着序偶关系。

## 2.1.2　线性表的抽象数据类型描述

线性表的抽象数据类型可描述为

```
ADT  List{
    数据对象：
        D={ai|1≤i≤n,n≥0,ai为 ElemType 类型} /* ElemType 是自定义类型标识符 */
    数据关系：
        R={< ai, ai+1 >|ai、ai+1∈D,i=1,…, n-1}
    基本运算：
        InitList(&L)：初始化线性表，即：构造一个空的线性表 L。
        DestroyList(&L)：销毁线性表，即：释放线性表 L 占用的内存空间。
        ListEmpty(L)：判断线性表是否为空表，若 L 为空表，则返回 1，否则返回 0。
        ListLength(L)：求线性表的长度，返回 L 中元素的个数。
        DispList(L)：输出线性表，当线性表 L 不为空时，顺序显示 L 中各结点的值域。
        GetElem(L,i,&e)：求线性表中某个数据元素的值，用 e 返回 L 中第 i(1≤i≤n)个元素的值。
```

```
    LocateElem(L,e):按元素值查找,返回 L 中第一个值域与 e 相等的元素的逻辑位序。若这
                    样的元素不存在,则返回值为 0。
    ListInsert(&L,i,e):在线性表中插入数据元素,在 L 的第 i(1≤i≤n)个元素之前插入新的元
                    素 e,L 的长度增 1。
    ListDelete(&L,i,&e):删除线性表中的数据元素,删除 L 的第 i(1≤i≤n)个元素,并用 e 返回
                    其值,L 的长度减 1。
}
```

# 2.2 线性表的顺序表示和实现

## 2.2.1 线性表的顺序存储结构

在计算机中可以用不同的方式来存储线性表,最常用的方式是将线性表中的所有元素按其逻辑顺序依次存储到一片地址连续的存储空间中,这就是线性表的顺序存储方式。用顺序存储方式存储的线性表称为顺序表。

**1. 顺序表元素存储地址的计算**

在顺序表中,逻辑上相邻的数据元素在物理存储位置上也是相邻的。如图 2.2 所示的线性表的顺序存储结构中,假设每个数据元素需占用 $d$ 个存储单元,并以所占的第一个单元的存储地址作为数据元素的存储位置,则线性表中第 $i+1$ 个数据元素的存储位置 $LOC(a_{i+1})$ 和第 $i$ 个数据元素的存储位置 $LOC(a_i)$之间满足下列关系:

$$LOC(a_{i+1}) = LOC(a_i) + d$$

一般地,线性表的第 $i$ 个数据元素 $a_i$ 的存储位置为

$$LOC(a_i) = LOC(a_1) + (i-1) \times d$$

式中,$LOC(a_1)$是线性表的第一个数据元素 $a_1$ 的存储位置,通常称为线性表的起始地址或基地址。在顺序存储结构中,只要确定了第一个元素的起始位置,线性表中的任一元素都可以随机存取。因此,线性表的顺序存储结构是一种随机存取存储结构。

| 存储地址 | 数组元素 | 线性表中的位序 |
|---|---|---|
| $LOC(a_1)$ | $a_1$ | 1 |
| $LOC(a_1)+d$ | $a_2$ | 2 |
| $LOC(a_1)+2\times d$ | $a_3$ | 3 |
| ⋮ | ⋮ | ⋮ |
| $LOC(a_1)+(i-1)\times d$ | $a_i$ | $i$ |
| ⋮ | ⋮ | ⋮ |
| $LOC(a_1)+(n-1)\times d$ | $a_n$ | $n$ |

图 2.2 线性表的顺序存储结构

**2. 顺序表的类型定义**

在高级语言环境中，常用一维数组来表示顺序存储结构的线性表。线性表的顺序存储结构可描述如下：

```
typedef struct
{
    ElemType data[MaxSize];          /* 存放顺序表元素 */
    int length;                      /* 存放顺序表的长度 */
} SqList;                            /* 顺序表的类型定义 */
```

在描述顺序表类型时，数组 data 的大小 MaxSize 应为一个整型常量。例如，若事先预估顺序表的表长不会超过 50 个元素，则可以把 MaxSize 定义为 50，即

```
#define MaxSize 50
```

数组 data 的元素类型 ElemType 应根据实际问题的需要，将其说明成对应的数据类型。例如，使用如下自定义类型语句，将 ElemType 定义为 char 型，即

```
typedef char ElemType;
```

## 2.2.2 顺序表基本运算算法

一旦采用顺序表存储结构，我们就可以用 C/C++ 语言实现顺序表的各种基本运算。为了方便，假设 ElemType 为 char 类型。

**1. 初始化顺序表 InitList(&L)**

该运算的结果是构造一个空的顺序表 L。实际上只需将 length 成员设置为 0 即可。

```
void InitList(SqList *&L)                        /* L为引用型指针 */
{
    L=(SqList *)malloc(sizeof(SqList));          /* 分配存放线性表的空间 */
    L->length=0;
}
```

本算法的时间复杂度为 $O(1)$。

**2. 销毁顺序表 DestroyList(&L)**

该运算的结果是释放顺序表 L 占用的内存空间。

```
void DestroyList(SqList *&L)
{
    free(L);
}
```

本算法的时间复杂度为 $O(1)$。

**3. 判断顺序表是否为空表 ListEmpty(L)**

该运算返回一个值表示 L 是否为空表。若 L 为空表，则返回 1，否则返回 0。

```
int ListEmpty(SqList *L)
{
    return(L->length==0);
}
```

本算法的时间复杂度为 $O(1)$。

**4. 求顺序表的长度 ListLength(L)**

该运算返回顺序表 L 的长度。实际上只需返回 length 成员的值即可。

```
int ListLength(SqList *L)
{
    return(L->length);
}
```

本算法的时间复杂度为 $O(1)$。

**5. 输出顺序表 DispList(L)**

该运算在顺序表 L 不为空时,顺序显示 L 中各元素的值。

```
void DispList(SqList *L)
{
    int i;
    if (ListEmpty(L)) return;
    for (i=0; i<L->length; i++)
        printf("%c",L->data[i]);
    printf("\n");
}
```

本算法中的基本运算为 for 循环中的 printf 语句,它执行 $n$ 次,故时间复杂度为 $O(n)$,其中 $n$ 为顺序表中元素的个数。

**6. 求顺序表中某个数据元素的值 GetElem(L, *i*,&e)**

该运算用引用型参数 e 返回 L 中第 $i(1 \leqslant i \leqslant \text{ListLength}(L))$个元素的值。

```
int GetElem(SqList *L, int i, ElemType &e)
{
    if (i<1 || i>L->length)
        return 0;
    e=L->data[i-1];
    return 1;
}
```

本算法的时间复杂度为 $O(1)$。

**7. 按元素值查找 LocateElem(L,e)**

该运算顺序查找第 1 个值域与 e 相等的元素,返回其位序。若这样的元素不存在,则返回 0。

```
int LocateElem(SqList *L, ElemType e)
{
    int i=0;
    while (i<L->length && L->data[i]! =e)
        i++;
    if (i>=L->length)
        return 0;
    else
        return i+1;          /* i+1是值为e的元素的位序*/
}
```

本算法中基本运算为while循环中的 $i++$ 语句，其平均执行 $(n+1)/2$ 次，故时间复杂度为 $O(n)$，其中 $n$ 为顺序表中元素的个数。

**8. 插入数据元素 ListInsert(&L, *i*, e)**

该运算在顺序表L的第 $i$ 个位置（$1\leqslant i\leqslant$ ListLength(L)+1）插入新的元素e。如果顺序表已满或者 $i$ 值不正确，则显示相应的错误信息并返回0；否则将顺序表中原来的第 $i$ 个元素以及其后的所有元素均后移一位，以便腾出一个空位置用来插入新元素，最后将顺序表长度增1并返回1。

```
int ListInsert(SqList *&L, int i, ElemType e)
{
    int j;
    if (L->length>= MaxSize)
    {
        printf("空间已满!");  return 0;  /*顺序表已满*/
    }
    if (i<1 || i>L->length+1)
    {
        printf("位置非法!");  return 0;  /*位置i不合理*/
    }
    for (j=L->length-1; j>=i-1; j--)
        L->data[j+1]=L->data[j];  /*将元素data[n-1]～data[i-1]依次后移一个位置*/
    L->data[i-1]=e;                /*插入e*/
    L->length++;                   /*顺序表长度增1*/
    return 1;
}
```

对于本算法来说，元素移动的次数不仅与表长 $n=$ L->length有关，而且与插入位置 $i$ 有关。当 $i=n+1$ 时，插入位置在表的末尾，元素移动次数为0；当 $i=1$ 时，插入位置在表的开头，元素移动次数为 $n$，达到最大值。在长度为 $n$ 的顺序表中共有 $n+1$ 个可以插入元素的位置。假设 $p_i$ 是在第 $i$ 个位置上插入一个元素的概率，则在等概率情况[即 $p_i=1/(n+1)$]下，在长度为 $n$ 的顺序表中插入一个元素时所需移动元素的平均次数为

$$\sum_{i=1}^{n+1} p_i(n-i+1)=\sum_{i=1}^{n+1}\frac{1}{n+1}(n-i+1)=\frac{n}{2}=O(n)$$

因此,插入算法的平均时间复杂度为 $O(n)$。

**9. 删除数据元素 ListDelete(&L, *i*, &e)**

该运算删除顺序表 L 的第 $i(1\leqslant i\leqslant \text{ListLength(L)})$个元素。如果顺序表已空或者 $i$ 值不正确,则显示相应的错误信息并返回 0;否则,先用 e 保存第 $i$ 个元素的值,再将顺序表自第 $i+1$ 个位置开始的所有元素依次向前移动一个位置,以覆盖原来的第 $i$ 个元素,达到删除该元素的目的。最后,将顺序表长度减 1 并返回 1。

```
int ListDelete(SqList *&L, int i, ElemType &e)
{
    int j;
    if (L->length<=0)
    {
        printf("空表!");  return 0;          /*顺序表为空表*/
    }
    if (i<1 || i>L->length)
    {
        printf("位置非法");  return 0;       /*位置 i 不合理*/
    }
    e=L->data[i-1];                          /*记录被删除元素的值*/
    for (j=i; j<L->length; j++)
        L->data[j-1]=L->data[j];             /*将 data[i]及其后的元素前移一个位置*/
    L->length--;                             /*顺序表长度减 1*/
    return 1;
}
```

对于本算法来说,元素移动的次数也与表长 $n$ 和删除元素的位置 $i$ 有关。当 $i=n$ 时,删除的是最后一个元素,元素移动次数为 0;当 $i=1$ 时,删除的是第 1 个元素,元素移动次数为 $n-1$。在长度为 $n$ 的顺序表中共有 $n$ 个元素可以被删除。假设 $p_i$ 是删除第 $i$ 个元素的概率,则在等概率情况(即 $p_i=1/n$)下,在长度为 $n$ 的顺序表中删除一个元素时所需移动元素的平均次数为

$$\sum_{i=1}^{n} p_i(n-i) = \sum_{i=1}^{n}\frac{1}{n}(n-i) = \frac{n-1}{2} = O(n)$$

因此,删除算法的平均时间复杂度为 $O(n)$。

## 2.2.3 顺序表应用举例

**【例 2.1】** 设计一个算法,将 $x$ 插入一个有序(从小到大排序)顺序表的适当位置,并保持顺序表的有序性。

**解法 1** 从前向后扫描,通过比较,在顺序表 L 中找到存放 $x$ 的合适位置 $i$。然后将插入点 $i$ 以及其后的所有元素后移,并将 $x$ 插入 L.data[i]中,最后将顺序表的长度增 1。

```
void Insert1(SqList *&L,ElemType x)
{
    int i=0, j;
    while (i<L->length && L->data[i]<x)
        i++;                                /* 确定 x 的插入位置 */
    for (j=L->length-1; j>=i; j--)
        L->data[j+1]=L->data[j];            /* 插入点后的元素后移 */
    L->data[i]=x;                           /* 插入 x */
    L->length++;                            /* 修改表长 */
}
```

此方法先对表 L 从前向后进行扫描，以确定 $x$ 的插入位置。在确定插入位置后，又对表 L 的剩余元素从后向前依次执行后移操作，以便为 $x$ 腾出一个空。故表 L 被完整地扫描了一遍，算法的时间复杂度为 $O(n)$。

**解法 2**　也可以对表 L 按从后向前的顺序进行扫描来确定 $x$ 的插入位置，且当前扫描的元素值 L->data[$i$]大于待插元素 $x$ 时，立即将 L->data[$i$]后移一位。这样，也许只扫描表中的部分元素，就可以将 $x$ 插入最合适的位置。尽管此时算法的时间复杂度仍为 $O(n)$，但实际的执行效率还是得到了提升。

```
void Insert2(SqList *&L, ElemType x)
{
    int j=L->length-1;
    while (j>=0 && L->data[j]>x)            /* 确定 x 的插入位置 */
    {
        L->data[j+1]=L->data[j];            /* 元素后移 */
        j-- ;
    }
    L->data[j+1]=x;                         /* 插入 x */
    L->length++;                            /* 修改表长 */
}
```

另外，算法在确定插入位置时的循环判断条件有两个，我们还可以通过设置“监视哨”的方法来减少循环判断条件，进一步提高算法的执行效率。

**【例 2.2】**　设计一个时间复杂度为 $O(n)$、空间复杂度为 $O(1)$的算法，将长度为 $n$ 的顺序表 L 中所有值为 $x$ 的数据元素删除。

一般地，如果不考虑时间和空间效率，可以从头至尾依次扫描顺序表 L 的所有元素，每当遇到一个值为 $x$ 的元素，就进行删除(其后所有元素前移)。显然，这种做法需要两重循环，且许多元素需经过多次移动才能到达目标位置，时间复杂度为 $O(n^2)$，不符合题目要求。而如果借助一个新的顺序表来存放 L 中所有不为 $x$ 的元素，则其空间复杂度为 $O(n)$，也不符合要求。为此，只能在当前顺序表 L 上，且最多只能扫描一遍表中元素，来实现对所有 $x$ 的删除。

**解法 1**　扫描顺序表 L，关注被删元素 $x$，用 $k$ 记录当前发现的元素 $x$ 的个数。对于扫描过程中遇到的其他元素，它们在删除 $x$ 以后的新位置取决于此时的 $k$，将它们前移 $k$ 个位置即可。

```
void deletxnode1(SqList *&L, ElemType x)
{
    int k=0, i=0;
    while (i<L->length)
    {
        if (L->data[i]==x)
            k++;                              /*k记录值为x的元素个数*/
        else
            L->data[i-k]=L->data[i];          /*当前元素前移k个位置*/
        i++;
    }
    L->length=L->length-k;                    /*顺序表L的长度减k*/
}
```

**解法 2** 扫描顺序表 L,关注非 $x$ 元素,用它们在顺序表 L 上重建 L,即遇到的第一个非 $x$ 元素重新放置到表 L 的第一个位置,遇到的第二个非 $x$ 元素重新放置到表 L 的第二个位置,依此类推,直到扫描结束,最后再修改表长。

```
void deletxnode2(SqList *&L, ElemType x)
{
    int i=0, j=0;     /*用i扫描顺序表L的元素,用j记录重建表的当前元素下标*/
    while (i<L->length)
    {
        if (L->data[i]!=x)
        {
            L->data[j]=L->data[i];            /*重建表L*/
            j++;                              /*重建的元素个数*/
        }
        i++;
    }
    L->length=j;                              /*重建后的表长*/
}
```

上述算法中只有一个 while 循环,时间复杂度为 $O(n)$。算法中只用了 $i$,$k$ 或 $j$ 两个临时变量,空间复杂度为 $O(1)$。

在线性表的顺序存储结构中,逻辑关系上相邻的两个元素,其物理存储位置也相邻,表中任意一个数据元素的存储地址都可以由公式直接导出。因此,顺序表是随机存取存储结构,也就是取元素操作和定位操作是可以直接实现的一种存储结构。

线性表的顺序存储结构具有以下几个优点:① 无需为表示结点之间的逻辑关系而增加额外的存储空间,如链域;② 可以方便地随机存取表中的任一个结点。

但是,顺序存储结构也有一些缺点:① 顺序存储结构要求静态分配连续的存储空间,空间大小的设置不好掌握,过小则插入时易造成溢出,过大又容易造成空间浪费;② 进行插入和删除操作时可能会移动大量数据,对于有些需要频繁进行插入和删除操作的问题,以及每个数据元素所占字节数较多的情况来说，将导致系统的运行速度难以提高。

为解决顺序存储结构带来的一些麻烦，下面讨论线性表的另一种存储方法——链式存储结构。

# 2.3 线性表的链式表示和实现

线性表的链式存储结构也称为链表，即用一组任意的（可以是连续的、不连续的，甚至是分散的）存储单元来存储线性表的数据元素。

在链式存储结构中，每个结点不仅包含所存元素本身的信息（称为数据域），而且包含有元素之间逻辑关系的信息，如前驱结点包含后继结点的地址信息（称为指针域），这样通过前驱结点的指针域就可以方便地找到后继结点的位置，进而提高了数据查找的速度。

## 2.3.1 单链表的结构

链表的每个结点中除包含数据域以外，只包含一个指针域，用于指向后继结点，这样的线性单向链表称为单链表。

**1. 结点结构**

单链表的结点结构如图2.3所示。其中，data域为数据域，存储数据元素的相关信息，即结点的值；next域为指针域或链域，存放结点的直接后继的地址。

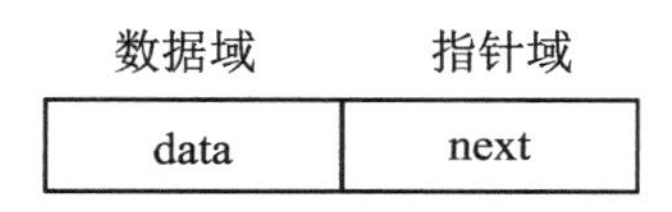


**图2.3 单链表的结点结构**

**2. 单链表结构**

按照上述结点结构，通过指针域将线性表中的 $n$ 个结点依次链接在一起，就构成了如图2.4所示的单链表结构。在单链表中，每个结点的存储地址都是存于其直接前驱结点的next域的，而开始结点（首结点）无直接前驱，因此，需要设置一个头指针L用来指向开始结点。又因终端结点（尾结点）无直接后继，故将其指针域置为空，可用NULL或∧表示。

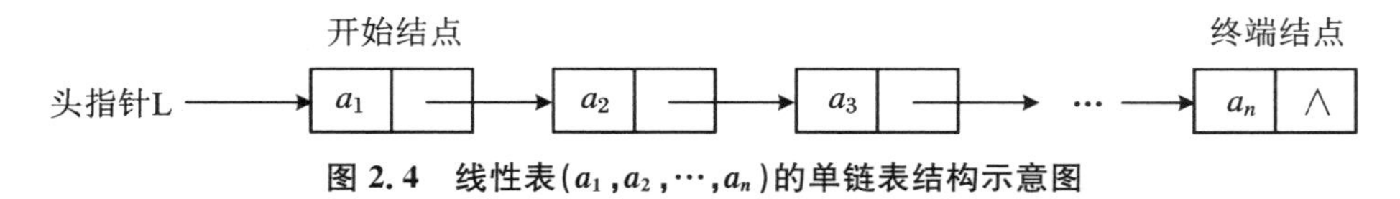


**图2.4 线性表($a_1, a_2, \cdots, a_n$)的单链表结构示意图**

对单链表任一结点的访问，必须从头指针开始找到开始结点，再由它的链域往下找，直至找到所需结点。由此可见，头指针具有标识单链表的作用，常用头指针来命名单链表，且单链表是非随机存取的存储结构，如图2.5和图2.6所示。

头指针
H26

| 存储地址 | 数据域 | 指针域 |
| --- | --- | --- |
| 1 | 外语系 | 36 |
| 6 | 物理系 | 11 |
| 11 | 化学系 | 1 |
| 16 | 机械系 | NULL |
| 21 | 政治系 | 16 |
| 26 | 数学系 | 6 |
| 31 | 经管系 | 21 |
| 36 | 法律系 | 31 |

**图 2.5 单链表存储结构示例**

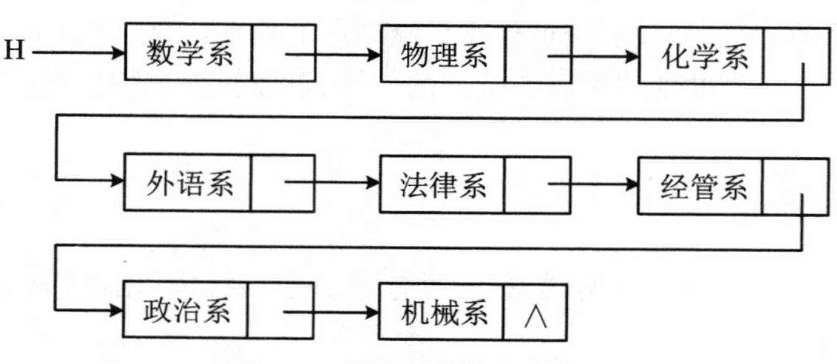


**图 2.6 单链表逻辑结构示例**

为了操作方便,在后面的算法设计中,如无特别说明,均采用如图 2.7 所示的带头结点的单链表,即在单链表的开始结点之前增加一个头结点,并将头指针 L 指向头结点。这样做的好处有:① 单链表 L 中开始结点的插入和删除操作与其他结点一致,无需特殊处理;② 无论单链表 L 是否为空,都有一个头结点存在。这就统一了空表和非空表的处理过程。

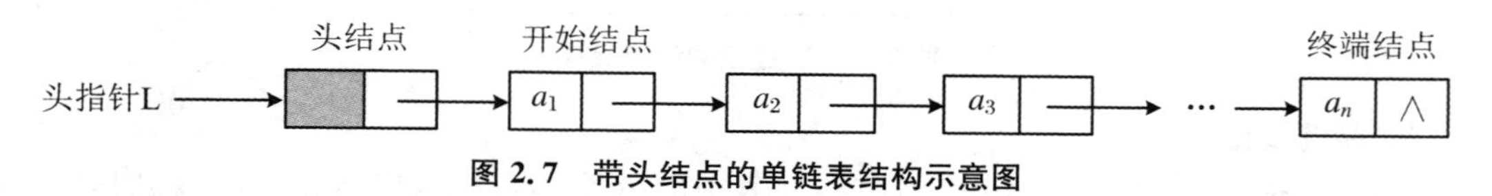


**图 2.7 带头结点的单链表结构示意图**

**3. 单链表结点的类型定义**

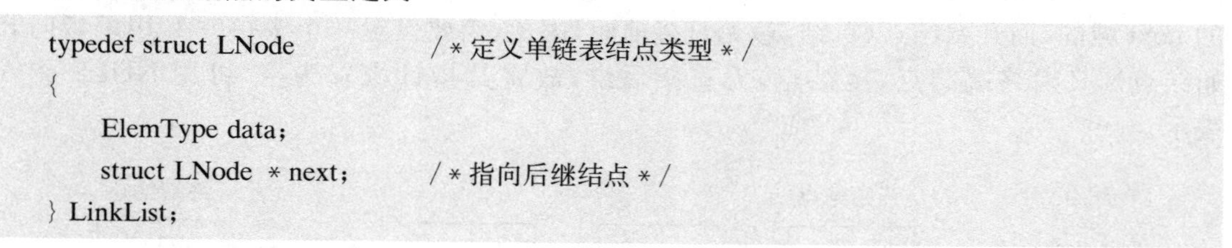

```
typedef struct LNode               /* 定义单链表结点类型 */
{
    ElemType data;
    struct LNode *next;            /* 指向后继结点 */
} LinkList;
```

## 2.3.2 单链表基本运算算法

**1. 初始化单链表 InitList(&L)**

建立一个空的单链表,即创建一个只包含头结点的单链表,如图 2.8 所示。

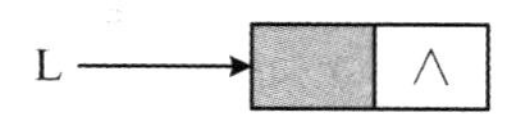


**图 2.8　空单链表**

```
void InitList(LinkList *&L)
{
    L=(LinkList *)malloc(sizeof(LinkList));          /*创建头结点*/
    L->next=NULL;
}
```

**2．销毁单链表 DestroyList(&L)**

释放单链表 L 占用的内存空间，即逐一释放每个结点的空间。

```
void DestroyList(LinkList *&L)
{
    LinkList *p=L, *q=p->next;
    while (q!=NULL)
    {  free(p);
       p=q;
       q=q->next;
    }
    free(p);          /*释放最后一个结点*/
}
```

**3．判断单链表是否为空表 ListEmpty(L)**

若单链表 L 没有数据结点，则为空表，返回 1；否则返回 0。

```
int ListEmpty(LinkList *L)
{
    return(L->next==NULL);
}
```

**4．求单链表的长度 ListLength(L)**

返回单链表 L 中数据结点的个数。

```
int ListLength(LinkList *L)
{
    int n=0;
    LinkList *p=L->next;
    while (p!=NULL)
    {
        n++;
        p=p->next;
    }
    return (n);
}
```

**5. 输出单链表 DispList(L)**

逐一扫描单链表 L 的每个数据结点,并显示各结点的 data 域值。

```
void DispList(LinkList *L)
{
    LinkList *p=L->next;
    while (p!=NULL)
    {
        printf("%c",p->data);
        p=p->next;
    }
    printf("\n");
}
```

**6. 求单链表 L 中指定位置的某个数据元素的值 GetElem(L,*i*,&e)**

在单链表 L 中从头开始寻找第 *i* 个数据结点,若存在第 *i* 个结点,则将其 data 域值赋给变量 e。

```
int GetElem(LinkList *L, int i, ElemType &e)
{
    int j=0;
    LinkList *p=L;
    while (j<i && p!=NULL)
    {
        j++;  p=p->next;
    }
    if (p==NULL)              /*不存在第i个数据结点*/
        return 0;
    else                      /*存在第i个数据结点*/
    {  e=p->data;
        return 1;
    }
}
```

**7. 按元素值查找 LocateElem(L,e)**

在单链表 L 中从头开始找第一个值域与 e 相等的结点,若存在这样的结点,则返回其位置序号,否则返回 0。

```
int LocateElem(LinkList *L, ElemType e)
{
    LinkList *p=L->next;
    int i=1;
    while (p!=NULL && p->data!=e)
    {
        p=p->next; i++;
    }
```

```
    if (p= =NULL)
        return 0;            /* 查找失败,返回0 */
    else
        return i;            /* 查找成功,返回位序 */
}
```

**8. 单链表上的插入算法**

(1) 后插法

在 *p 结点之后插入一个值为 $x$ 的新结点,如图 2.9 所示。

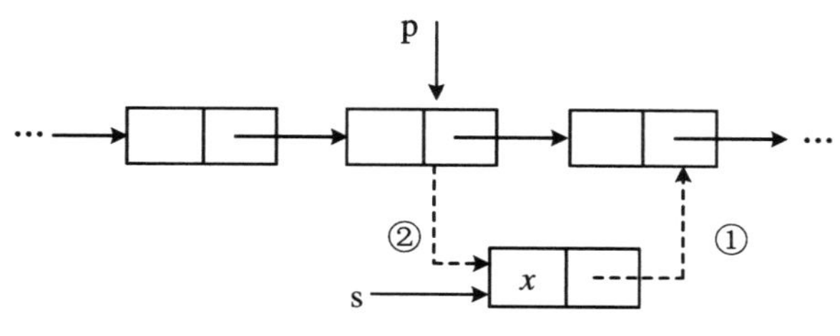


**图 2.9　后插法示意图**

```
void InsertAfter_Link(LinkList *&p, ElemType x)
{
    LinkList *s;
    s=(LinkList *)malloc(sizeof(LinkList));      /* 生成新结点 */
    s->data=x;                                    /* 存入元素值 */
    s->next=p->next;                              /* ① */
    p->next=s;                                    /* ② */
}
```

该算法的时间复杂度 $T(n)=O(1)$。

(2) 前插法

在 *p 结点之前插入一个值为 $x$ 的新结点,如图 2.10 所示。由于单链表无前驱指针,所以必须从头结点开始查找 *p 的前驱结点 *q。

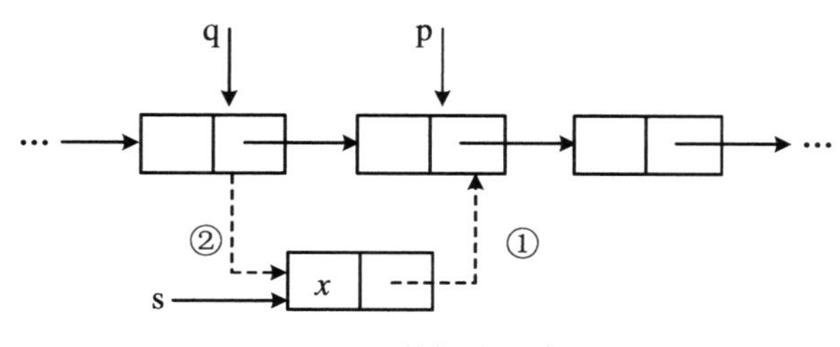


**图 2.10　前插法示意图**

```
void InsertBefore_Link(LinkList *&L, LinkList *p, ElemType x)
{
    LinkList *s, *q ;
    s=(LinkList *)malloc(sizeof(LinkList));      /* 生成新结点 */
```

```
    s->data=x;                    /*存入元素值*/
    q=L;
    while (q->next! =p)           /*从头结点开始查找*p的前驱结点*q*/
        q=q->next;
    s->next=p;                    /*①*/
    q->next=s;                    /*②*/
}
```

前插法的执行时间与 p 的位置有关,在等概率下的平均时间复杂度 $T(n)=O(n)$。

若要改善前插法的时间性能,可以先在 *p 结点后插入结点 *s,再交换 *s 与 *p 的 data 域值。

```
void InsertBefImp_Link(LinkList *p, ElemType x)
{
    LinkList s;
    s=(LinkList *)malloc(sizeof(LinkList));      /*生成新结点*/
    s->data= p->data;                             /*将*p结点的值复制到*s结点中*/
    s->next=p->next;
    p->next=s;                                    /*在*p结点之后插入*s结点*/
    p->data=x;                                    /*将*p结点中的值修改为x*/
}
```

改进后的前插法的时间复杂度 $T(n)=O(1)$。

(3) 在第 $i$ 个位置插入 e 元素

在单链表 L 中寻找第 $i-1$ 个结点 *p,若存在该结点,则构造一个值为 e 的结点 *s,并将其插入结点 *p 之后。

```
int ListInsert(LinkList *&L, int i, ElemType e)
{
    int j=0;
    LinkList *p=L, *s;
    while (j<i-1 && p! =NULL)              /*查找第i-1个结点*/
    {
        p=p->next; j++;
    }
    if (p= =NULL)                          /*未找到位序为i-1的结点*/
        return 0;
    else                                   /*找到位序为i-1的结点*/
    {
        s=(LinkList *)malloc(sizeof(LinkList));       /*创建新结点*/
        s->data=e;                         /*存入元素e*/
        s->next=p->next;                   /*将*s插到*p之后*/
        p->next=s;
        return 1;
    }
}
```

**9. 单链表上的删除算法**

(1) 删除 p 指向的下一个结点

如图 2.11 所示,可使用 p->next=p->next->next;或者 q=p->next;p->next=q->next;free(q);完成删除,显然时间复杂度 $T(n)=O(1)$。

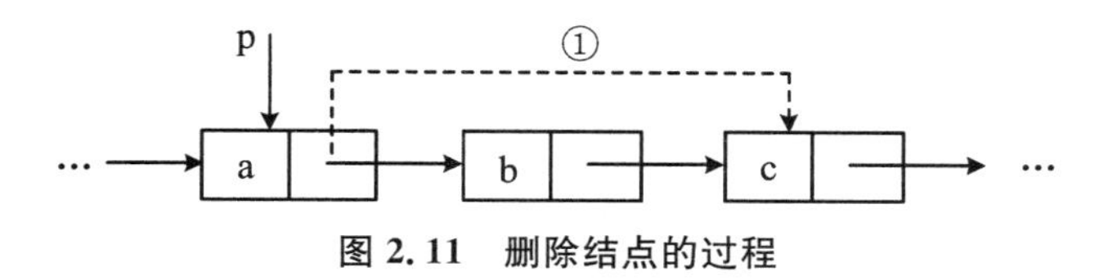


**图 2.11 删除结点的过程**

(2) 删除 p 指向的结点

由于单链表 L 中没有指向前驱的指针,因此,必须先找到 p 所指结点的前驱结点,再进行删除,对应的操作可描述为

```
q=L;
while(q->next!=p)
    q=q->next;
q->next=p->next;
free(p);
```

该算法的时间复杂度 $T(n)=O(n)$。

(3) 删除第 $i$ 个结点

在单链表 L 中寻找第 $i-1$ 个结点 *p,若存在这样的结点,且也存在后继结点,则删除该后继结点。

```
int ListDelete(LinkList *&L, int i, ElemType &e)
{
    int j=0;
    LinkList *p=L, *q;
    while (j<i-1 && p!=NULL)          /*查找第 i-1 个结点*/
    {
        p=p->next; j++;
    }
    if (p==NULL)                      /*未找到位序为 i-1 的结点*/
        return 0;
    else                              /*找到位序为 i-1 的结点*p*/
    {
        q=p->next;                    /*q 指向要删除的第 i 个结点*/
        if (q==NULL) return 0;        /*若不存在第 i 个结点,返回 0*/
        e=q->data;                    /*保存待删*q 结点的值*/
        p->next=q->next;              /*从单链表中删除*q 结点*/
        free(q);                      /*释放*q 结点*/
        return 1;
    }
}
```

### 2.3.3 单链表应用举例

先考虑如何建立单链表,即由数组元素 $a[0..n-1]$来创建单链表 L。

**1. 头插法建表**

该方法从一个空的单链表开始,每次读取数组 $a$ 中的一个元素,生成一个新结点,将读取的数据存放到新结点的数据域 data 中,然后将新结点插入到当前单链表的表头位置,如图 2.12 所示,直至所有元素插入完毕为止。

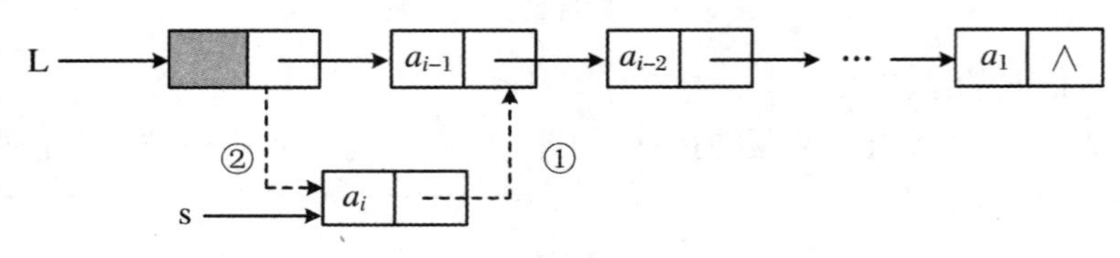


**图 2.12 将 s 所指的结点插入表头**

采用头插法建表的算法如下:

```
void CreateListF(LinkList *&L, ElemType a[], int n)
{
    LinkList *s;
    int i;
    L=(LinkList *)malloc(sizeof(LinkList));          /*创建头结点*/
    L->next=NULL;                     /*生成空单链表*/
    for (i=0; i<n; i++)
    {
        s=(LinkList *)malloc(sizeof(LinkList));      /*创建新的数据结点*/
        s->data=a[i];                 /*存入数据*/
        s->next=L->next;              /*①*/
        L->next=s;                    /*②*/
    }
}
```

头插法建立单链表的算法虽然简单,但生成的单链表结点的顺序和原数组元素的顺序相反。若希望两者次序一致,可采用尾插法。

**2. 尾插法建表**

该方法是将新结点插到当前单链表的表尾上,为此必须增加一个尾指针 r,使其始终指向当前单链表的尾结点位置,如图 2.13 所示。

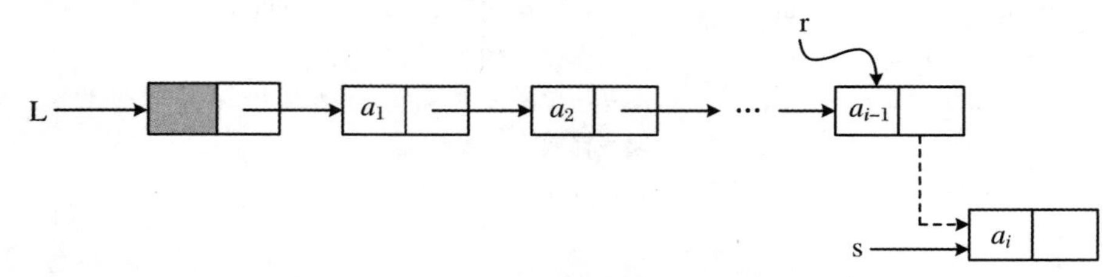


**图 2.13 将 s 所指的结点插入到表尾**

采用尾插法建表的算法如下：

```
void CreateListR(LinkList *&L, ElemType a[], int n)
{
    LinkList *s, *r;
    int i;
    L=(LinkList *)malloc(sizeof(LinkList));          /*创建头结点*/
    L->next=NULL;                  /*生成空单链表*/
    r=L;                           /*r始终指向尾结点,初始时头结点也是尾结点*/
    for (i=0; i<n; i++)
    {
        s=(LinkList *)malloc(sizeof(LinkList));      /*创建新结点*/
        s->data=a[i];              /*读入数据*/
        r->next=s;                 /*将s所指的结点插入到r所指结点后面*/
        r=s;                       /*修改r指针,指向新的尾结点*/
    }
    r->next=NULL;                  /*表尾结点next域置为NULL*/
}
```

头插法和尾插法建立单链表的时间复杂度均为 $O(n)$，其中 $n$ 为单链表中结点的个数。尾插法创建的单链表中结点的顺序和原数组元素的顺序相同，且该算法也是很多其他复杂算法的基础，因此必须牢固掌握。

**【例 2.3】** 设计一个算法，删除单链表 L 中值相同的重复结点。如原单链表中的元素依次为(3,5,6,3,2,1,6,7,3,9,6,4,8)；删除后的单链表元素依次为(3,5,6,2,1,7,9,4,8)。

**解** 用 p 指针从前向后逐个扫描单链表中的每个数据结点，当 p 指向某个结点时，为了找到其后与 *p 重复的结点，需要另设一个 r 指针，r 自 p 的下一个位置开始向后扫描所有剩余结点，每当发现一个与 *p 的值相同的结点，就将其删除，直至 r 指针遍历至表尾。重复上述步骤，直到 p 遍历了所有的结点之后，表中就再无重复结点了。

```
void Purge(LinkList *&L)
{
    LinkList *p=L->next, *q, *r;
    while (p!=NULL)
    {
        r=p;
        while (r->next!=NULL)
            if (r->next->data==p->data)
            {
                q=r->next;
                r->next=q->next;
                free(q);
            }
            else
                r=r->next;
        p=p->next;
    }
}
```

【例 2.4】 设计一个算法,将单链表 L 就地逆转,即逆转在原单链表上进行,不允许重新构造单链表。

**解** 首先,将单链表 L 自头结点之后一分为二,变成一个只有头结点的空单链表 L 和一个包含所有数据结点但无头结点的单链表。然后,从第二个单链表中逐个摘取数据结点,并将其依次头插到单链表 L 中,便可实现结点顺序的逆转,且该做法并未产生新的结点,故空间复杂度 $S(n)=O(1)$,符合就地逆转的要求。

```
void Reserve(LinkList *&L)
{
    LinkList *p, *r;
    p=L->next;                  /*p指向第一个数据结点*/
    L->next=NULL;               /*原单链表一分为二*/
    while (p!=NULL)
    {
        r=p->next;              /*保存原单链表尚未处理的部分*/
        p->next=L->next;        /*将p所指的结点头插到单链表L中*/
        L->next=p;
        p=r;                    /*取下一个待处理的结点*/
    }
}
```

【例 2.5】 设计一个算法,将单链表 L 按其元素递增的顺序重新排列。

**解** 若原单链表中有一个或以上的数据结点,则自第一个数据结点之后将原单链表一分为二,构造出只含一个数据结点的有序单链表 L(只含一个数据结点的单链表一定是有序表)和包含其余数据结点的无序单链表。用 p 指针从前向后依次扫描无序单链表余下的每个结点(直到 p==NULL 为止),在有序单链表 L 中通过比较来确定 *p 的插入位置的前驱结点 *q,然后将 *p 插到 *q 之后(这里实际上采用的是直接插入排序方法)。

```
void Sort(LinkList *&L)
{
    LinkList *p=L->next, *q, *r;                /*p指向第一个数据结点*/
    if (p!=NULL)                                /*原单链表有一个或以上的数据结点*/
    {
        r=p->next;                              /*r指向第一个数据结点的后继*/
        p->next=NULL;                           /*构造只含一个数据结点的有序表*/
        p=r;
        while (p!=NULL)
        {
            r=p->next;                          /*r指向*p结点的后继*/
            q=L;                                /*q从有序表L的头部开始扫描*/
            while (q->next!=NULL && q->next->data<p->data)
                q=q->next;                      /*q指向有序表中插入位置的前驱结点*/
            p->next=q->next;
            q->next=p;                          /*将p所指结点插到q所指结点的后面*/
            p=r;                                /*p指向原单链表余下部分的第一个结点*/
        }
    }
}
```

**【例 2.6】** 假设有一个带头结点的单链表 list,其结点结构如下:

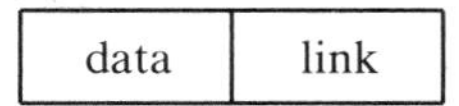


在不改变单链表的前提下,设计一个尽可能高效的算法,查找单链表 L 中倒数第 $k$ 个位置上的结点。若查找成功,则输出该结点数据域的值,并返回 1;否则返回 0。要求:

(1) 描述算法的基本设计思想;

(2) 描述算法的详细实现步骤;

(3) 根据算法设计思想和实现步骤,采用 C/C++描述算法。

**解**　(1) 算法的基本设计思想:定义两个指针 p 和 q,初始时均指向单链表的第一个数据结点。p 指针沿着单链表向后移动,当 p 指针移动到第 $k$ 个结点后,q 指针与 p 指针同步后移,当 p 指针移动到单链表的表尾结点时,q 指针指向的结点即为倒数第 $k$ 个结点。

(2) 算法的详细实现步骤:

① 令 p 和 q 指向单链表的第 1 个数据结点,count 置为 1;

② 若 p->link 为空,则转向⑤;

③ 若 count<k,则 count++;否则 q 指向下一个结点;

④ 令 p 指向下一个结点,转向②;

⑤ 若 count==k,则查找成功,输出结点的数据域的值,返回 1;否则,查找失败,返回 0;

(3) 算法描述为

```
typedef struct LNode                        /* 定义单链表结点类型 */
{   int data;                               /* 数据域 */
    struct LNode *link;                     /* 指针域,指向后继结点 */
} LinkList;
int Search_k(LinkList *list, int k)
{   LinkList *p, *q;
    p=q=list->link;                         /* p 和 q 指向链表的第 1 个数据结点 */
    if (p==NULL) return 0;                  /* 空单链表,返回 0 */
    int count=1;                            /* 计数器置为 1 */
    while (p->link!=NULL)
    {   if (count<k)                        /* 用 count 计数,直至第 k 个结点 */
            count++;
        else                                /* 第 k 个结点以后 */
            q=q->link;                      /* q 指针后移 */
        p=p->link;                          /* p 指针一直后移 */
    }
    if (count<k)
        return 0;
    else
    {   printf("倒数第%d 个结点的值为:%d\n", k, q->data);
        return 1;
    }
}
```

### 2.3.4 双链表的结构

每个结点均包含两个指针域的线性链表称为双链表。

**1. 结点结构**

双链表的结点结构如图 2.14 所示。其中,data 域为数据域,存储数据元素的相关信息,即结点的值;prior 域和 next 域为指针域,prior 域存放结点的直接前驱的地址,next 域存放结点的直接后继的地址。

| 指针域 | 数据域 | 指针域 |
| --- | --- | --- |
| prior | data | next |

**图 2.14 双链表的结点结构**

**2. 双链表结点的类型定义**

```
typedef struct DNode                     /* 定义双链表结点类型 */
{
    ElemType data;
    struct DNode *prior;                 /* 指向前驱结点 */
    struct DNode *next;                  /* 指向后继结点 */
} DLinkList;
```

### 2.3.5 双链表上的运算

在双链表上(如图 2.15 所示)实现求表长、定位等运算的算法与单链表基本相同,不同的主要是插入和删除操作,需要修改两个方向的指针。

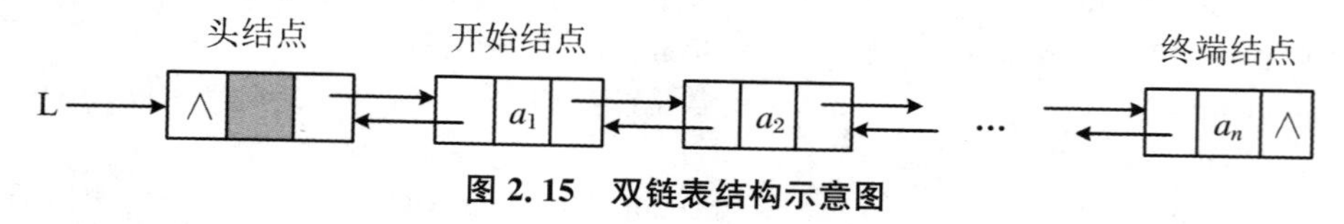


**图 2.15 双链表结构示意图**

**1. 在 *p 结点后插入一个新结点**

具体过程如图 2.16 所示。

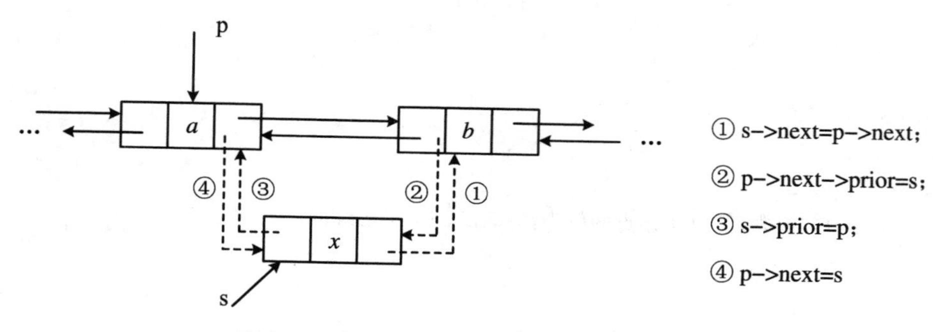


**图 2.16 双链表上 *p 结点后插入结点的过程**

注意：如果 * p 恰为最后一个结点，即：p－>next＝＝NULL，则可省去②。

**2．在 * p 结点前插入一个新结点**

具体过程如图 2.17 所示。

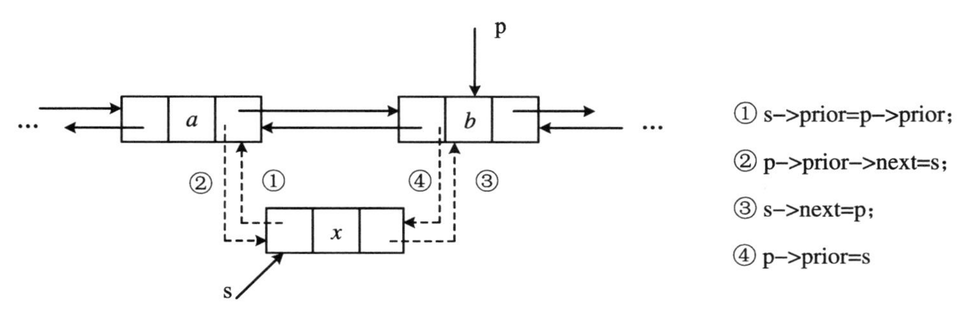


图 2.17　双链表上 * p 结点前插入结点的过程

**3．在双链表 L 的第 *i* 个位置上插入 e 元素**

以下算法先寻找第 $i-1$ 个元素的位置，然后在其后插入 e 元素，也可以寻找第 $i$ 个元素，然后在其前面插入 e 元素。

```
int DListInsert(DLinkList *&L, int i, ElemType e)
{
    int j=0;
    DLinkList *p=L, *s;
    while (j<i-1 && p!=NULL)                          /*查找第i-1个结点*/
    {
        p=p->next; j++;
    }
    if (p==NULL)                                      /*未找到位序为i-1的结点*/
        return 0;
    else                                              /*p指向位序为i-1的结点*/
    {
        s=(DLinkList *)malloc(sizeof(DLinkList));    /*创建新结点*s*/
        s->data=e;
        s->next=p->next;                              /*将*s插入*p之后*/
        if (p->next!=NULL) s->next->prior=s;
        s->prior=p;
        p->next=s;
        return 1;
    }
}
```

**4．删除 * p 结点**

具体过程如图 2.18 所示。

①、②两条语句的执行顺序可以颠倒。另外，虽然执行上述两语句后，结点 * p 的两个指针域仍分别指向其前驱和后继结点，但在双链表上已找不到 * p，而且调用 free(p)后，* p 将消失，即归还系统。

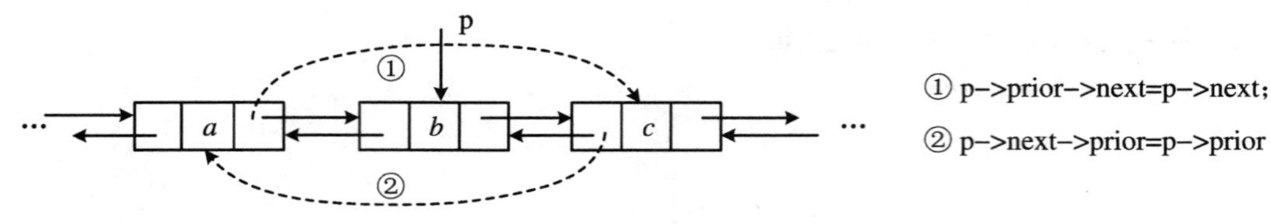
p
①
a
b
c
②
① p->prior->next=p->next;
② p->next->prior=p->prior

**图 2.18 双链表上删除 * p 结点的过程**

注意:如果 * p 恰为最后一个结点,则语句②可省去。

**5. 删除 * p 的后继结点**

具体过程如图 2.19 所示。

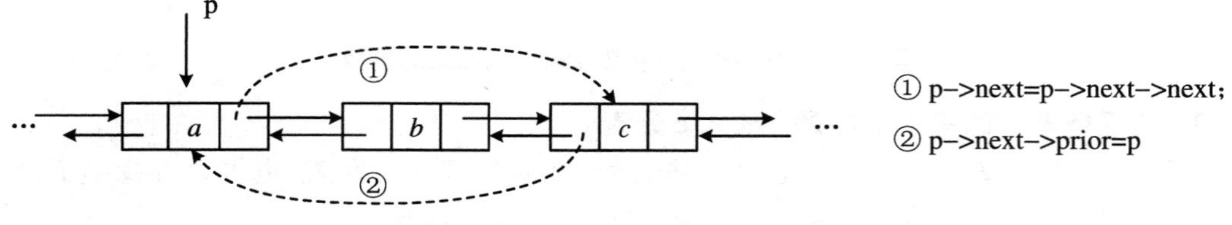
p
①
a
b
c
②
① p->next=p->next->next;
② p->next->prior=p

**图 2.19 双链表上删除 * p 的后继结点的过程**

注意:如果 * p 恰为最后一个结点,则无需执行删除操作;如果 *(p->next)恰为最后一个结点,则语句②可省去。

**6. 删除双链表 L 的第 *i* 个结点**

以下算法先寻找第 *i* 个结点,然后将其删除,也可以寻找第 *i*-1 个结点,然后执行删除其后继结点的操作。

```
int DListDelete(DLinkList *&L, int i, ElemType &e)
{
    int j=1;
    LinkList *p=L->next, *q;
    while (j<i && p!=NULL)                  /*查找第i个结点*/
    {
        p=p->next; j++;
    }
    if (p==NULL)                            /*未找到位序为i的结点*/
        return 0;
    else                                    /*p指向位序为i的结点*/
    {
        p->prior->next=p->next;             /*删除第i个结点*/
        if (p->next!=NULL)   p->next->prior=p->prior;
        e=p->data;                          /*保存p所指向的被删结点的值*/
        free(p);                            /*释放p所指的结点*/
        return 1;
    }
}
```

## 2.3.6 双链表应用举例

下面由数组元素 $a[0..n-1]$来创建双链表 L。

**1. 头插法建表**

```
void CreateDListF(DLinkList *&L, ElemType a[], int n)
{
    DLinkList *s;
    int i;
    L=(DLinkList *)malloc(sizeof(DLinkList));          /*创建头结点*/
    L->prior=L->next=NULL;                             /*生成空双链表*/
    for (i=0; i<n; i++)
    {
        s=(DLinkList *)malloc(sizeof(DLinkList));      /*创建新的数据结点*/
        s->data=a[i];                                  /*读入数据*/
        s->next=L->next;                               /*①*/
        if (L->next! =NULL)  L->next->prior=s;         /*②*/
        s->prior=L;                                    /*③*/
        L->next=s;                                     /*④*/
    }
}
```

**2. 尾插法建表**

```
void CreateDListR(DLinkList *&L, ElemType a[], int n)
{
    DLinkList *s, *r;
    int i;
    L=(DLinkList *)malloc(sizeof(DLinkList));          /*创建头结点*/
    L->prior=L->next=NULL;                             /*生成空双链表*/
    r=L;                  /*r始终指向尾结点,初始时头结点也是尾结点*/
    for (i=0; i<n; i++)
    {
        s=(DLinkList *)malloc(sizeof(DLinkList));      /*创建新结点*/
        s->data=a[i];          /*读入数据*/
        r->next=s;             /*将s所指的结点插到r所指结点的后面*/
        s->prior=r;
        r=s;                   /*修改r指针,指向新的尾结点*/
    }
    r->next=NULL;              /*表尾结点next域置为NULL*/
}
```

**【例 2.7】** 设计一个算法,将双链表 L 就地逆转,即逆转在原链表上进行,不允许重新构造链表。

```
void ReserveDL(DLinkList *&L)
{
    DLinkList *p, *r;
    p=L->next;                  /* p指向第一个数据结点 */
    L->next=NULL;               /* 从头结点后面,将原双链表L分割成两个双链表 */
    while (p!=NULL)
    {
        r=p->next;              /* 保存原双链表尚未逆转的部分 */
        p->next=L->next;        /* 将p所指的结点重新头插到双链表L中 */
        if (L->next!=NULL)  L->next->prior=p;
        p->prior=L;
        L->next=p;
        p=r;                    /* 取下一个待处理的结点 */
    }
}
```

**【例2.8】** 设计一个算法,将双链表L按其元素递增的顺序重新排列。

```
void SortDL(DLinkList *&L)
{
    DLinkList *p=L->next, *q, *r;          /* p指向第一个数据结点 */
    if (p!=NULL)                           /* 原双链表有一个或以上的数据结点 */
    {
        r=p->next;                         /* r指向第一个数据结点的后继 */
        p->next=NULL;                      /* 构造只含一个数据结点的有序表 */
        p=r;
        while (p!=NULL)
        {
            r=p->next;                     /* r指向*p结点的后继 */
            q=L;                           /* q从有序表L的头部开始扫描 */
            while (q->next!=NULL && q->next->data<p->data)
                q=q->next;                 /* q指向有序表中插入位置的前驱结点 */
            p->next=q->next;
            if (q->next!=NULL)  q->next->prior=p;
            q->next=p;
            p->prior=q;                    /* 将p所指结点插到q所指结点的后面 */
            p=r;                           /* p指向原双链表余下部分的第一个结点 */
        }
    }
}
```

## 2.3.7 循环链表

循环链表是另一种形式的链式存储结构。循环链表有循环单链表和循环双链表两种类型,如图 2.20 所示。循环链表的特点是表中最后一个结点的指针域不再是空,而是指向表头结点,整个链表形成一个环。由此,从表中任一结点出发均可找到链表中的其他结点。

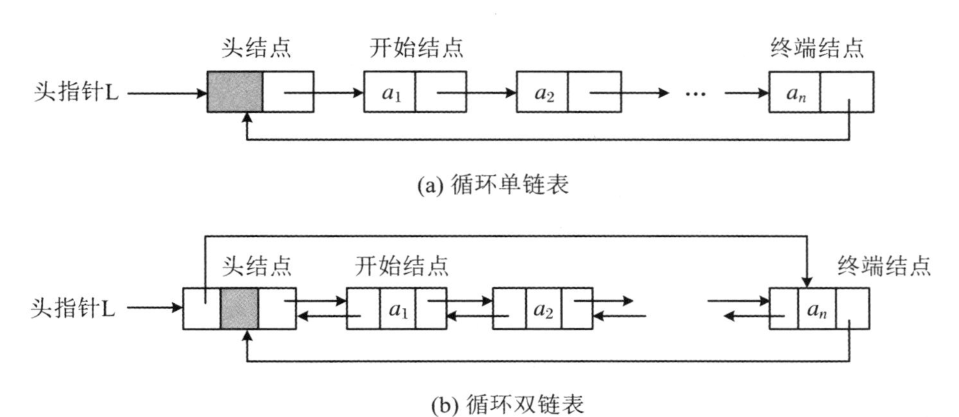


**图 2.20 带头结点的循环单链表和循环双链表示意图**

循环单链表与单链表的区别在于:循环单链表的尾结点链域值不是 NULL,而是指向头结点的指针。因此,判断表尾结点的条件如下:单链表中以判断结点的指针域是否为空作为依据,而在循环链表中则以结点的指针域是否等于头指针作为判断依据。

循环单链表的主要优点如下:从表中任一结点出发,都能通过后移操作而扫描整个循环链表。但对于单链表,只有从头结点开始才能扫描到全部的结点。

在循环单链表中,为了找到表尾结点,必须从头结点开始扫描表中的所有结点,改进的方法是不设头指针而改设尾指针,如图 2.21 所示。

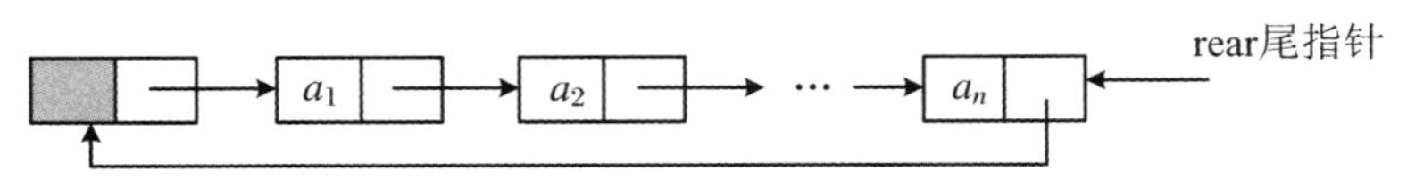


**图 2.21 带表尾指针的循环单链表示意图**

在设尾指针的循环单链表中,无论是找开始结点还是尾结点都很方便,它们的存储位置分别为 rear->next->next 和 rear。由于某些应用中链表的头结点和尾结点使用频繁,因此,多用带尾指针 rear 的循环单链表。例如,将图 2.22(a)所示的两个仅设尾指针的循环单链表合并成一个如图 2.22(b)所示的循环单链表,其主要操作步骤如下:

```
p=ra->next;                     /*保存 ra 的头结点指针*/
ra->next=rb->next->next;        /*头尾连接*/
free(rb->next);                 /*释放 rb 的头结点*/
rb->next=p;                     /*组成循环链表*/
```

这个操作仅需改变两个指针值即可,故时间复杂度为 $O(1)$。

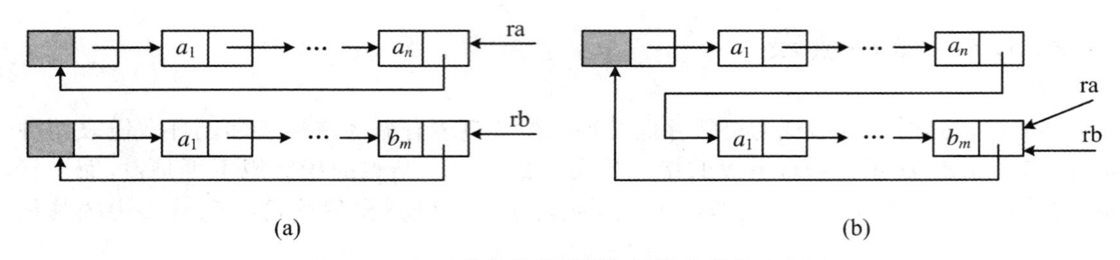


**图 2.22 两个带尾指针的循环单链表操作示意图**

**【例 2.9】** 设计一个算法,判断带头结点的循环双链表 L 是否对称相等。

**解** 设置两个指针 p 和 q,分别用来从左向右和从右向左扫描双链表 L。若 p、q 当前扫描的两个结点的 data 域值不相等,则说明双链表 L 不是对称相等的,此时返回 0;若 p、q 当前扫描的两个结点的 data 域值相等,则 p 继续向右,q 继续向左扫描下一对结点,并进行结点值的比较。重复上述步骤,直到 p 与 q 指向同一个结点或者 q 的下一个结点为 p 所指的结点为止,此时双链表 L 是对称相等的,返回 1。对应的算法如下:

```
int DEqual(DLinkList *L)
{
    int same=1;                       /*same 为是否对称相等的标志*/
    DLinkList *p=L->next;             /*p 指向第一个数据结点*/
    DLinkList *q=L->prior;            /*q 指向最后一个数据结点*/
    while (p!=q && q->next!=p)
        if (p->data==q->data)
        {
            p=p->next;   q=q->prior;
        }
        else
        {
            same=0; break;
        }
    return same;
}
```

## 2.3.8 静态链表

以上各种链表中的结点分配和回收(即释放)可由系统提供的标准函数 malloc 和 free 动态实现,因此称为动态链表。

在动态链表中用到了“指针”数据类型,但在有些高级语言中没有“指针”数据类型,也就不能动态生成结点,只有借助一维数组来描述线性链表,称为静态链表。这种静态链表存储结构仍然需要预先分配一个较大的存储空间,但是在进行线性表的插入和删除操作时不需要移动元素,仅需要修改“指针”,因此,它仍然具有链式存储结构的主要优点。

静态链表类型定义如下:

```
#define MaxSize 100
typedef char ElemType[10];              /* 设静态链表的数据域存放长度为10的字符串 */
typedef struct                          /* 定义静态链表结点类型 */
{
    ElemType data;                      /* 数据域 */
    int cur;                            /* 游标域,指示下一个元素在数组中的位置 */
} StaticList[MaxSize];
```

在静态链表中,数组的一个分量表示一个结点,每个结点均包含一个数据域 data,同时使用游标(cur)代替指针指示结点在数组中的相对位置。数组中的第0分量可以看成头结点,其指针域指示静态链表的第一个结点。表中最后一个结点的指针域为0,指向头结点,这样就构成了一个静态循环链表。

图2.23给出了一个静态链表的示例,图中用阴影表示修改的游标。

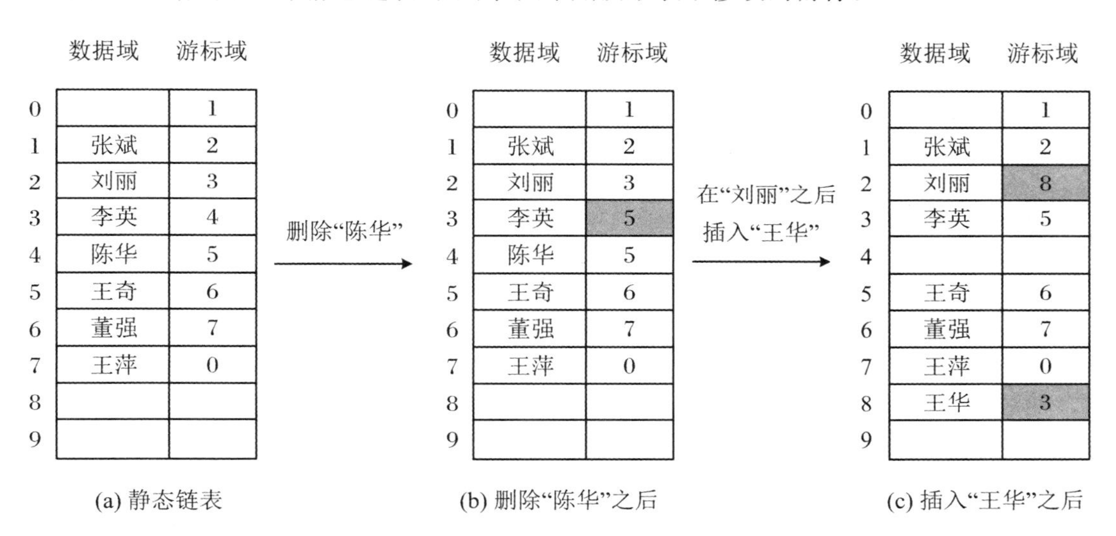


**图2.23　静态链表操作示意图**

# 第3章　栈和队列

## 学习要求

1. 掌握栈和队列两种抽象数据类型的特点。
2. 掌握栈的顺序存储结构和链式存储结构，特别注意栈满和栈空的条件。
3. 掌握队列的顺序存储结构和链式存储结构，特别注意循环队列的队满和队空的条件。
4. 掌握栈和队列在顺序存储结构和链式存储结构上的各种基本运算的实现。
5. 能够针对具体问题的性质和要求，选择合适的存储结构，设计有效的算法来解决与栈和队列相关的实际应用问题。

## 学习重点

1. 栈的逻辑结构、存储结构及相关算法。
2. 队列的逻辑结构、存储结构及相关算法。

## 知识单元

从数据结构的角度来看，栈和队列是两种重要的线性结构，也就是说，栈和队列也是线性表。但它们是运算受限的特殊线性表，其特殊性在于：栈只允许在表的一端进行插入和删除操作，而队列只允许在表的一端进行插入操作，另一端进行删除操作。从数据类型的角度来看，栈和队列又是与线性表大不相同的两类重要的抽象数据类型。

栈和队列是程序设计中的一种常用的重要工具。在编译程序、操作系统等系统软件的实现过程中，常会用到栈和队列来实现子程序调用、表达式求值、作业管理等诸多功能。

## 3.1　栈

### 3.1.1　栈的定义

栈(Stack)是一种只能在一端进行插入和删除操作的线性表。表中允许进行插入、删除操作的一端称为栈顶，另一端称为栈底，如图3.1所示。栈顶的当前位置是动态的，由一个称为栈顶指针的位置指示器指示。当栈中没有数据元素时，称为空栈。向栈中插入一个元素，使其成为新的栈顶元素的操作称为进栈或入栈，把栈顶元素删除的操作称为退栈或出栈。

在图 3.1 所示的栈 s = ($a_1$, $a_2$, …, $a_n$)中，$a_1$为栈底元素，$a_n$为栈顶元素，由栈顶指针 top 指示。栈中的元素按照$a_1$, $a_2$, …, $a_n$的顺序进栈，出栈从栈顶元素开始。当栈顶元素为 $a_n$时，出栈顺序为 $a_n$, $a_{n-1}$, …, $a_1$，即后进栈的元素先出栈，先进栈的元素后出栈。因此，栈又可称为后进先出(LIFO：Last In First Out)的线性表。

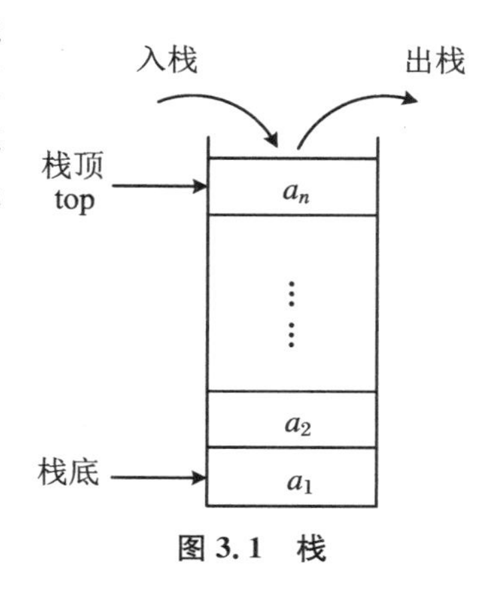

图 3.1 栈

生活中有许多关于栈的例子。如我们总是将洗干净的盘子依次从下往上摞(假设不允许从中间位置插入)，而使用时又是从上往下依次取用(假设不允许从中间抽取)，此时，这摞盘子就可以看作一个栈，栈顶位于这摞盘子的最上端。从盘子的取用过程可以发现，最先洗净的盘子摞放在最下面，但它最后才被使用，而最后洗净的盘子摞放在最上面，它最先被使用。栈的操作特点正是上述实际应用的抽象。

**【例 3.1】** 设一个栈的输入序列为 abcd，若在进栈的过程中允许出栈，则栈的输出序列可能是 bdca 吗？请给出所有可能的输出序列。

**解** 可以得到 bdca 的输出序列。假设用 s 表示进栈操作，x 表示出栈操作，则对应的操作序列为 ssxssxxx。所有可能的出栈序列为 abcd，abdc，acbd，acdb，adcb，bacd，badc，bcad，bcda，bdca，cbad，cbda，cdba，dcba。

说明：$n$ 个不同的元素通过一个栈产生的出栈序列的个数是$\frac{1}{n+1}C_{2n}^{n}$。例如，当 $n = 4$ 时，共有 14 种不同的出栈序列。

**【例 3.2】** 设有 6 个元素 abcdef 依次进栈，若要得到出栈序列 bcdfea，则应如何安排进栈(用 s 表示)和出栈(用 x 表示)的操作序列？这个栈的容量至少为多大？

**解** 为了得到出栈序列 bcdfea 的操作过程为：先将 ab 依次进栈(栈中有 2 个元素)，执行出栈操作(栈中有 1 个元素)，则得到 b；将元素 c 进栈(栈中有 2 个元素)后出栈(栈中有 1 个元素)，得到 c；将元素 d 进栈(栈中有 2 个元素)后出栈(栈中有 1 个元素)，得到 d；将 ef 依次进栈(栈中有 3 个元素)，执行出栈操作(栈中有 2 个元素)，则得到 f；出栈(栈中有 1 个元素)，得到 e；出栈(栈中有 0 个元素)，得到 a。假设用 s 表示进栈操作，x 表示出栈操作，则对应的操作序列可描述为 ssxsxsxssxxx。从上述过程可以看出，栈里最多时会有 3 个元素，故栈的最大容量应为 3。

### 3.1.2 栈的抽象数据类型描述

栈的抽象数据类型可描述为

```
ADT  Stack{
   数据对象：
      D={ai| 1≤i≤n,n≥0,ai为 ElemType 类型} //ElemType 是自定义类型标识符
   数据关系：
      R={< ai,ai+1 >|ai,ai+1∈D,i=1,…,n-1}
   基本运算：
      InitStack(&s)：初始化栈，即构造一个空的栈 s。
      DestroyStack(&s)：销毁栈，即释放栈 s 占用的内存空间。
      StackEmpty(s)：判断栈 s 是否为空，若 s 为空栈，则返回 1，否则返回 0。
      Push(&s,e)：进栈，将元素 e 压入栈 s 中作为栈顶元素。
      Pop(&s,&e)：出栈，从栈 s 中删除栈顶元素，并将其赋值给 e。
      GetTop(s,&e)：取栈顶元素，并将其赋值给 e。
      DispStack(s)：依次输出栈中的所有元素。
}
```

# 3.2　栈的顺序表示和实现

## 3.2.1　栈的顺序存储结构

顺序存储结构的栈简称为顺序栈，即利用一组地址连续的存储单元依次存放自栈底到栈顶的元素，同时附设一个栈顶指针 top 指示栈顶元素所在的位置。顺序栈的存储结构如图 3.2 所示。

逻辑结构：　栈s $=(a_1, a_2, \cdots, a_n)$

存储结构：

| 0 | 1 | … | $n-1$ | … | MaxSize−1 | |
|---|---|---|---|---|---|---|
| $a_1$ | $a_2$ | … | $a_n$ | … | | $n-1$ |

data[MaxSize]　　top

**图 3.2　栈的顺序存储结构**

假设栈的元素个数最大不超过正整数 MaxSize，所有的元素都具有同一数据类型，即 ElemType，则顺序栈类型 SqStack 可定义为

```
typedef struct
{   ElemType data[MaxSize];          /*存放顺序栈中的元素*/
    int top;                         /*栈顶指针，存放栈顶元素在 data 数组中的下标*/
} SqStack;                           /*顺序栈的类型定义*/
```

图 3.3 是一个顺序栈操作过程中数据元素与栈顶指针 top 之间的对应关系。初始空栈时，栈顶指针 top 为 −1。当元素 $a$ 入栈时，top 增 1，指向 0 号单元。随着元素 $b$、$c$、$d$、$e$ 的

进栈,top 不断增1,直到指向4号单元时栈满。出栈时,每删除一个栈顶元素,指针 top 就减1,直到元素 $a$ 也出栈了,此时 top 变回 -1,栈空。

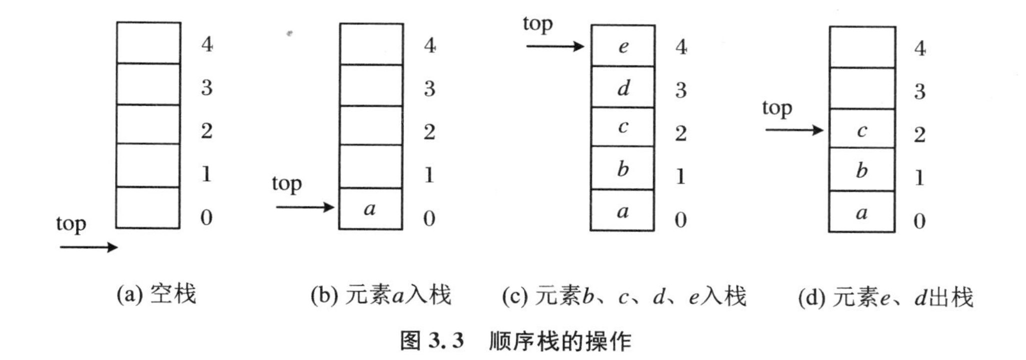


**图 3.3　顺序栈的操作**

## 3.2.2　顺序栈基本运算算法

在定义顺序栈类型时,数组 data 的大小 MaxSize 应为一个整型常量。如果事先预估表长不会超过50个元素,则可以把 MaxSize 定义为50,即

```
#define MaxSize 50
```

数组 data 的元素类型 ElemType 应根据实际问题的需要,将其说明成对应的数据类型。为了方便,使用如下自定义类型语句,将 ElemType 定义为 char 型,即

```
typedef char ElemType;
```

**1. 初始化栈 InitStack(&s)**

建立一个空的顺序栈 s,实际上是为顺序栈动态分配一个预定义大小的数组空间,并将栈顶指针置为 -1。

```
void InitStack(SqStack *&s)
{
    s=(SqStack *)malloc(sizeof(SqStack));
    s->top=-1;
}
```

**2. 销毁栈 DestroyStack(&s)**

销毁顺序栈 s,即释放栈 s 占用的存储空间。

```
void DestroyStack(SqStack *&s)
{
    free(s);
}
```

**3. 判断栈是否为空 StackEmpty(s)**

判断顺序栈 s 是否为空栈,栈空的判定条件是 s->top==-1。

```
int StackEmpty(SqStack *s)
{
    return(s->top==-1);
}
```

**4. 进栈 Push(&s,e)**

进栈,即在顺序栈 s 不满的情况下,先将栈顶指针 top 增 1,然后再将元素 e 插到 top 指示的位置,返回 1;如果顺序栈 s 已满,则将产生“上溢”,无法入栈,返回 0。

```
int Push(SqStack *&s, ElemType e)
{
    if (s->top==MaxSize-1) return 0;        /*栈满的情况,即栈上溢出*/
    s->top++;
    s->data[s->top]=e;
    return 1;
}
```

**5. 出栈 Pop(&s,&e)**

出栈,即在顺序栈 s 不空的情况下,先将栈顶元素赋给 e,然后将栈指针 top 减 1,返回 1;如果顺序栈 s 为空,则将产生“下溢”,无法出栈,返回 0。

```
int Pop(SqStack *&s, ElemType &e)
{
    if (s->top==-1) return 0;               /*栈空的情况,即栈下溢出*/
    e=s->data[s->top];
    s->top--;
    return 1;
}
```

需要说明的是,对顺序栈而言的出栈实际上就是将栈顶指针下移一个位置,这样,原来的栈顶元素就会被认为不包含在栈里了。实际上元素还存放在那个位置,当有新元素进栈时才被覆盖掉。

**6. 取栈顶元素 GetTop(s,&e)**

在顺序栈 s 不为空的情况下,将栈顶指针 top 指示的栈顶元素赋给 e,返回 1;如果顺序栈 s 为空,则返回 0。

```
int GetTop(SqStack *s, ElemType &e)
{
    if (s->top==-1)   return 0;             /*栈为空的情况*/
    e=s->data[s->top];
    return 1;
}
```

**7. 输出栈中元素 DispStack(s)**

自栈顶到栈底,依次显示栈中所有元素。

```
void DispStack(SqStack *s)
{
    int i;
    for (i=s->top; i>=0; i--)
        printf("%c",s->data[i]);
    printf("\n");
}
```

## 3.2.3　共享顺序栈

栈的使用非常广泛，常常会出现一个程序中同时使用多个顺序栈的情形。为了防止栈上溢错误，需要为每个栈预先分配一个较大的存储空间。但是，由于各个栈实际所用的最大空间很难估计，估计过大会浪费空间，过小又不够用，而且各个栈的实际容量在使用期间是变化的，很可能会出现某一个栈发生上溢，而其他栈还有很多空余空间。这个问题怎么来解决呢？

可以让多个栈共享一个足够大的连续存储空间，这就是共享顺序栈。最常见的是两个栈的共享。如图3.4所示，假设有两个栈s1和s2共享一个长度为MaxSize的数组，利用栈底位置不变的特性，将两个栈的栈底分别设在数组的两端，它们的栈顶可以分别向中间伸展，仅当两个栈的栈顶相遇时才可能发生上溢，此时有s1->top+1==s2->top。这样，两个栈的存储空间互补余缺，每个栈的实际可利用空间均大于数组长度的一半，既提高了存储空间的使用率，又减少了栈发生上溢的可能。

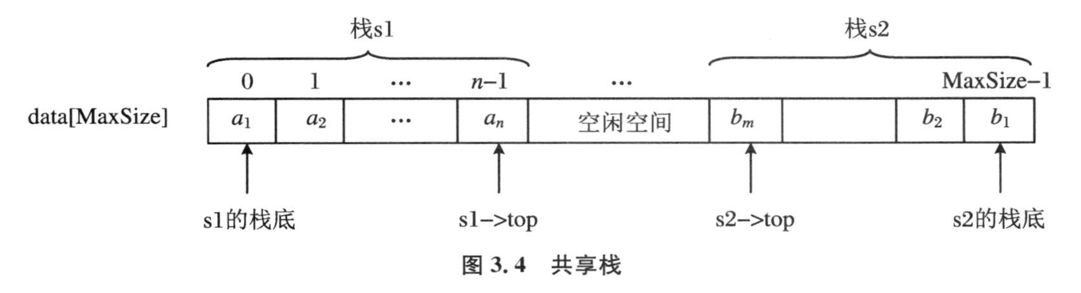


**图3.4　共享栈**

两栈共享的数据结构类型定义如下：

```
typedef struct
{   ElemType data[MaxSize];          /* 共享的存储空间 */
    int ltop;                        /* 左侧的栈顶指针 */
    int rtop;                        /* 右侧的栈顶指针 */
} DSqStack;
```

共享顺序栈的基本运算算法如下：

**1. 初始化共享栈InitDStack(&s)**

建立一个空的共享顺序栈s，实际上是为共享栈分配一个预定义大小的数组空间，并将两个栈的栈顶指针分别设置在数组的两端。

```
void InitDStack(DSqStack *&s)
{
    s=(DSqStack *)malloc(sizeof(DSqStack));
    s->ltop=-1;
    s->rtop=MaxSize;
}
```

**2. 进栈 DPush(&s,e,i)**

与普通顺序栈相比,共享栈的进栈算法需要增加一个参数 i,用来指出对哪个栈进行操作。

```
int DPush(DSqStack *&s, ElemType e, int i)
{
    if (s->ltop+1== s->rtop) return 0;          /*栈满的情况,即共享栈上溢出*/
    if (i==1)
        s->data[++s->ltop]=e;
    else if (i==2)
            s->data[++s->rtop]=e;
        else return 0;
    return 1;
}
```

**3. 出栈 DPop(&s,&e,i)**

根据参数 i 判定是哪个栈进行出栈操作。出栈时,要检查对应栈是否为空,以免出现下溢。

```
int DPop(DSqStack *&s, ElemType &e, int i)
{
    if (i==1)
        if (s->ltop==-1)                    /*左侧栈空的情况*/
            return 0;
        else
            e=s->data[s->ltop--];
    else if (i==2)
            if (s->rtop==MaxSize)           /*右侧栈空的情况*/
                return 0;
            else
                e=s->data[s->rtop++];
        else return 0;
    return 1;
}
```

# 3.3 栈的链式表示和实现

## 3.3.1 栈的链式存储结构

链式存储结构的栈简称为链栈，通常用单链表来实现。链栈中的每个结点由两部分组成，一部分用来存储结点对应的数据元素的信息，另一部分用来存储逻辑上相邻的下一个结点（直接后继）的地址。其中，存储数据元素信息的域叫作数据域，存储其直接后继结点地址的域叫作指针域。链栈结点的类型定义如下：

```
typedef struct node
{   ElemType data;              /* 数据域 */
    struct node * next;         /* 指针域 */
} LiStack;
```

由于栈的主要操作是在栈顶进行插入和删除，显然以链表的头部作为栈顶最为方便。图3.5是用带头结点的单链表实现的链栈s，栈顶指针为s－>next，栈中元素自栈顶到栈底依次是 $a_n,\cdots,a_2,a_1$。与顺序栈相比，链栈的优点是不存在栈满上溢的情况。

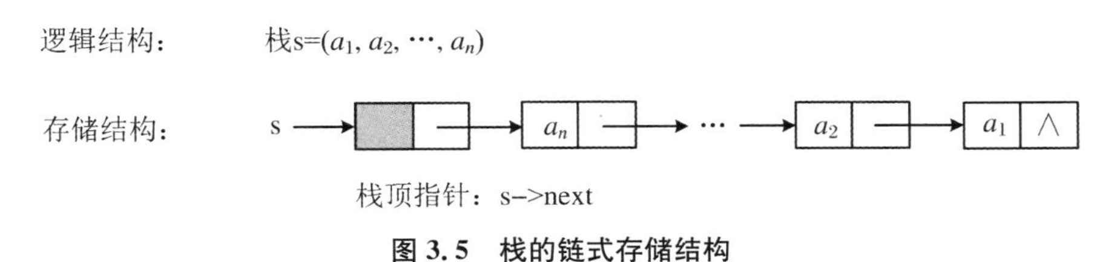


**图3.5 栈的链式存储结构**

## 3.3.2 链栈基本运算算法

**1. 初始化栈 InitStack(&s)**

建立一个空的链栈s，即创建头结点s，并将其next域置为NULL。

```
void InitStack(LiStack *&s)
{
    s=(LiStack *)malloc(sizeof(LiStack));
    s->next=NULL;
}
```

**2. 销毁栈 DestroyStack(&s)**

释放链栈s占用的全部存储空间。

```
void DestroyStack(LiStack *&s)
{
    LiStack *pre=s, *p=s->next;
    while (p!=NULL)
    {   free(pre);
        pre=p;
        p=p->next;
    }
    free(pre);
}
```

**3. 判断栈是否为空 StackEmpty(s)**

判断链栈 s 是否为空栈,栈空的判定条件是 s->next==NULL。

```
int StackEmpty(LiStack *s)
{
    return (s->next==NULL);
}
```

**4. 进栈 Push(&s,e)**

进栈,即新建一个结点,用于存放元素 e,并将该结点插入栈顶,即头结点之后。

```
void Push(LiStack *&s, ElemType e)
{
    LiStack *p;
    p=(LiStack *)malloc(sizeof(LiStack));        /*新建一个数据结点p*/
    p->data=e;                                   /*在p结点中存入元素e*/
    p->next=s->next;                             /*插入*p结点作为第一个数据结点*/
    s->next=p;
}
```

**5. 出栈 Pop(&s,&e)**

出栈,即在链栈 s 不空的情况下,先将栈顶元素的值赋给 e,然后将栈顶结点删除,返回 1;如果链栈 s 为空,则将产生下溢,无法出栈,返回 0。

```
int Pop(LiStack *&s, ElemType &e)
{
    LiStack *p;
    if (s->next==NULL)  return 0;              /*栈空的情况*/
    p=s->next;                                 /*p指向第一个数据结点,即栈顶元素结点*/
    e=p->data;                                 /*提取栈顶元素的值*/
    s->next=p->next;                           /*删除栈顶结点*/
    free(p);                                   /*释放被删结点的存储空间*/
    return 1;
}
```

**6. 取栈顶元素 GetTop(s,&e)**

在链栈 s 不为空的情况下,将栈顶指针 s->next 指示的栈顶元素赋给 e,返回 1;如果链栈 s 为空，则返回 0。

```
int GetTop(LiStack *s, ElemType &e)
{
    if (s->next==NULL) return 0;          /*栈空的情况*/
    e=s->next->data;
    return 1;
}
```

**7. 输出栈中元素 DispStack(s)**

自栈顶到栈底，依次显示栈中所有元素。

```
void DispStack(LiStack *s)
{
    LiStack *p=s->next;
    while (p!=NULL)
    {   printf("%c", p->data);
        p=p->next;
    }
    printf("\n");
}
```

## 3.4 栈的应用举例

**【例 3.3】** 回文串是指正读和反读均相同的字符序列，如“abba”和“abcba”都是回文串。设计一个算法，利用顺序栈来判定给定的字符串是否为回文串。

**解** $n$ 个元素依次进栈后产生的连续出栈序列和入栈序列正好是相反的。我们可以利用这一特点，先将给定的字符串 str 从头到尾逐个字符依次连续进栈，然后每当执行一次出栈操作，就将出栈元素（即字符串 str 从尾部开始的字符）与字符串 str 从头部开始的字符依次比较，如果每一对元素都是相同字符，则 str 为回文串；否则，不是回文串。

```
int Palindrome(ElemType str[])
{
    int i;
    ElemType e;
    SqStack *st;
    InitStack(st);                          //初始化栈
    for (i=0; str[i]!='\0'; i++)           //将串的所有元素进栈
        Push(st,str[i]);                    //元素进栈
    for (i=0; str[i]!='\0'; i++)
```

```
    {
        Pop(st,e);                  //退栈元素 e
        if (str[i]! =e)             //若 e 与当前串元素不同,则不是对称串
        {
            DestroyStack(st);       //销毁栈
            return 0;
        }
    }
    DestroyStack(st);               //销毁栈
    return 1;
}
```

**【例 3.4】** 设某单链表中有 $n$ 个结点,每个结点中存放一个字符,设计一个算法,利用栈且用尽可能少的时间来判断该单链表表示的字符串是否为回文串。

**解** 为了节省时间,可以对单链表的前半部分在扫描的同时依次将各结点对应的字符进栈;对单链表的后半部分,则是一边扫描,一边执行出栈操作,并将扫描到的结点对应的字符与出栈字符对比,如果两者总是相同,则该单链表对应的字符串是回文串;否则,不是回文串。

```
void sympthy(LinkList *L, SqStack *&s, int n)
{
    int i=1;
    ElemType e;
    LinkList *p=L->next;              /*扫描自第一个字符结点开始*/
    while (i<=n/2)
    {
        Push(s, p->data);
        p=p->next;
        i++;
    }
    if (n%2!=0)  p=p->next;           /*如果 n 为奇数,则跳过中心结点*/
    while (p)
    {
        Pop(s,e);
        if (e==p->data)
            p=p->next;
        else
            break;
    }
    if (p==NULL)
        printf("该字符串为回文串.\n");
    else
        printf("该字符串不是回文串! \n");
}
```

**【例 3.5】** 设计一个算法,对于输入的任意一个非负十进制整数,打印输出与其等值的八进制数。

**解** 十进制数 $N$ 和其他 $d$ 进制数的转换是计算机实现计算的基本问题,常用辗转相除法来解决,该方法基于下列原理:

$N = (N \text{ div } d) \times d + N \text{ mod } d$ （其中,div 为整除运算,mod 为求余运算）

例如,$(2019)_{10} = (3743)_8$,其运算过程如下:

| $N$ | $N$ div 8 | $N$ mod 8 |
|---|---|---|
| 2019 | 252 | 3 |
| 252 | 31 | 4 |
| 31 | 3 | 7 |
| 3 | 0 | 3 |

由于上述计算过程是从低位到高位顺序产生八进制数的各个数位,而打印输出应从高位到低位进行,恰好和计算过程相反。因此,若将计算过程中得到的八进制数的各数位顺序进栈,则按出栈序列打印输出的即为与输入对应的八进制数。

```
void conversion()
{
    int e;
    LiStack s;
    InitStack(s);
    scanf("%d", &N);
    while (N>0)
    {   Push(s, N%8);
        N=N/8;
    }
    while (! StackEmpty(s))
    {   Pop(S, e);
        printf("%d", e);
    }
}
```

**【例 3.6】** 设计一个算法,判断给定的表达式中左、右圆括号是否正确配对。

**解** 括号配对的规则:一个表达式中的右括号“)”,总是和其左侧距离它最近的尚未配对的左括号“(”配对。根据这一规则,当扫描一个表达式时,先遇到的左括号总是后配对,后遇到的左括号总是先配对。因此,扫描过程中,每当遇到左括号,就将它们压入栈中,等待与之配对的右括号;每当遇到右括号,就从栈中弹出一个左括号与之配对。

注意:执行过程中,有可能遇到需要出栈而栈空的情况,这说明当前的右括号没有与之配对的左括号;也有可能会出现所有的右括号都顺利配对,但栈中仍有剩余的左括号,此时括号配对也是不正确的;只有当所有右括号都配完,并且栈恰好为空时,才说明整个表达式中的左、右括号是完全匹配的。

```
int Matching(char exp[], int n)
{
    int i=0, match=1;
    char e;
    LiStack *st;
    InitStack(st);                          /*初始化栈*/
    while (i<n && match)                    /*扫描 exp 中的所有字符*/
    {
        if (exp[i]=='(')                    /*当前字符为左括号,将其进栈*/
            Push(st,exp[i]);
        else if (exp[i]==')')               /*当前字符为右括号*/
            { if (GetTop(st,e)==1)
                    Pop(st,e);              /*将栈顶元素出栈*/
              else
                    match=0;                /*无法取栈顶元素时,表示不匹配*/
            }
        i++;                                /*继续处理其他字符*/
    }
    if (! StackEmpty(st))                   /*栈不空时,表示不匹配*/
        match=0;
    DestroyStack(st);                       /*销毁栈*/
    return match;
}
```

# 3.5 队　　列

## 3.5.1 队列的定义

队列(Queue)简称队,它也是一种运算受限的线性表,仅允许在表的一端进行插入,另一端进行删除。

向队列中插入新元素的操作在队尾(rear)端进行,称为进队或入队。新元素进队后就成为新的队尾元素。从队列中删除元素的操作在队头(front)端进行,称为出队或离队。元素出队后,其直接后继元素就成为新的队头元素。当队列中无数据元素时,称为空队。

出队列 ← $a_1$ $a_2$ …… $a_n$ ← 入队列

队头　　　队尾

图 3.6　队列

图 3.6 所示的是一个包含 $n$ 个元素的队列 q=($a_1$,$a_2$,…,$a_n$),元素依次按照 $a_1$,$a_2$,…,$a_n$的顺序进队,出队顺序也是 $a_1$,$a_2$,…,$a_n$,即先进队的元素先出队。因此,队列又称为先进先出(First In First Out,FIFO)的线性表。

在日常生活中，队列很常见，像排队挂号或排队购物等，排队体现了“先来先服务”的原则。队列在计算机系统中的应用也非常广泛，例如，操作系统中的作业管理等。在多道程序运行的计算机系统中，可以同时有多个作业运行，它们的运算结果都需要通过通道输出。若通道尚未完成输出，则后来的作用应排队等待，每当通道完成输出时，则从队列的队头退出作业进行输出操作。再比如，为解决主机与打印机之间的处理速度不匹配的问题，通常会在这两个设备之间设置一个打印数据缓冲区。当主机需要打印数据时，先将数据依次写入缓冲区，写满后主机转去做其他事情，而打印机就从缓冲区中按照先进先出的原则，依次读取数据进行打印。

**【例 3.7】** 设一个队列的输入序列为 abcd，能否得到 bdca 的输出序列？请给出所有可能的输出序列。

**解** 队列是一种先进先出的线性表，如果队列的输入序列是 abcd，则出序列只能是一种，即 abcd，无法得到 bdca 的输出序列。

### 3.5.2 队列的抽象数据类型描述

队列的抽象数据类型可描述为

```
ADT  Queue{
    数据对象：
        D={ai | 1≤i≤n,n≥0,ai为 ElemType 类型} //ElemType 是自定义类型标识符
    数据关系：
        R={< ai,ai+1 >| ai、ai+1 ∈D,i=1,…,n-1}
    基本运算：
        InitQueue(&q)：初始化队列，即：构造一个空的队列 q。
        DestroyQueue(&q)：销毁队列，即：释放队列 q 占用的内存空间。
        QueueEmpty(q)：判断队列 q 是否为空，若 q 为空队，则返回 1，否则返回 0。
        enQueue(&q,e)：进队，将元素 e 入队 q 中作为队尾元素。
        deQueue(&q,&e)：出队，将队头元素从队列 q 中出队，并将其赋值给 e。
}
```

## 3.6 队列的顺序表示和实现

### 3.6.1 队列的顺序存储结构

顺序存储结构的队列简称为顺序队，即利用一组地址连续的存储单元依次存放队列里的元素，并同时附设一个队首指针 front 和一个队尾指针 rear，分别存储队首元素和队尾元素的下标，以指示它们在队列中的相对位置。

顺序队的存储结构如图 3.7 所示。这里，我们约定：在顺序队中，队首指针 front 指示队

首元素的前一个位置,队尾指针 rear 指示队尾元素所在的位置。

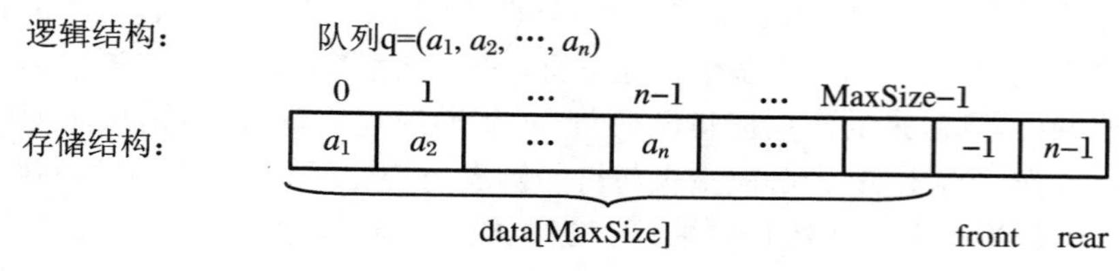


**图 3.7　队列的顺序存储结构**

假设队列的元素个数最大不超过整数 MaxSize,所有的元素都具有同一数据类型 ElemType,则顺序队列类型 SqQueue 定义如下:

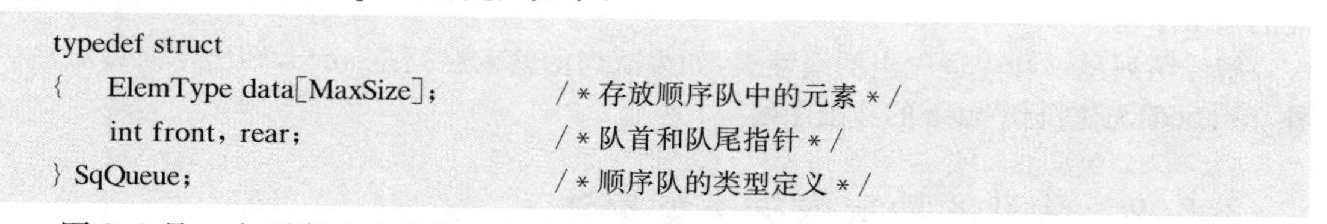

```
typedef struct
{    ElemType data[MaxSize];             /* 存放顺序队中的元素 */
     int front, rear;                    /* 队首和队尾指针 */
} SqQueue;                               /* 顺序队的类型定义 */
```

图 3.8 是一个顺序队在操作过程中数据元素与队首、队尾指针之间的对应关系。图 3.8(a)为队列的初始状态,此时队列为空,front = = rear 成立。那么,能不能用 rear = = MaxSize − 1 作为队满的条件呢?显然不能。因为图 3.8(d)所示的队列中 rear = = MaxSize − 1 成立,但 front = = rear,队列实际为空。同时,我们还注意到,图 3.8(d)所示空队列无法完成入队操作,否则会因数组下标越界而出现"上溢出",但这种溢出并不是真正的溢出,因为在表示队列的数组中存在可以存放元素的空位置,所以,这是一种假溢出。

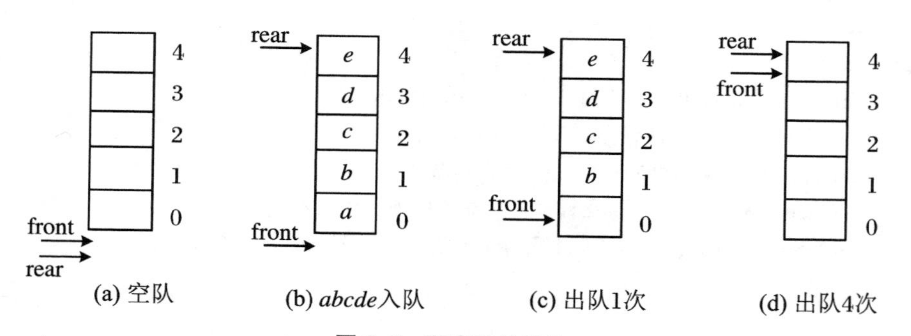


**图 3.8　顺序队的操作**

为了避免出现顺序队列的假溢出现象,通常采用循环队列来实现队列的顺序存储结构。将顺序队列的数据区 data[0..MaxSize − 1]看成是首尾相接的环形结构,即规定最后一个单元的后继是第一个单元,整个数据区就像一个环,我们把这样的顺序队列称为循环队列或环形队列,如图 3.9 所示。循环队列的队首和队尾指针的指示位置与顺序队列相同,即队首指针 front 指示队首元素的前一个位置,队尾指针 rear 指示队尾元素所在的位置。

循环队列的队首和队尾是逻辑相连的,当队尾指针 rear 满足 rear = = MaxSize − 1 时,如果队列中还有空余的存储空间,则再入队就要把队尾指针 rear 变为 0;当队首指针 front 满足 front = = MaxSize − 1 时,若再出队,则要把队首指针 front 变为 0。这种逻辑上的首尾相连可以通过取余运算(%)来实现。

队首指针进 1:　　　front = (front + 1) % MaxSize

队尾指针进 1:　　　rear = (rear + 1) % MaxSize

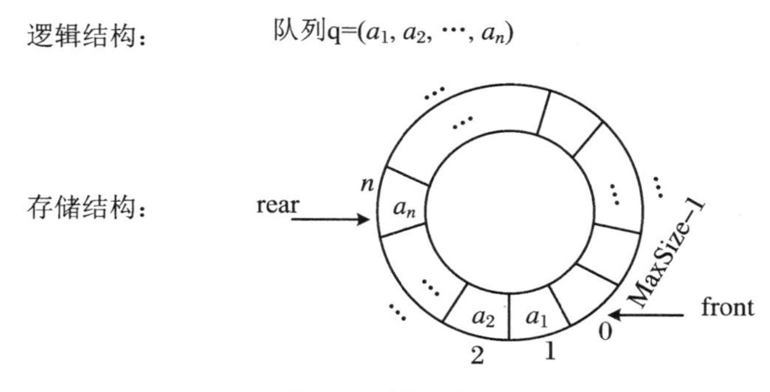


图 3.9 循环队列

通常,循环队列的队首指针和队尾指针在初始化时都置为 0,即 front = rear = 0,并在入队和出队时,都按上述规则在存储空间内循环增 1。

循环队列的队空和队满条件应如何设置呢?显然,队空的条件是 rear = = front;当元素的入队速度快于出队速度时,队尾指针会回过来很快赶上队首指针,此时可以看出循环队列的队满条件也是 rear = = front,也就是说无法仅通过这两个指针的当前位置来区分队空和队满。

那么怎样区分队空和队满呢?可以在入队时少用一个元素空间(通常规定:front 所指的单元不可用),即循环队列在任何时刻最多只能有 MaxSize − 1 个元素。这样,可以以队尾指针进 1 等于队首指针来判断队满。

队满条件为: (rear + 1)%MaxSize = = front

队空条件为: rear = = front

图 3.10 是循环队列执行出入队操作的过程。其中,图 3.10(a)为队空的初始状态,此时 front = rear = 0;当 $a$、$b$、$c$ 三个元素依次入队后如图 3.10(b)所示,此时 front = 0,rear = 3;

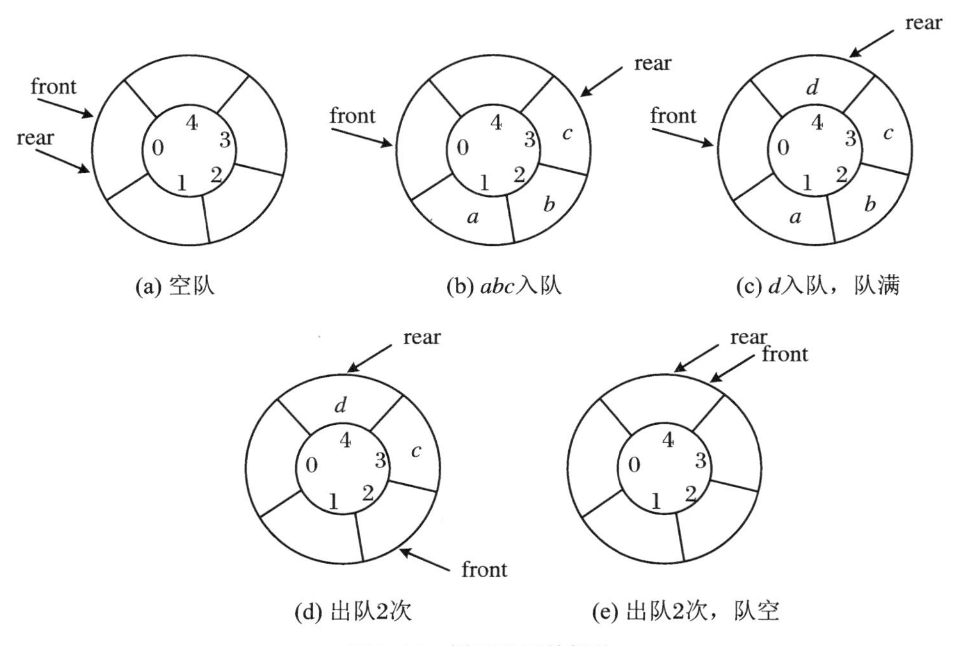


图 3.10 循环队列的操作

$d$ 元素入队后，rear = 4，如图 3.10(c)所示，此时队满。继续执行两次出队操作后如图 3.10(d)所示，front = 2，rear = 4，队列中剩余两个元素 $c$ 和 $d$。再执行两次出队操作后，front = 4，rear = 4，队列中已经没有任何元素存在了，此时队空，如图 3.10(e)所示。

## 3.6.2 循环队列基本运算算法

**1. 初始化队列 InitQueue(&q)**

构造一个空的循环队列 q，设置 front 和 rear 均为 0。

```
void InitQueue(SqQueue *&q)
{
    q=(SqQueue *)malloc (sizeof(SqQueue));
    q->front=q->rear=0;
}
```

**2. 销毁队列 DestroyQueue(&q)**

释放循环队列 q 占用的存储空间。

```
void DestroyQueue(SqQueue *&q)
{
    free(q);
}
```

**3. 判断队列是否为空 QueueEmpty(q)**

判断循环队列 q 是否为空队，即是否满足 q->front==q->rear。如果队列为空，则返回 1；否则返回 0。

```
int QueueEmpty(SqQueue *q)
{
    return(q->front==q->rear);
}
```

**4. 入队列 enQueue(&q,e)**

在队列 q 不满时，将 e 中的元素入队，返回 1；否则，队满返回 0。

```
int enQueue(SqQueue *&q, ElemType e)
{
    if ((q->rear+1)%MaxSize==q->front)          /*队满*/
        return 0;
    q->rear=(q->rear+1)%MaxSize;                /*找到队尾位置*/
    q->data[q->rear]=e;                         /*在队尾入队*/
    return 1;
}
```

**5. 出队列 deQueue(&q,&e)**

在队列 q 不为空时，出队列的一个元素并赋给 e，返回 1；否则，队空返回 0。

```
int deQueue(SqQueue *&q, ElemType &e)
{
    if (q->front==q->rear)                          /*队空*/
        return 0;
    q->front=(q->front+1)%MaxSize;                  /*出队,修改队首指针*/
    e=q->data[q->front];                            /*保存出队元素*/
    return 1;
}
```

**【例3.8】** 一个循环队列,如果知道队首指针和队列中元素的个数,则可以计算出队尾指针的位置。也就是说,可以用队列中的元素个数来代替队尾指针。设计这样的循环队列的初始化、进队、出队和判队空算法。

**解** 如题所述的循环队列的类型定义如下:

```
#define MaxSize 100
typedef struct
{
    ElemType data[MaxSize];
    int front;                                      /*队头指针*/
    int count;                                      /*队列中的元素个数*/
} QuType;
```

队尾指针的计算公式为 rear=(front+count)%MaxSize。当队列中的元素个数为0时,队空。因此,队空的判断条件为count==0。因这样的循环队列无队尾指针,也就无需区分队首和队尾指针相等时到底是队空还是队满的状态,即无需再牺牲一个存储单元,所有的存储单元都可以用来存放队列中的元素。因此,队满的判断条件为count==MaxSize。

各算法如下:

```
void InitQueue(QuType *&qu)                          /*初始化队列运算算法*/
{   qu=(QuType *)malloc(sizeof(QuType));
    qu->front=0;
    qu->count=0;
}
int EnQueue(QuType *&qu, ElemType x)                 /*进队运算算法*/
{   int rear;                                        /*临时队尾指针*/
    if (qu->count==MaxSize)                          /*队满上溢出*/
        return 0;
    else
    {   rear=(qu->front+qu->count)%MaxSize;          /*求队尾位置*/
        rear=(rear+1)%MaxSize;                       /*队尾进1*/
        qu->data[rear]=x;
        qu->count++;                                 /*元素个数增1*/
        return 1;
    }
}
```

```
int DeQueue(QuType *&qu, ElemType &x)                /*出队运算算法*/
{   if (qu->count==0)                                /*队空下溢出*/
        return 0;
    else
    {   qu->front=(qu->front+1)%MaxSize;             /*队头进1*/
        x=qu->data[qu->front];
        qu->count--;                                 /*元素个数减1*/
        return 1;
    }
}
int QueueEmpty(QuType *qu)                           /*判队空运算算法*/
{
    return(qu->count==0);
}
```

【例 3.9】 假设用一维数组 data[MaxSize]来存储循环队列 q 中的元素,为使循环队列不损失任何一个空间,全部空间都能得到有效利用,可设置标志位 flag,以 flag 为 0 或 1 来区分 front 和 rear 指针相等时的状态是队空还是队满。请给出这样的循环队列的类型定义,并编写初始化、进队和出队算法。

**解** 如题所述的循环队列的类型定义如下:

```
#define MaxSize 100
typedef struct
{
    ElemType data[MaxSize];
    int front, rear;                    /*队头和队尾指针*/
    int flag;                           /*队空队满的标志*/
} QuType;
```

初始时,有 flag=0。当入队成功时,则 flag=1;出队成功,有 flag=0。队列为空的判断条件为 front==rear && flag==0,队列满的判断条件为 front==rear && flag==1。

各算法如下:

```
void InitQueue(QuType *&qu)                          /*初始化队列运算算法*/
{   qu=(QuType *)malloc(sizeof(QuType));
    qu->front=qu->rear=0;
    qu->flag=0;
}
int EnQueue(QuType *&qu, ElemType x)                 /*进队运算算法*/
{   if (qu->front==qu->rear && qu->flag==1)          /*队满上溢出*/
        return 0;
    qu->rear=(qu->rear+1)%MaxSize;                   /*队尾指针进1*/
    qu->data[qu->rear]=x;                            /*元素x进队*/
    if (qu->front==qu->rear)
        qu->flag=1;
```

```
    return 1;
}
int DeQueue(QuType *&qu, ElemType &x)                    /*出队运算算法*/
{   if (qu->front==qu->rear && qu->flag==0)               /*队空下溢出*/
        return 0;
    qu->front=(qu->front+1)%MaxSize;                      /*队头指针进1*/
    x=qu->data[qu->front];                                /*用x保存出队元素*/
    if (qu->front==qu->rear)
        qu->flag=0;
    return 1;
}
```

# 3.7　队列的链式表示和实现

## 3.7.1　队列的链式存储结构

链式存储结构的队列称为链队列，通常用单链表来实现，如图 3.11 所示。这样的链队列只允许在头部进行删除(出队)，尾部进行插入(入队)。一个链队列显然需要两个分别指向队首和队尾的指针(分别称为头指针和尾指针)才能唯一确定。

逻辑结构：　队列q=($a_1$, $a_2$, …, $a_n$)

存储结构：　q　front　rear　队首结点　$a_1$　$a_2$　…　队尾结点　$a_n$　∧

**图 3.11　链队列**

链队列中数据结点的类型定义如下：

```
typedef struct node
{   ElemType data;                /*数据域*/
    struct node *next;            /*指针域*/
} QNode;
```

链队列头结点的类型定义如下：

```
typedef struct
{   QNode *front;                 /*指向链队的队首结点的前一个位置*/
    QNode *rear;                  /*指向链队的队尾结点*/
} LiQueue;
```

图 3.12 说明了一个链队列 q 的动态操作过程。

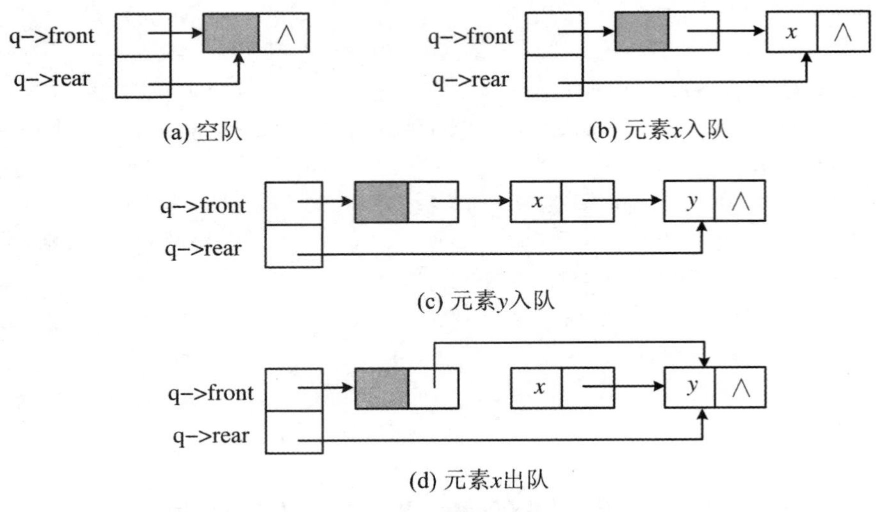


图 3.12 链队列的操作

## 3.7.2 链队列基本运算算法

**1. 初始化队列 InitQueue(&q)**

构造一个空的链队列,即创建一个链队结点和一个头结点。

```
void InitQueue(LiQueue *&q)
{
    QNode *s;
    s=(QNode *)malloc(sizeof(QNode));              /*创建链队结点*/
    s->next=NULL;
    q=(LiQueue *)malloc(sizeof(LiQueue));          /*创建链队列的头结点*/
    q->front=q->rear=s;
}
```

**2. 销毁队列 DestroyQueue(&q)**

释放链队列 q 占用的存储空间。

```
void DestroyQueue(LiQueue *&q)
{
    QNode *pre=q->front, *p=pre->next;
    while (p!=NULL)
    {
        free(pre);                                 /*释放链队结点*/
        pre=p;  p=p->next;                         /*pre 和 p 指针同步后移*/
    }
    free(pre);                                     /*释放最后一个链队结点*/
    free(q);                                       /*释放链队列的头结点*/
}
```

**3．判断队列是否为空 QueueEmpty(q)**

判断链队列 q 是否为空队，即是否满足 q－＞front＝＝q－＞rear。如果队列为空，则返回 1；否则返回 0。

```
int QueueEmpty(LiQueue *q)
{
    return (q->rear==q->front);
}
```

**4．入队列 enQueue(&q,e)**

将 e 中的元素入队。

```
void enQueue(LiQueue *&q, ElemType e)
{
    QNode *p;
    p=(QNode *)malloc(sizeof(QNode));
    p->data=e;  p->next=NULL;
    q->rear->next=p;                        /*将 p 结点链接到队尾*/
    q->rear=p;                              /*修改队尾指针 rear 指向 p 结点*/
}
```

**5．出队列 deQueue(&q,&e)**

若队列不空，则出队，即删除队首元素并赋给 e，返回 1；否则，队空返回 0。

```
int deQueue(LiQueue *&q, ElemType &e)
{
    QNode *t;
    if (q->front==q->rear) return 0;        /*空队列，返回 0*/
    t=q->front->next;                       /*用 t 指向队首元素*/
    e=t->data;                              /*用 e 保存队首元素*/
    q->front->next=t->next;                 /*t 指向的队首结点出队*/
    if (q->rear==t)  q->rear=q->front;      /*队列中仅有一个结点，则修改队尾指针*/
    free(t);
    return 1;
}
```

## 3.8　双端队列

双端队列是限定插入和删除操作在表的两端进行的线性表。这两端分别称为前端和后端，如图 3.13 所示。双端队列的两端都可以进队和出队，而一般的队列只能在一端进队，另一端出队。

在实际应用中，还有输入受限的双端队列（即允许两端出队，但只允许一端进队的双端队列，如图 3.14 所示）和输出受限的双端队列（即允许两端进队，但只允许一端出队的双端队列,如图 3.15 所示)。

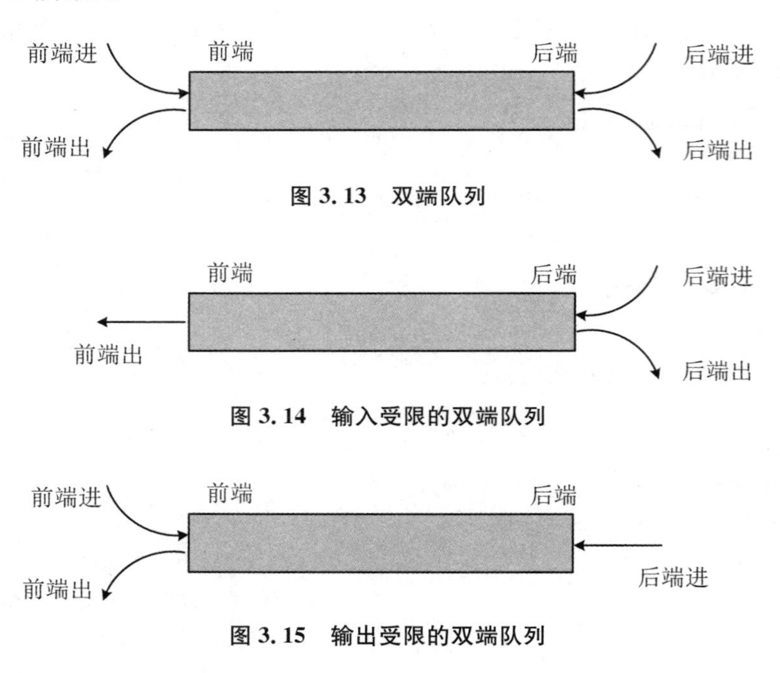


图 3.13　双端队列

图 3.14　输入受限的双端队列

图 3.15　输出受限的双端队列

## 3.9　队列的应用举例

【例 3.10】　设计算法,使用链队列打印输出如图 3.16 所示的杨辉三角的前 $n$ 行。

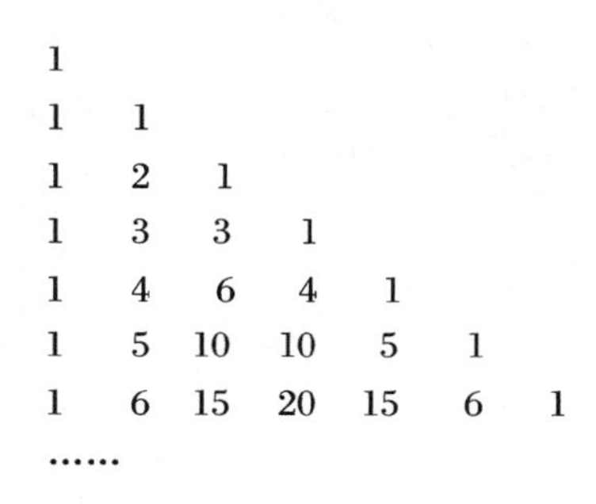


图 3.16　杨辉三角

**解**　杨辉三角的特点是每行中第一个元素和最后一个元素是 1,其他元素的值都是上一行与之相邻的两个元素的和。以第 6、7 两行为例,将第 6 行元素入队,生成第 7 行元素时,设 s1 初值为 0,出队的元素存入 s2,s1 + s2 为第 7 行的首元素(入队)。为产生第二个元素,将 s1←s2,出队的下一个元素存入 s2,s1 + s2 即为第 7 行的第二个元素(入队)。以此类推,直至产生第 7 行的倒数第二个元素(入队),最后一个元素补 1(入队)。除第 1 行外,其他每行元素的产生过程同上。第 1 行由于无法计算,所有直接输出并入队,以备产生第 2 行的数据。

```
void YH(int n)
{
    int i, j, s1, s2;
    LiQueue *q;
    InitQueue(q);
    printf("     1\n");
    enQueue(q,1);
    for (i=2; i<=n; i++)
    {
        s1=0;
        for (j=1; j<=i-1; j++)
        {
            deQueue(q,s2);
            printf("%5d",s1+s2);
            enQueue(q,s1+s2);
            s1=s2;
        }
        printf("     1\n");
        enQueue(q,1);
    }
}
```

**【例 3.11】** $n$ 个人站成一排，从左向右分别编号 1～$n$，现在从 1 号开始依次向右报数“1 2 1 2 …”，报到“1”的人出列，报到“2”的人立即站到队伍的最右端，重复上述过程，直到 $n$ 个人都出列。编写算法，求出列顺序。例如：当 $n=8$ 时，初始序列为 1 2 3 4 5 6 7 8，出列顺序为 1 3 5 7 2 6 4 8。

**解** 将 $n$ 个人的编号依次进队，反复执行下列操作，直至队空。

(1) 出队的一个元素，输出其编号；

(2) 若队不空，再出队的一个元素，并将其进队。

```
void number(int n)
{
    int i;
    ElemType e;
    SqQueue *q;
    InitQueue(q);
    for (int i=1; i<=n; i++)
        enQueue(q,i);
    printf("报数出列顺序为:");
    while (! QueueEmpty(q))
    {
        deQueue(q,e);                /*出队并报数*/
        printf("%d",e);
```

```
        if (! QueueEmpty(q))      /* 出队可能会引起队空 */
        {
            deQueue(q,e);
            enQueue(q,e);
        }
    }
    printf("\n");
    DestroyQueue(q);
}
```

# 第 4 章　串

## 学习要求

1. 理解串的基本概念和特点。
2. 掌握串的逻辑结构、存储结构及基本运算的实现。
3. 掌握串的模式匹配算法。
4. 熟悉串的应用。

## 学习重点

1. 串的模式匹配算法。
2. 串的应用。

## 知识单元

串是字符串的简称，它也是一种特殊的线性表，其特殊性在于它的数据元素仅限于字符（英文字母、数字、空格及其他字符）。

串的实际应用极为广泛，计算机上非数值处理的对象基本都是字符串数据。如程序设计中的源程序和目标程序，数据库应用系统中记录的“姓名”“工作单位”“家庭住址”等数据都是作为字符串类型处理的。随着语言加工、事务处理等系统的需要与发展，人们对字符串的处理也有了越来越多的研究，模式匹配是各种串处理系统（如文件检索、入侵检测、DNA序列检测等）中重要的操作之一。

## 4.1　概　　念

### 4.1.1　串的定义

串（String），或称为字符串，是由零个或多个字符组成的有限序列，一般记为

$$S = "a_1 a_2 \cdots a_n"$$

其中，S 是串名，用双引号括起来的字符序列是串的值，双引号是串的边界标志而不是串的内容，$a_i$($1 \leqslant i \leqslant n$)可以是字母、数字、空格或其他字符。

字符串的双引号内包含的字符个数 $n$ 称为字符串的长度。当 $n=0$ 时，称其为空串，常用 $\phi$ 表示。空串是不含任何字符的串，由一个或多个空格组成的串称为空格串。串中任意个连续的字符组成的子序列称为该串的子串。相应地，包含子串的串称为主串。空串是任意串的子串。通常，将字符在串序列中的序号称为该字符在串中的位置。子串在主串中的位置以子串的第一个字符在主串中的位置来表示。当且仅当两个串的长度相等且各个对应位置上的字符也相同时，两个串相等。

例如，有四个字符串 S1 = "data"，S2 = "structure"，S3 = " "，S4 = "data structure"，它们的长度分别为 4、9、1 和 14。其中，S3 为空格串，S1、S2 和 S3 都是 S4 的子串，它们在主串 S4 中的位置分别为 1、6 和 5。

**【例 4.1】** 设串 S = "software"，求子串数量。

**解** 串 S 的长度为 8，且各字符互异。故根据子串的定义，S 的子串最长为 8，最短为 0。其中，长度为 8 的子串有 1 个，长度为 7 的有 2 个……长度为 1 的有 8 个，长度为 0 的空串有 1 个。因此，共有 $1+2+\cdots+8+1=37$ 个子串。

**【例 4.2】** 设 S 是长度为 $n$ 的串，其各个字符互异，求 S 中互异的非平凡子串(非空且不同于 S)的个数。

**解** 串 S 的互异非平凡子串不包含最长的子串 S 和最短的空串，剩余各种长度的子串的个数如下：

| S 的互异非平凡子串的长度： | $n-1$ | $n-2$ | $n-3$ | $\cdots$ | 1 |
|---|---|---|---|---|---|
| 该长度的子串个数： | 2 | 3 | 4 | $\cdots$ | $n$ |

因此，总个数为 $2+3+4+\cdots+n=\dfrac{n(n+1)}{2}-1$。

## 4.1.2 串的抽象数据类型描述

串的抽象数据类型可描述为

```
ADT String{
    数据对象:
        D={aᵢ | 1≤i≤n,n≥0,aᵢ为 char 类型}
    数据关系:
        R={< aᵢ,aᵢ₊₁ >| aᵢ、aᵢ₊₁∈D,i=1,…,n-1}
    基本运算:
        StrAssign(&s, cstr):将字符串常量 cstr 赋给串 s,即生成其值等于 cstr 的串 s。
        StrCopy(&s, t):串复制。将串 t 赋给串 s。
        StrLength(s):求串长,即返回串 s 中的字符个数。
        StrEqual(s, t):判断两个串是否相等。若两个串 s 与 t 相等,则返回 1;否则,返回 0。
        Concat(s, t):串连接,即返回由串 s 和串 t 连接在一起形成的新串。
        SubStr(s, i, j):求子串,即返回串 s 中从第 i(1≤i≤n)个字符开始的连续 j 个字符组成的
                        子串。
```

```
    InsStr(s1, i, s2)：子串的插入，将串 s2 插到串 s1 的第 i(1≤i≤n+1)个字符中，即将 s2 的第
                       一个字符作为 s1 的第 i 个字符，返回产生的新串。
    DelStr(s, i, j)：子串的删除，从串 s 中删去从第 i(1≤i≤n)个字符开始的长度为 j 的子串，并
                     返回产生的新串。
    RepStr(s, i, j, t)：子串的替换，在串 s 中，将第 i(1≤i≤n)个字符开始的 j 个字符构成的子串
                        用串 t 替换，并返回产生的新串。
    DispStr(s)：串输出，输出串 s 的所有元素值。
}
```

**【例 4.3】** 设 S1 = "I－am－a－student！"，S2 = "good"，S3 = "teacher"，求 SubStr(S1, 7, 8)，Concat(S2, SubStr(S1, 7, 8))和 RepStr(S1, 8, 7, S3)。

**解**　(1) SubStr(S1, 7, 8) = "－student"；(2) Concat(S2, SubStr(S1, 7, 8)) = "good－student"；(3) RepStr(S1, 8, 7, S3) = "I－am－a－teacher！"。

# 4.2　串的顺序表示和实现

和线性表一样，串也有顺序存储结构和链式存储结构两种表示形式。

## 4.2.1　串的顺序存储结构

采用顺序存储结构的串称为顺序串。由于字符串是线性表的一个特例，因此，顺序串就是顺序表的一个特例。类似于顺序表，人们常采用字符数组来存放顺序串中的字符序列。

一般来说，一个字节(8 位)可以表示一个字符(存放其 ASCII 码)，而计算机内存是按字编址的，即以字为存储单位。一个存储单元指的是一个字，而一个字可能包含多个字节，其所含的字节数随机器而异。

顺序串的存储方式有两种，一种是每个单元只存放一个字符，如图 4.1(a)所示(假设一个字包含 4 个字节)，称为非紧凑格式(其存储密度小)；另一种是每个单元存放多个字符，如图 4.1(b)所示，称为紧凑格式(其存储密度大)。

| | | | | |
|---|---|---|---|---|
| 1001 | A | | | |
| 1002 | B | | | |
| 1003 | C | | | |
| 1004 | D | | | |
| 1005 | E | | | |
| 1006 | F | | | |
| 1007 | G | | | |
| 1008 | H | | | |
| 1009 | I | | | |
| 100a | J | | | |
| 100b | K | | | |

(a) 非紧凑格式

| | | | | |
|---|---|---|---|---|
| 1001 | A | B | C | D |
| 1002 | E | F | G | H |
| 1003 | I | J | K | |

(b) 紧凑格式

**图 4.1　顺序串的两种存储方式**

串的紧凑格式节省存储空间,但处理单个字符不太方便,运算效率低,因为需要花费时间从同一个字中分离字符;相反,非紧凑格式比较浪费存储空间,但处理单个字符或者一组连续字符比较方便。下面介绍的是采用非紧凑格式的顺序串。

假设串的元素个数最大不超过正整数 MaxSize,则顺序串类型 SqString 可定义为

```
typedef struct
{   ElemType data[MaxSize];                /* 存放串中的字符 */
    int len;                               /* 存放串的长度 */
} SqString;                                /* 顺序串的类型定义 */
```

其中,data 数组用来存储字符串,len 域用来存储字符串的当前长度,常量 MaxSize 表示字符串的最大长度。在 C 语言中,每个字符串均以'\0'标志结束。

## 4.2.2 顺序串的基本运算算法

在定义顺序串类型时,数组 data 的大小 MaxSize 应为一个整型常量。如果事先预估串长不会超过 100 个字符,则可以把 MaxSize 定义为 100,即

```
#define MaxSize 100
```

**1. 生成串 StrAssign(&s, cstr)**

将一个字符串常量 cstr(以'\0'结束)赋给顺序串 s,即生成一个其值等于 cstr 的串 s。

```
void StrAssign(SqString &s, char cstr[])
{   int i;
    for (i=0; cstr[i]! ='\0'; i++)
        s.data[i]=cstr[i];
    s.len=i;
}
```

**2. 复制串 StrCopy(&s, t)**

将顺序串 t 复制给顺序串 s。

```
void StrCopy(SqString &s,SqString t)            /* 引用型参数 */
{   int i;
    for (i=0; i<t.len; i++)
        s.data[i]=t.data[i];
    s.len=t.len;
}
```

**3. 求串长 StrLength(s)**

求顺序串 s 中的字符个数。

```
int StrLength(SqString s)
{
    return s.len;
}
```

**4．判断两个串是否相等 StrEqual(s, t)**

判断两个顺序串 s 与 t 是否相等，相等则返回 1；否则返回 0。

```
int StrEqual(SqString s, SqString t)
{   int same=1, i;
    if (s.len!=t.len)
        same=0;                          /* 长度不相等时，返回 0 */
    else
        for (i=0; i<s.len; i++)
            if (s.data[i]!=t.data[i])    /* 对应字符不相同时，返回 0 */
            {
                same=0;
                break;
            }
    return same;
}
```

**5．串连接 Concat(s,t)**

返回由两个顺序串 s 和 t 连接在一起形成的新顺序串。

```
SqString Concat(SqString s,SqString t)
{   SqString str;
    int i;
    str.len=s.len+t.len;
    for (i=0; i<s.len; i++)              /* 将 s.data[0]～s.data[s.len-1]复制到 str */
        str.data[i]=s.data[i];
    for (i=0; i<t.len; i++)              /* 将 t.data[0]～t.data[t.len-1]复制到 str */
        str.data[s.len+i]=t.data[i];
    return str;
}
```

**6．求子串 SubStr(s, *i*, *j*)**

返回串 s 中从第 $i(1\leqslant i\leqslant$StrLength(s))个字符开始的连续 $j$ 个字符构成的子串。

```
SqString SubStr(SqString s, int i, int j)
{   SqString str;
    int k;
    str.len=0;
    if (i<=0 || i>s.len || j<0 || i+j-1>s.len)
    {
        printf("参数不正确\n");
        return str;                      /* 参数不正确时，返回空串 */
    }
    for (k=i-1; k<i+j-1; k++)            /* s.data[i-1]～s.data[i+j-2]=>str */
        str.data[k-i+1]=s.data[k];
    str.len=j;
    return str;
}
```

**7. 子串的插入 InsStr(s1, *i*, s2)**

将顺序串 s2 插入顺序串 s1 的第 *i* 个字符中,并返回产生的新顺序串。

```
SqString InsStr(SqString s1, int i, SqString s2)
{   int j;
    SqString str;
    str.len=0;
    if (i<=0 || i>s1.len+1)
    {   printf("参数不正确\n");
        return str;                 /*参数不正确时,返回空串*/
    }
    for (j=0; j<i-1; j++)
        str.data[j]=s1.data[j];     /* s1的前i-1个字符s1.data[0]~s1.data[i-2]=>str*/
    for (j=0; j<s2.len; j++)
        str.data[i+j-1]=s2.data[j];         /*s2的所有字符=>str*/
    for (j=i-1; j<s1.len; j++)
        str.data[s2.len+j]=s1.data[j];      /*s1.data[i-1]~s.data[s1.len-1]=>str*/
    str.len=s1.len+s2.len;
    return str;
}
```

**8. 子串的删除 DelStr(s, *i*, *j*)**

从顺序串 s 中删去第 *i*(1≤*i*≤StrLength(s))个字符开始长度为 *j* 的子串,并返回产生的新串。

```
SqString DelStr(SqString s, int i, int j)
{   int k;
    SqString str;
    str.len=0;
    if (i<=0 || i>s.len || i+j-1>s.len || j<0)
    {   printf("参数不正确\n");
        return str;                     /*参数不正确时,返回空串*/
    }
    for (k=0; k<i-1; k++)               /*s的前i-1个元素s.data[0]~s.data[i-2]=>str*/
        str.data[k]=s.data[k];
    for (k=i+j-1; k<s.len; k++)         /*s.data[i+j-1]~data[s.len-1]=>str*/
        str.data[k-j]=s.data[k];
    str.len=s.len-j;
    return str;
}
```

**9. 子串的替换 RepStr(s, *i*, *j*, t)**

子串的替换,即在顺序串 s 中,将第 *i*(1≤*i*≤StrLength(s))个字符开始的连续 *j* 个字符构成的子串用顺序串 t 替换,并返回产生的新串。

```
SqString RepStr(SqString s, int i, int j, SqString t)
{   int k;
    SqString str;
    str.len=0;
    if (i<=0 || i>s.len || i+j-1>s.len)
    {   printf("参数不正确\n");
        return str;                         /* 参数不正确时,返回空串 */
    }
    for (k=0; k<i-1; k++)               /* i-1 个字符 s.data[0]~s.data[i-2]=>str */
        str.data[k]=s.data[k];
    for (k=0; k<t.len; k++)             /* t.data[0]~t.data[t.len-1]=>str */
        str.ch[i+k-1]=t.ch[k];
    for (k=i+j-1; k<s.len; k++)         /* s.data[i+j-1]~s.data[s.len-1]=>str */
        str.data[t.len+k-j]=s.data[k];
    str.len=s.len-j+t.len;
    return str;
}
```

**10. 串输出 DispStr(s)**

输出顺序串 s 的所有字符。

```
void DispStr(SqString s)
{   int i;
    if (s.len>0)
    {   for (i=0; i<s.len; i++)
            printf("%c",s.data[i]);
        printf("\n");
    }
}
```

**【例 4.4】** 设计顺序串上实现两个串的比较运算 Strcmp(s, t)的算法。

**解** 两个顺序串 s 和 t,按如下规则进行比较:

(1) 比较 s 和 t 两个串共同长度范围内的对应字符:

① 若 s 的字符小于 t 的字符,返回 -1;

② 若 s 的字符大于 t 的字符,返回 1;

③ 若 s 的字符等于 t 的字符,按上述规则继续比较。

(2) 当(1)中对应字符均相同时,比较 s1 和 s2 的长度:

① 两者相等,返回 0;

② s 的长度>t 的长度,返回 1;

③ s 的长度<t 的长度,返回 -1。

算法如下:

```
int Strcmp(SqString s, SqString t)
{   int i, comlen;
    if (s.len<t.len)
        comlen=s.len;                  /*求s和t的共同长度*/
    else
        comlen=t.len;
    for (i=0; i<comlen; i++)           /*在共同长度范围内,逐个字符比较*/
        if (s.data[i]<t.data[i])
            return -1;
        else
            if (s.data[i]>t.data[i])
                return 1;
    if (s.len==t.len)                  /*s==t*/
        return 0;
    else
        if (s.len<t.len)               /*s<t*/
            return -1;
        else
            return 1;                  /*s>t*/
}
```

# 4.3　串的链式表示和实现

## 4.3.1　串的链式存储结构

和线性表的链式存储结构类似,串也可以采用链表的形式来存储。采用链式存储结构的串称为链串。由于串结构中的每个数据元素都是一个字符,因此,串的链式存储结构中存在一个“结点大小”的问题。通常将结点数据域存放的字符个数定义为结点的大小。链串中的每个结点可以存放一个字符,如图 4.2(a)所示;也可以存放多个字符,如图 4.2(b)所示。

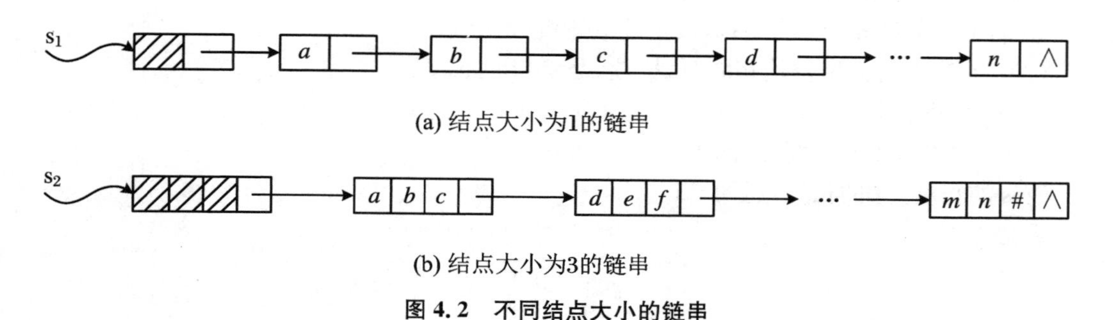


图 4.2　不同结点大小的链串

当链串的结点大小大于1时，由于串长不一定刚好为结点大小的整数倍，则链串的最后一个结点不一定全部被串值占满，此时需要补上特殊的字符，如'#'或其他非串值字符以示区别。

在链串中，结点大小越大，存储密度就越大，存储空间的利用率越高。但是，一些基本操作（如插入、删除、替换等）执行起来就有所不便，可能会引起大量字符的移动，因此，它适合于串很少修改的情况。结点大小越小（如结点大小为1时），相关操作的实现越方便，但存储密度就会下降。为简便起见，这里规定：链串结点大小为1。

链串中结点的类型定义如下：

```
typedef struct snode
{   char data;              /* 链串结点大小为1 */
    struct snode *next;
} LiString;
```

## 4.3.2　链串的基本运算算法

**1. 生成串 StrAssign(&s, cstr)**

将一个字符串常量cstr（以'\0'结束）赋给顺序串s，即生成一个其值等于cstr的串s。以下采用尾插法建立链串。

```
void StrAssign(LiString *&s, char cstr[])
{   int i;
    LiString *r, *p;
    s=(LiString *)malloc(sizeof(LiString));
    r=s;                                /* r始终指向尾结点 */
    for (i=0; cstr[i]!='\0'; i++)
    {   p=(LiString *)malloc(sizeof(LiString));
        p->data=cstr[i];
        r->next=p;
        r=p;
    }
    r->next=NULL;                       /* 尾结点的next域置空 */
}
```

**2. 复制串 StrCopy(&s, t)**

将链串t复制给链串s。以下采用尾插法建立复制后的链串s。

```
void StrCopy(LiString *&s, LiString *t)
{   LiString *p=t->next, *q, *r;
    s=(LiString *)malloc(sizeof(LiString));
    r=s;                                /* r始终指向尾结点 */
    while (p!=NULL)                     /* 扫描t的所有结点 */
    {   q=(LiString *)malloc(sizeof(LiString));
        q->data=p->data;                /* p结点复制到q结点 */
```

```
        r->next=q;                          /* 将 q 结点链接到链串 s 的末尾 */
        r=q;                                /* 修改尾指针 */
        p=p->next;
    }
    r->next=NULL;                           /* 尾结点的 next 域置空 */
}
```

**3. 求串长 StrLength(s)**

求链串 s 中的字符个数。

```
int StrLength(LiString *s)
{   int i=0;
    LiString *p=s->next;
    while (p!=NULL)
    {   i++;
        p=p->next;
    }
    return i;
}
```

**4. 判断两个串是否相等 StrEqual(s, t)**

判断两个链串 s 与 t 是否相等,相等则返回 1;否则返回 0。

```
int StrEqual(LiString *s, LiString *t)
{   LiString *p=s->next, *q=t->next;          /* p 和 q 分别扫描串 s 和 t 的数据结点 */
    while (p!=NULL && q!=NULL && p->data==q->data)
    {   p=p->next;
        q=q->next;
    }
    if (p==NULL && q==NULL)                   /* 串 s 和 t 的长度相等且对应字符相同 */
        return 1;
    else
        return 0;
}
```

**5. 串连接 Concat(s,t)**

返回由两个链串 s 和 t 连接在一起形成的新链串。

```
LiString *Concat(LiString *s, LiString *t)
{   LiString *str, *p=s->next, *q, *r;        /* p 指向串 s 的第一个数据结点 */
    str=(LiString *)malloc(sizeof(LiString));
    r=str;                                    /* r 为串 str 的尾结点指针 */
    while (p!=NULL)                           /* 用 p 扫描串 s 的所有数据结点 */
    {   q=(LiString *)malloc(sizeof(LiString));
        q->data=p->data;                      /* 复制 p 结点的值到 q 结点 */
        r->next=q;   r=q;                     /* 将 q 结点插到串 str 的末尾 */
```

```
        p=p->next;
    }
    p=t->next;                          /* p指向串t的第一个数据结点 */
    while (p!=NULL)                     /* 用p扫描串t的所有数据结点 */
    {   q=(LiString *)malloc(sizeof(LiString));
        q->data=p->data;                /* 复制p结点的值到q结点 */
        r->next=q;  r=q;                /* 将q结点插到串str的末尾 */
        p=p->next;
    }
    r->next=NULL;                       /* 尾结点的next域置空 */
    return str;
}
```

**6．求子串 SubStr(s,*i*,*j*)**

返回串 s 中从第 *i*(1≤*i*≤StrLength(s))个字符开始的连续 *j* 个字符构成的子串。

```
LiString *SubStr(LiString *s, int i, int j)
{   int k;
    LiString *str, *p=s->next, *q, *r;
    str=(LiString *)malloc(sizeof(LiString));
    str->next=NULL;                     /* 构造表示结果的空串str */
    r=str;                              /* r为串str的尾指针 */
    if (i<=0 || i>StrLength(s) || j<0 || i+j-1>StrLength(s))
    {   printf("参数不正确\n");
        return str;                     /* 参数不正确时,返回空串 */
    }
    for (k=1; k<i; k++)                 /* 让p指向链串s的第i个结点 */
        p=p->next;
    for (k=1; k<=j; k++)                /* 将链串s从第i个结点开始的j个结点=>str */
    {   q=(LiString *)malloc(sizeof(LiString));
        q->data=p->data;
        r->next=q;  r=q;
        p=p->next;
    }
    r->next=NULL;                       /* 尾结点的next域置空 */
    return str;
}
```

**7．子串的插入 InsStr(s1,*i*,s2)**

将链串 s2 插入链串 s1 的第 *i*(1≤*i*≤StrLength(s1)+1)个字符中,并返回产生的新链串。

```
LiString *InsStr(LiString *s1, int i, LiString *s2)
{   int k;
    LiString *str, *p=s1->next, *p1=s2->next, *q, *r;
```

```
    str=(LiString *)malloc(sizeof(LiString));

    str->next=NULL;
    r=str;
    if (i<=0 || i>StrLength(s1)+1)
    {   printf("参数不正确\n");
        return str;                  /*参数不正确时,返回空串*/
    }
    for (k=1; k<i; k++)              /*将s1的前i个结点复制到str*/
    {   q=(LiString *)malloc(sizeof(LiString));
        q->data=p->data;
        r->next=q;  r=q;
        p=p->next;
    }
    while (p1!=NULL)                 /*将s2的所有结点复制到str*/
    {   q=(LiString *)malloc(sizeof(LiString));
        q->data=p1->data;
        r->next=q;  r=q;
        p1=p1->next;
    }
    while (p!=NULL)                  /*将*p及其后的结点复制到str*/
    {   q=(LiString *)malloc(sizeof(LiString));
        q->data=p->data;
        r->next=q;  r=q;
        p=p->next;
    }
    r->next=NULL;                    /*尾结点的next域置空*/
    return str;
}
```

**8. 子串的删除 DelStr(s, $i$, $j$)**

从链串 s 中删去第 $i$($1 \leqslant i \leqslant$ StrLength(s))个字符开始长度为 $j$ 的子串,并返回产生的新串。

```
LiString *DelStr(LiString *s, int i, int j)
{   int k;
    LiString *str, *p=s->next, *q, *r;
    str=(LiString *)malloc(sizeof(LiString));
    str->next=NULL;
    r=str;
    if (i<=0 || i>StrLength(s) || j<0 || i+j-1>StrLength(s))
    {   printf("参数不正确\n");
        return str;                 /*参数不正确时,返回空串*/
    }
```

```
    for (k=1; k<i; k++)              /* 将s的前i-1个结点复制到str */
    {   q=(LiString *)malloc(sizeof(LiString));
        q->data=p->data;
        r->next=q;   r=q;
        p=p->next;
    }
    for (k=0; k<j; k++)              /* 让p指向第j个结点 */
        p=p->next;
    while (p!=NULL)                  /* 将*p及其后的结点复制到str */
    {   q=(LiString *)malloc(sizeof(LiString));
        q->data=p->data;
        r->next=q;   r=q;
        p=p->next;
    }
    r->next=NULL;
    return str;
}
```

**9. 子串的替换 RepStr(s,$i$,$j$,t)**

子串的替换,即在链串 s 中,将第 $i(1\leqslant i\leqslant \text{StrLength}(s))$ 个字符开始的连续 $j$ 个字符构成的子串用链串 t 替换,并返回产生的新串。

```
LiString *RepStr(LiString *s, int i, int j, LiString *t)
{   int k;
    LiString *str, *p=s->next, *p1=t->next, *q, *r;
    str=(LiString *)malloc(sizeof(LiString));
    str->next=NULL;
    r=str;
    if (i<=0 || i>StrLength(s) || j<0 || i+j-1>StrLength(s))
    {   printf("参数不正确\n");
        return str;                  /* 参数不正确时,返回空串 */
    }
    for (k=0; k<i-1; k++)            /* 将s的前i-1个数据结点复制到str */
    {   q=(LiString *)malloc(sizeof(LiString));
        q->data=p->data;   q->next=NULL;
        r->next=q;   r=q;
        p=p->next;
    }
    for (k=0; k<j; k++)              /* 让p指向第j个结点 */
        p=p->next;
    while (p1!=NULL)                 /* 将t的所有数据结点复制到str */
    {   q=(LiString *)malloc(sizeof(LiString));
        q->data=p1->data;   q->next=NULL;
        r->next=q;   r=q;
```

```
        p1=p1->next;
    }
    while (p!=NULL)              /*将*p及其后的结点复制到str*/
    {   q=(LiString *)malloc(sizeof(LiString));
        q->data=p->data;   q->next=NULL;
        r->next=q;   r=q;
        p=p->next;
    }
    r->next=NULL;
    return str;
}
```

**10. 串输出 DispStr(s)**

输出链串 s 的所有字符。

```
void DispStr(LiString *s)
{   LiString *p=s->next;
    while (p!=NULL)
    {   printf("%c",p->data);
        p=p->next;
    }
    printf("\n");
}
```

**【例 4.5】** 设计一个算法,把链串 s 中最先出现的子串"ab"改为"xyz"。

**解** 在串 s 中找到最先出现的子串"ab",p 指向 data 域值为'a'的结点,其后为 data 域值为'b'的结点。将它们的 data 域值分别改为'x'和'z',再创建一个 data 域值为'y'的结点,将其插到 p 所指结点的后面。

算法如下:

```
void Repl(LiString *&s)
{   LiString *p=s->next, *q;
    int find=0;
    while (p->next!=NULL && find==0)
    {   if (p->data=='a' && p->next->data=='b')          /*找到"ab"串*/
        { p->data='x';   p->next->data='z';              /*替换为"xyz"串*/
            q=(LiString *)malloc(sizeof(LiString));      /*创建值为'y'的结点*/
            q->data='y';   q->next=p->next;   p->next=q;
            find=1;
        }
        else
            p=p->next;
    }
}
```

# 4.4　串的模式匹配

设有主串 s 和子串 t，子串 t 的定位就是要在主串 s 中找到一个与子串 t 相等的子串。通常把主串 s 称为目标串，把子串 t 称为模式串，子串的定位操作称为模式匹配。模式匹配成功是指在目标串 s 中找到一个模式串 t，不成功则指目标串 s 中不存在模式串 t。

串的模式匹配算法有很多，本节介绍的是 Brute-Force 算法和 KMP 算法。

## 4.4.1　Brute-Force 算法

Brute-Force 算法简称 BF 算法，也称为蛮力匹配算法或简单匹配算法。它采用穷举的方法从目标串 s = "$s_0 s_1 \cdots s_{n-1}$"的第一个字符开始和模式串 t = "$t_0 t_1 \cdots t_{m-1}$"的第一个字符比较，若相等，则继续逐个比较后续字符；否则从目标串 s 的第二个字符开始重新与模式串 t 的第一个字符进行比较。依此类推，若从目标串 s 的 $i$ 下标字符开始，每个字符依次和模式串 t 中的对应字符相等，则匹配成功并返回 $i$；否则，匹配失败，返回 −1。

假设目标串 s = "cddcdc"，模式串 t = "cdc"，s 的长度 s.len 为 6，t 的长度 t.len 为 3。用 $i$ 表示目标串 s 中当前正比较的字符的下标，$j$ 表示模式串 t 中当前正比较的字符的下标，则利用 BF 算法进行模式匹配的过程如图 4.3 所示。

| | | | |
|---|---|---|---|
| 第1次匹配 | s=c d d c d c<br>t=c d c | $i$=0,1,2<br>$j$=0,1,2 | 失配后修改为　$i=i-j+1=1$<br>$j=0$ |
| 第2次匹配 | s=c d d c d c<br>t=c d c | $i$=1<br>$j$=0 | 失配后修改为　$i=i-j+1=2$<br>$j=0$ |
| 第3次匹配 | s=c d d c d c<br>t=c d c | $i$=2<br>$j$=0 | 失配后修改为　$i=i-j+1=3$<br>$j=0$ |
| 第4次匹配 | s=c d d c d c<br>t=c d c | $i$=3,4,5,6<br>$j$=0,1,2,3 | 成功<br>返回 $i$−t.len=6−3=3 |

**图 4.3　BF 模式匹配过程**

假设字符串采用顺序存储结构，则 BF 算法如下：

```
int BFIndex(SqString s, SqString t)
{   int i=0, j=0;
    while (i<s.len && j<t.len)
    {   if (s.data[i]==t.data[j])          /*对应位置的字符相等*/
        {   i++;
            j++;                           /*主串和子串依次匹配下一个字符*/
        }
        else
        {   i=i-j+1;                       /*主串指针回溯,从下一个位置开始匹配*/
            j=0;                           /*子串指针回溯,从头开始匹配*/
        }
    }
    if (j>=t.len)
        return (i-t.len);                  /*返回匹配成功时的第一个字符的下标*/
    else
        return -1;                         /*返回-1,模式匹配失败*/
}
```

这个算法虽然简单,易于理解,但效率不高,主要原因是:主串指针 $i$ 在若干个字符比较相等后,若有一个字符比较不相等,仍需回溯(即 $i=i-j+1$)。

若 $n$ 为主串的长度,$m$ 为子串的长度,最恶劣情况是:主串的前面 $n-m$ 个位置都部分匹配到子串的最后一位,即 $n-m$ 位比较了 $m$ 次,则串的BF匹配算法在最坏的情况下需要比较字符的总次数为 $(n-m+1)\times m$,因实际应用中 $n\gg m$,所以,最坏情况下的时间复杂度为 $O(n\times m)$。

该算法在最好情况下的时间复杂度为 $O(m)$,即主串的前 $m$ 个字符正好等于模式串的 $m$ 个字符。但一般情况下BF算法的时间复杂度为 $O(n+m)$。

BF算法的平均时间复杂度接近最坏情况,即为 $O(n\times m)$。

## 4.4.2 KMP算法

由于在BF模式匹配算法的执行过程中,当出现主串的字符与子串的字符不相等时,需要同时向前回溯两个指针,因此算法的执行效率较低。D. E. Knuth、J. H. Morris 和 V. R. Pratt 在BF算法的基础上,共同提出了一种改进算法,即 Knuth-Morris-Pratt 算法,简称KMP算法。该算法较BF算法有较大的改进,可以在 $O(n+m)$ 的时间数量级上完成串的模式匹配,主要是消除了主串指针的回溯,从而使算法效率有了某种程度的提高。

KMP算法思想是:每当一趟匹配过程中出现字符比较不相等时,不需要回溯主串的指针,而是利用已经得到的前面"部分匹配"的结果,将模式串向右滑动尽可能远的一段距离后,继续与主串中的当前字符进行比较。

一般地,设主串 $s="s_0s_1\cdots s_{n-1}"$,模式串 $t="t_0t_1\cdots t_{m-1}"$,当某趟匹配"失配"($s_i\neq t_j$)时,有

$$"t_0t_1\cdots t_{j-1}" = "s_{i-j}s_{i-j+1}\cdots s_{i-1}" \tag{4.1}$$

此时,模式串应向右滑动多远,即主串的 $i$ 指针不回溯,应与模式串 t 中的哪个字符再进行比较呢?

假设应与模式串 t 的 $k(k<j)$下标的字符继续比较,则有

$$"t_0t_1\cdots t_{k-1}" = "s_{i-k}s_{i-k+1}\cdots s_{i-1}" \tag{4.2}$$

失配时,截取式(4.1)两端右侧连续的 $k$ 个字符,可得

$$"t_{j-k}t_{j-k+1}\cdots t_{j-1}" = "s_{i-k}s_{i-k+1}\cdots s_{i-1}" \tag{4.3}$$

由于式(4.2)和式(4.3)的右侧相等,因此,两式的左侧也应相等,即有

$$"t_0t_1\cdots t_{k-1}" = "t_{j-k}t_{j-k+1}\cdots t_{j-1}" \tag{4.4}$$

反之,若模式串 t 中存在满足式(4.4)的两个子串,则匹配过程中,当主串下标为 $i$ 的字符与模式串下标为 $j$ 的字符"失配"时,仅需将模式串向后滑动至下标为 $k$ 的字符与主串下标为 $i$ 的字符对齐,匹配从主串下标为 $i$ 的字符和模式串下标为 $k(k<j)$ 的字符起继续向后进行。

令 $\text{next}[j]=k$,则 $\text{next}[j]$表示当模式串的 $j$ 下标字符与主串的 $i$ 下标字符"失配"时,模式串中重新和主串该字符比较的字符下标。

为此,定义 next[$j$]函数如下:

$$\text{next}[j]=\begin{cases}\max\{k \mid 0<k<j \text{ 且}"t_0t_1\cdots t_{k-1}"="t_{j-k}t_{j-k+1}\cdots t_{j-1}"\} & \text{当此集合不空时}\\ -1 & j=0\\ 0 & \text{其他}\end{cases}$$

由此,可推出模式串的 next 函数的值。

next 数组的求解过程如下:

(1) $\text{next}[0]=-1$,$\text{next}[1]=0$($j=1$,在 $1\sim j-1$ 的位置上没有字符,属于其他情况)。

(2) 如果 $\text{next}[j]=k$,表示有$"t_0t_1\cdots t_{k-1}" = "t_{j-k}t_{j-k+1}\cdots t_{j-1}"$:

① 若 $t_k=t_j$,即有$"t_0t_1\cdots t_k" = "t_{j-k}t_{j-k+1}\cdots t_j"$,显然有 $\text{next}[j+1]=k+1=\text{next}[j]+1$。

② 若 $t_k\neq t_j$,说明 $t_j$之前不存在长度为 $\text{next}[j]+1$ 的子串和开头字符起的子串相同,那么是否存在一个长度较短的子串和开头字符起的子串相同呢? 设 $k'=\text{next}[k]$,则下一步应该将 $t_j$ 与 $t_{k'}$ 比较:若 $t_j=t_{k'}$,则说明 $t_j$之前存在长度为 $\text{next}[k']+1$ 的子串和开头字符起的子串相同;否则,以此类推,找更短的子串,直到不存在可匹配的子串,置 $\text{next}[j+1]=0$。所以,当 $t_k\neq t_j$时,置 $k=\text{next}[k]$。

简言之,求 next 数组的方法:当 $t_k=t_j$时,$\text{next}[j+1]=\text{next}[j]+1$;当 $t_k\neq t_j$时,$\text{next}[k]=k'$,若 $t_j=t_{k'}$,则 $\text{next}[j+1]=\text{next}[k]+1$;若 $t_j\neq t_{k'}$,则 $\text{next}[j+1]=0$。

**【例 4.6】** 求模式串 t="abaabcac"的 next 数组。

**解**

| $j$ | 0 | 1 | 2 | 3 | 4 | 5 | 6 | 7 |
|---|---|---|---|---|---|---|---|---|
| 模式串 | a | b | a | a | b | c | a | c |
| next[$j$] | −1 | 0 | 0 | 1 | 1 | 2 | 0 | 1 |

**【例 4.7】** 求模式串 t="aaaab"的 next 数组。

**解**

| $j$ | 0 | 1 | 2 | 3 | 4 |
|---|---|---|---|---|---|
| 模式串 | a | a | a | a | b |
| next[$j$] | −1 | 0 | 1 | 2 | 3 |

求模式串 t 的 next 数组的算法如下：

```
void GetNext(SqString t, int next[])          /*求模式串t的next数组*/
{   int j=0, k=-1;                            /*j扫描t,k记录t[j]之前与t开头相同的字符个数*/
    next[0]=-1;                               /*设置next[0]的值*/
    while (j<t.len-1)
    {   if (k==-1 || t.data[j]==t.data[k])    /*k为-1或比较的字符相等时*/
        {   j++; k++;                         /*j、k依次移到下一个字符*/
            next[j]=k;                        /*设置next[j]为k*/
        }
        else   k=next[k];                     /*k回退*/
    }
}
```

设主串 s 的长度为 $n$，子串 t 的长度为 $m$，在 KMP 算法中，求 next 数组的时间复杂度为 $O(m)$。在后面的匹配中，因目标串 s 的下标 $i$ 不减(即不回溯)，比较次数可记为 $n$，所以 KMP 算法的平均时间复杂度为 $O(n+m)$，优于 BF 算法。但并不等于说任何情况下 KMP 算法都优于 BF 算法，当模式串的 next 数组中 next[0] = −1，而其他元素值均为 0 时，KMP 算法退化为 BF 算法。

**【例 4.8】** 设目标串 s="aaabaaaab"，模式串 t="aaaab"，给出 KMP 模式匹配的过程。

**解** 模式串 t 的 next 数组如例 4.7 所示，其 KMP 模式匹配过程如图 4.4 所示。

| | | | |
|---|---|---|---|
| 第1次匹配 | s= aaabaaaab<br>t= aaaab | $i$=3<br>$j$=3, $j$=next[3]=2 | 失配 |
| 第2次匹配 | s= aaabaaaab<br>t= aaaab | $i$=3<br>$j$=2, $j$=next[2]=1 | 失配 |
| 第3次匹配 | s= aaabaaaab<br>t= aaaab | $i$=3<br>$j$=1, $j$=next[1]=0 | 失配 |
| 第4次匹配 | s= aaabaaaab<br>t= aaaab | $i$=3<br>$j$=0, $j$=next[0]=−1 | 失配 |
| 第5次匹配 | s= aaabaaaab<br>t= aaaab | $i$=9<br>$j$=4, 返回 9−5=4 | 成功 |

**图 4.4　KMP 模式匹配过程(使用 next 数组)**

KMP算法在求出模式串t的next数组后，就可以利用它来消除主串指针的回溯，但在许多情况下，next数组尚有缺陷。在例4.8中，当$j=3$失配时，由next[$j$]指示，后续还需对子串指针进行$j=2,1,0$共三次回溯。实际上，模式串的0,1,2,3四个位置上的字符是相等的。所以，无需再进行回溯，而应直接进行$i=4$和$j=0$两处字符的比较，这就需要对next数组进行修正，修正后的next数组记为nextval数组。

一般地，在求得next[$j$]$=k$后，如果模式串中的$t_j=t_k$，则当主串中的$s_j \neq t_j$时，不必再将$s_j$与$t_k$比较，而直接与$t_{next[k]}$比较。因此，可以将求next函数值的算法进行修正，即在求得next[$j$]$=k$之后，判断$t_j$是否与$t_k$相等，如果相等，还需继续将模式串向右滑动，使$k'=$next[$k$]，判断$t_j$是否与$t_{k'}$相等，直到两者不等为止。

**【例4.9】** 求模式串t="aaaab"的nextval数组。

**解**　模式串t的next数组及nextval数组如下：

| $j$ | 0 | 1 | 2 | 3 | 4 |
|---|---|---|---|---|---|
| 模式串 | a | a | a | a | b |
| next[$j$] | −1 | 0 | 1 | 2 | 3 |
| nextval[$j$] | −1 | −1 | −1 | −1 | 3 |

求next数组的修正值nextval数组的算法如下：

```
void GetNextval(SqString t, int nextval[])
{   int j=0, k=-1;
    nextval[0]=-1;
    while (j<t.len)
    {   if (k==-1 || t.data[j]==t.data[k])
        {   j++; k++;
            if (t.data[j]!=t.data[k])
                nextval[j]=k;
            else
                nextval[j]=nextval[k];
        }
        else   k=nextval[k];
    }
}
```

基于nextval数组的KMP算法如下：

```
int KMPIndex(SqString s, SqString t)
{   int nextval[MaxSize], i=0, j=0;
    GetNextval(t,nextval);
    while (i<s.len && j<t.len)
    {   if (j==-1 || s.data[i]==t.data[j])
        {   i++;
            j++;
        }
```

```
            else   j = nextval[j];
        }
        if (j> = t.len)
            return (i - t.len);
        else
            return -1;
}
```

**【例 4.10】** 设目标串 s = "abcaabbabcabaa",模式串 t = "abcabaa",求模式串 t 的 nextval 值,并写出按 KMP 算法对目标串 s 进行模式匹配的过程。

**解** (1) 模式串 t 的 nextval 数组:

| *j* | 0 | 1 | 2 | 3 | 4 | 5 | 6 |
|---|---|---|---|---|---|---|---|
| 模式串 | a | b | c | a | b | a | a |
| next[*j*] | −1 | 0 | 0 | 0 | 1 | 2 | 1 |
| nextval[*j*] | −1 | 0 | 0 | −1 | 0 | 2 | 1 |

(2) KMP 算法的模式匹配过程,如图 4.5 所示:

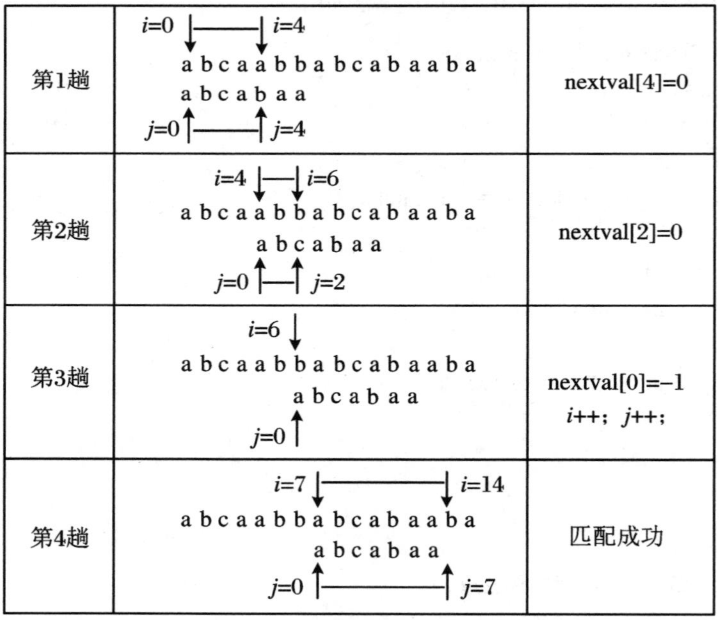

| | | |
|---|---|---|
| 第1趟 | *i*=0 ↓——↓ *i*=4<br>a b c a a b b a b c a b a a b a<br>a b c a b a a<br>*j*=0 ↑——↑ *j*=4 | nextval[4]=0 |
| 第2趟 | *i*=4 ↓—↓ *i*=6<br>a b c a a b b a b c a b a a b a<br>a b c a b a a<br>*j*=0 ↑—↑ *j*=2 | nextval[2]=0 |
| 第3趟 | *i*=6 ↓<br>a b c a a b b a b c a b a a b a<br>a b c a b a a<br>*j*=0 ↑ | nextval[0]=−1<br>*i*++; *j*++; |
| 第4趟 | *i*=7 ↓——↓ *i*=14<br>a b c a a b b a b c a b a a b a<br>a b c a b a a<br>*j*=0 ↑——↑ *j*=7 | 匹配成功 |

**图 4.5 KMP 模式匹配过程(使用 nextval 数组)**

# 第 5 章　数组和广义表

## 学习要求

1. 理解数组和一般线性表之间的差异，了解二维数组的两种存储方式，掌握在以行序/列序为主序的存储方式下，数组元素存储地址的计算方法。

2. 掌握对特殊矩阵进行压缩存储时的元素地址的计算方法。

3. 理解稀疏矩阵的两种压缩存储方法的特点和适用范围，掌握稀疏矩阵的三元组表和十字链表基本运算算法。

4. 掌握广义表的特点及其存储结构，学会对非空广义表进行分解的方法。

## 学习重点

1. 特殊矩阵的压缩存储及坐标变换。

2. 稀疏矩阵的三元组表和十字链表存储结构。

3. 广义表的存储结构及取表头、取表尾操作。

## 知识单元

前几章讨论的线性表、栈、队和串都是线性的数据结构，每个数据元素至多有一个直接前驱和一个直接后继，且在这些线性结构中的数据元素都是非结构的原子类型，即元素的值是不再分解的。本章讨论的多维数组以及广义表都是非线性结构，每个数据元素可能有多个直接前驱和多个直接后继。但由于它们的数据元素本身也是一个数据结构，因此，数组和广义表又常被看成一种扩展的线性结构。

## 5.1　数　　组

### 5.1.1　数组的基本概念

数组(Array)是由 $n(n>1)$个相同类型的数据元素 $a_0, a_1, \cdots, a_{n-1}$构成的有限序列，且

该有限序列存储在一块地址连续的内存单元中,每个数据元素在数组中的相对位置由其下标确定。由此可见,数组的定义类似于采用顺序存储结构的线性表。

**1. 一维数组**

一维数组的每个数组元素只需要一个下标来确定。含有 $n$ 个元素的一维数组 $A$ 可以表示成线性表 $A=(a_0,a_1,\cdots,a_{n-1})$ 的形式。

**2. 二维数组**

二维数组的每个数组元素都含有两个下标。一个 $m\times n$ 阶的矩阵是一个二维数组。可以把一个二维数组看成一个线性表,该线性表中的每个数组元素都是一个一维数组,如图 5.1 所示。

$$A_{m\times n}=\begin{bmatrix} a_{00} & a_{01} & a_{02} & \cdots & a_{0,n-1} \\ a_{10} & a_{11} & a_{12} & \cdots & a_{1,n-1} \\ \vdots & \vdots & \vdots & \vdots & \vdots \\ a_{m-1,0} & a_{m-1,1} & a_{m-1,2} & \cdots & a_{m-1,n-1} \end{bmatrix}$$

(a) 矩阵表示形式

$$A_{m\times n}=\left[\begin{bmatrix} a_{00} \\ a_{10} \\ \vdots \\ a_{m-1,0} \end{bmatrix}\begin{bmatrix} a_{01} \\ a_{11} \\ \vdots \\ a_{m-1,1} \end{bmatrix}\begin{bmatrix} a_{02} \\ a_{12} \\ \vdots \\ a_{m-1,2} \end{bmatrix}\begin{matrix} \cdots \\ \cdots \\ \vdots \\ \cdots \end{matrix}\begin{bmatrix} a_{0,n-1} \\ a_{1,n-1} \\ \vdots \\ a_{m-1,n-1} \end{bmatrix}\right]$$

(b) 列向量的一维数组形式

$$A_{m\times n}=((a_{00}\,a_{01}\cdots a_{0,n-1}),\ (a_{10}\,a_{11}\cdots a_{1,n-1}),\ \cdots,\ (a_{m-1,0}\,a_{m-1,1}\cdots a_{m-1,n-1}))$$

(c) 行向量的一维数组形式

**图 5.1 二维数组**

**3. $n$ 维数组**

类似于二维数组,当一个数组中的每个数据元素都含有 $n$ 个下标时,该数组称为 $n$ 维数组。同样的,可以把一个 $n$ 维数组看成一个线性表,表中每个数组元素都是 $n-1$ 维数组。这样,$n$ 维数组就可以看作线性表的推广。

## 5.1.2 数组的抽象数据类型描述

数组的抽象数据类型可描述为

```
ADT  Array{
   数据对象:
      D={a_{j1,j2,…,jd} | j_i =0,…,b_i -1,i=1,…,d},      //第 i 维的长度为 b_i
   数据关系:
      R={r_1, r_2,…, r_d}
      r_i ={<a_{j1…ji…jd}, a_{j1…ji+1…jd}> | 1≤j_k≤b_k,1≤k≤d 且 k≠i,0≤j_i≤b_i -1,i=1,…,d}
   基本运算:
      InitArray(&A):初始化数组,即为数组 A 分配存储空间。
      DestroyArray(&A):销毁数组,即释放数组 A 占用的内存空间。
      Value(A, index1, index2,…, indexd):返回数组 A 中由 d 维下标 index1,…,indexd 指定的
                                          元素的值。
      Assign(A, e, index1, index2,…, indexd):将 e 的值赋给数组 A 中由 d 维下标 index1,…,
                                               indexd 指定的元素。
}
```

由数组的抽象数据类型描述可以看出，数组除了初始化和销毁以外，通常有如下两个基本运算，即给定一组下标，读取相应的数组元素（读操作）和给定一组下标，存储或修改相应的元素值（写操作）。这里，需要注意的是：对数组没有定义插入和删除运算。数组一般不进行插入和删除操作，也就是说，一旦建立了数组，结构中的数据元素个数和元素之间的关系就不再发生变动。除了结构的初始化和销毁之外，数组只有存取元素和修改元素的操作。

### 5.1.3 数组的性质

几乎所有的计算机高级语言都实现了数组数据结构，并称为数组类型。以C/C++语言为例，其中的数组数据类型具有如下性质：

(1) 数组中的数据元素数目是固定的，一旦定义了一个数组，其数据元素数目不再有增减变化。

(2) 数组中的数据元素具有相同的数据类型。

(3) 数组中的每个数据元素都和一组唯一的下标值对应。

(4) 数组是一种随机存储结构，可随机存取数组中的任意数据元素。

## 5.2 数组的存储结构

依据数组的定义，数组的存储方式只能是顺序的。而由于计算机的存储空间是一维的（或线性的），所以存储数组时，要将多维数组中的元素按某种次序映像到一维存储空间，即解决“降维”问题。

### 5.2.1 一维数组

对于一维数组 $A=(a_0,a_1,\cdots,a_{n-1})$，数组元素按下标次序依次存放在一片连续的存储单元中。一旦 $a_0$的存储地址 $LOC(a_0)$确定，并假设每个数组元素占用 $d$ 个存储单元，则任一数组元素 $a_i$的存储地址 $LOC(a_i)$就可由以下公式求出：

$$LOC(a_i)=LOC(a_0)+i\times d \quad (0\leqslant i\leqslant n-1)$$

### 5.2.2 二维数组

对于一个 $m$ 行 $n$ 列的二维数组 $A_{m\times n}$，通常有两种顺序存储方式，即行优先存储方式和列优先存储方式。

**1. 行优先存储方式**

以行序为主序存储数据，如图5.2(a)所示，即按行的升序一行接一行地顺序存储。Basic、Pascal、C/C++、COBOL、PL/1等语言常采用这种存储方式。

**2. 列优先存储方式**

以列序为主序存储数据，如图5.2(b)所示，即按列的升序一列接一列地顺序存储。

Fortran 语言采用此类存储方法。

| $a_{00}$ $a_{01}$ … $a_{0,n-1}$ | $a_{10}$ $a_{11}$ … $a_{1,n-1}$ | … … | $a_{m-1,0}$ $a_{m-1,1}$ … $a_{m-1,n-1}$ |
|---|---|---|---|

(a) 行优先存储示意图

| $a_{00}$ $a_{10}$ … $a_{m-1,0}$ | $a_{01}$ $a_{11}$ … $a_{m-1,1}$ | … … | $a_{0,n-1}$ $a_{1,n-1}$ … $a_{m-1,n-1}$ |
|---|---|---|---|

(b) 列优先存储示意图

**图 5.2 二维数组 $A_{m\times n}$ 的存储方式**

假设二维数组 $A_{m\times n}$ 的每个数据元素占用 $d$ 个存储单元,则任一数据元素 $a_{ij}$ 的存储地址 $LOC(a_{ij})$ 就可由以下公式求出。

如果数组元素按行优先方式存储,则

$$LOC(a_{ij}) = LOC(a_{00}) + (i\times n + j)\times d \quad (0\leqslant i\leqslant m-1, 0\leqslant j\leqslant n-1)$$

如果数组元素按列优先方式存储,则

$$LOC(a_{ij}) = LOC(a_{00}) + (j\times m + i)\times d \quad (0\leqslant i\leqslant m-1, 0\leqslant j\leqslant n-1)$$

其中,$LOC(a_{00})$ 为数组的起始存储位置,亦称为基地址或基址。

由此可以看出,二维数组无论是按行优先还是列优先的方式进行存储,都可以在 $O(1)$ 时间内计算出指定下标元素的存储地址,从而体现出数组的随机存取的特性。

### 5.2.3 n 维数组

将二维数组的行优先(或低下标优先)存储思想推广到更一般的情况,可以得到 $n$ 维数组按低下标优先方式存储时,数组元素的存储地址与其下标之间的关系如下(其中,$b_i$ 为第 $i$ 维的长度):

$$\begin{aligned} LOC(j_1, j_2, \cdots, j_n) &= LOC(0,0,\cdots,0) \\ &\quad + (b_2\times\cdots\times b_n\times j_1 + b_3\times\cdots\times b_n\times j_2 + \cdots + b_n\times j_{n-1} + j_n)\times d \\ &= LOC(0,0,\cdots,0) + (\sum_{i=1}^{n-1} j_i \prod_{k=i+1}^{n} b_k + j_n)\times d \\ &= LOC(0,0,\cdots,0) + \sum_{i=1}^{n} c_i j_i \end{aligned}$$

其中,$c_n = d, c_{i-1} = b_i\times c_i, 1 < i\leqslant n$。

**【例 5.1】** 若有 C/C++ 中的二维数组 float $a$[5][4],计算:(1) 数组 $a$ 中的元素数目;(2) 若数组 $a$ 的起始地址为 2000,且每个数组元素的长度为 32 位(即 4 个字节),求数组元素 $a$[3][2]的内存地址。

**解** (1) 该数组的元素数目为 5×4=20 个。

(2) 由于 C 语言中数组的行、列下界均为 0,且 C 语言采用行序为主序的存储方式故有:$LOC(a_{3,2}) = LOC(a_{0,0}) + (i\times n + j)\times d = 2000 + (3\times 4 + 2)\times 4 = 2056$。所以,$a$[3][2]的内存地址为 2056。

**【例 5.2】** 设数组 $a$[1..60, 1..70]的基地址为 2048,每个元素占 2 个存储单元,若以列序为主序顺序存储,求元素 $a$[32][58]的存储地址。

**解**　由于数组 $a$ 采用列优先存储方式，因此，在元素 $a[32][58]$ 存储位置的前面共有 $57\times60+31=3451$ 个元素，而每个元素占 2 个存储单元，所以，元素 $a[32][58]$ 的存储地址应为 $LOC(a_{32,58})=2048+(57\times60+31)\times2=8950$。

**【例 5.3】**　假设按低下标优先方式存储整型数组 $a(-3..8,\ 3..5,\ -4..0,\ 0..7)$ 时，第 1 个元素的存储地址为 100，每个整数占 4 个字节，求元素 $a(0,\ 4,\ -2,\ 5)$ 的存储地址。

**解**　低下标优先存储多维数组时的元素地址计算公式为

$$LOC(j_1,j_2,\cdots,j_n)=LOC(0,0,\cdots,0)+(b_2\times\cdots\times b_n\times j_1+b_3\times\cdots\times b_n\times j_2+\cdots+b_n\times j_{n-1}+j_n)\times d$$

其中，$b_i$ 代表每一维的长度，即 $b_1=12,b_2=3,b_3=5,b_4=8$。而题目中使用了负下标，所以需要做适当的坐标平移，将 $a(-3..8,\ 3..5,\ -4..0,\ 0..7)$ 转化为 $b(0..11,\ 0..2,\ 0..4,\ 0..7)$，同时将元素 $a(0,\ 4,\ -2,\ 5)$ 转化为 $b(3,\ 1,\ 2,\ 5)$。于是，元素 $a(0,\ 4,\ -2,\ 5)$ 的存储地址为

$$\begin{aligned}LOC(3,\ 1,\ 2,\ 5)&=LOC(0,0,0,0)+(3\times3\times5\times8+1\times5\times8+2\times8+5)\times4\\&=100+1684=1784\end{aligned}$$

## 5.3　特殊矩阵的压缩存储

矩阵是许多科学与工程计算问题中常见的研究对象。在高级语言中，通常使用二维数组来存储矩阵。但在有些高阶矩阵中，非零元素非常少，此时若使用二维数组将造成存储空间的浪费，这时可以只存储部分元素，从而提高存储空间的利用率，这种存储方式称为矩阵的压缩存储。所谓压缩存储指的是，对多个值相同的非零元素只分配一个存储空间，对零元素不分配空间。

非零元素或零元素的分布具有一定规律的矩阵称为特殊矩阵。特殊矩阵的主要形式有对称矩阵、三角矩阵、对角矩阵等，它们都是方阵，即行数和列数相同的矩阵。

### 5.3.1　对称矩阵

若一个 $n$ 阶方阵 $\boldsymbol{A}_{n\times n}$ 中的元素满足 $a_{ij}=a_{ji}(0\leqslant i,\ j\leqslant n-1)$，则称其为 $n$ 阶对称矩阵。由于对称矩阵中的元素关于主对角线对称，如图 5.3(a)所示，因此可只存储对称矩阵中上三角或下三角中的元素，即对称的两个元素共享一个存储空间。这样，就可以将 $n^2$ 个元素压缩存储到 $n(n+1)/2$ 个元素的空间中。

不失一般性，假设以行序为主序存储对称矩阵 $\boldsymbol{A}_{n\times n}$ 的下三角（包括主对角线）元素，且按从上到下、从左到右的顺序将这些元素存放到向量 $\boldsymbol{sa}[n(n+1)/2]$ 中，如图 5.3(b)所示。为了便于访问对称矩阵 $\boldsymbol{A}$ 中的元素，必须在 $a_{ij}$ 和 $\boldsymbol{sa}[k]$ 之间找到一个对应关系。

(1) 按“行优先顺序”存储下三角（包括主对角线）元素：

元素 $a_{00},a_{10},a_{11},\cdots,a_{n-1,0},a_{n-1,1},\cdots,a_{n-1,n-1}$ 依次存放到向量 $\boldsymbol{sa}[0..n(n+1)/2-1]$ 中，其中，$\boldsymbol{sa}[0]=a_{00}$，$\boldsymbol{sa}[1]=a_{10}$，…，$\boldsymbol{sa}[n(n+1)/2-1]=a_{n-1,n-1}$。

(2) 元素 $a_{ij}(i\geqslant j)$ 的存放位置：

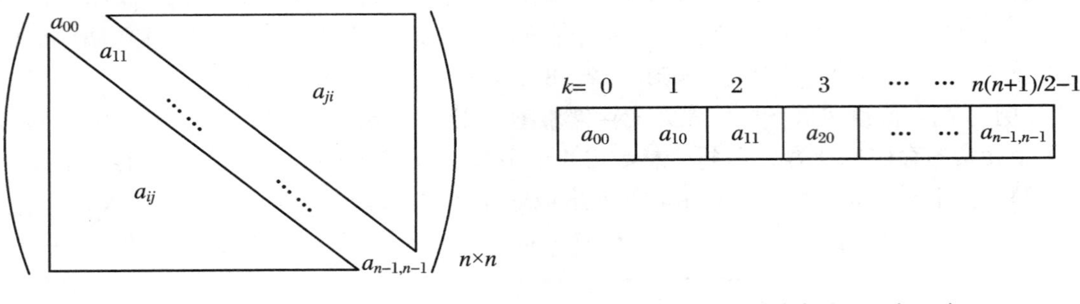


(a) 对称矩阵　　(b) 压缩存储下三角元素

**图 5.3　对称矩阵的压缩存储**

$a_{ij}$元素上方有 $i$ 行(行号 $0\sim i-1$),一共有 $1+2+\cdots+i=i\times(i+1)/2$ 个元素;在 $i$ 号行中,$a_{ij}$左侧恰有 $j$ 个元素($a_{i0},a_{i1},\cdots,a_{i,j-1}$),因此有 $sa[i\times(i+1)/2+j]=a_{ij}$。

(3) $a_{ij}$和 $sa[k]$之间的对应关系为

$$k=\begin{cases}\dfrac{i\times(i+1)}{2}+j, & i\geqslant j\\ \dfrac{j\times(j+1)}{2}+i, & i<j\end{cases}$$

所以,对称矩阵的元素存储地址计算公式为

$$\mathrm{LOC}(a_{ij})=\mathrm{LOC}(sa[k])=\mathrm{LOC}(sa[0])+k\times d$$

通过下标变换公式,能立即找到矩阵元素 $a_{ij}$ 在其压缩存储表示 **sa** 中的对应位置 $k$。因此,采用这种压缩存储方法后,对称矩阵 **A** 仍然具有随机存取特性。

## 5.3.2　三角矩阵

三角矩阵可分为两种:上三角矩阵和下三角矩阵。其中,下三角元素均为常数 c 或 0 的 $n$ 阶矩阵称为上三角矩阵;上三角元素均为常数 c 或 0 的 $n$ 阶矩阵称为下三角矩阵。$n$ 阶上三角矩阵和下三角矩阵如图 5.4 所示。

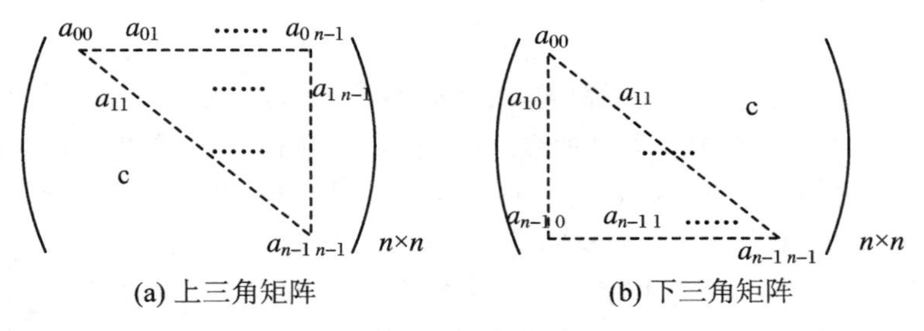


(a) 上三角矩阵　　(b) 下三角矩阵

**图 5.4　三角矩阵**

上三角矩阵的压缩原则是只存储上三角的元素,不存储下三角的零元素或只用一个存储单元存储下三角的非零元素。下三角矩阵的压缩原则与上三角矩阵类似。如果用一维数组来存储三角矩阵,则共需要存储 $n(n+1)/2+1$ 个元素。即三角矩阵可压缩存储到向量 **sa**$[n(n+1)/2+1]$中,通常 c 存放在向量 **sa** 的最后一个分量中。

如果以行序为主序,且上三角矩阵的元素 $a_{ij}$ 压缩存储到向量 **sa** 的 $k$ 下标位置,则 $a_{ij}$ 和 **sa**[$k$]之间的对应关系为

$$k=\begin{cases}\dfrac{i\times(2n-i+1)}{2}+j-i, & i\leqslant j\\ \dfrac{n(n+1)}{2}, & i>j\end{cases}$$

如果以行序为主序,且下三角矩阵的元素 $a_{ij}$ 压缩存储到向量 **sa** 的 $k$ 下标位置,则 $a_{ij}$ 和 **sa**[$k$]之间的对应关系为

$$k=\begin{cases}\dfrac{i(i+1)}{2}+j, & i\geqslant j\\ \dfrac{n(n+1)}{2}, & i<j\end{cases}$$

## 5.3.3 对角矩阵

若一个 $n$ 阶方阵 $\boldsymbol{A}$ 满足其所有非零元素都集中在以主对角线为中心的带状区域中,则称该矩阵为 $n$ 阶对角矩阵。如果一个 $n$ 阶对角矩阵的主对角线上方和下方各有 $b$ 条非零元素构成的次对角线,则称 $b$ 为矩阵的半带宽,$2b+1$ 为矩阵的带宽。对于半带宽为 $b$ $(0\leqslant b\leqslant(n-1)/2)$的对角矩阵,其$|i-j|\leqslant b$ 的元素 $a_{ij}$ 不为零,其余元素为零。图 5.5 是半带宽为 $b$ 的 $n$ 阶对角矩阵。

$b=1$ 的对角矩阵称为三对角矩阵。按行优先顺序压缩存储的三对角矩阵,具有以下特点:

当($i=0,j=0,1$)时,即第一行有 2 个非零元素;当($0<i<n-1,j=i-1,i,i+1$)时,即第 2 行到第 $n-1$ 行之间有 3 个非零元素;当($i=n-1,j=n-2,n-1$)时,即最后一行有 2 个非零元素。除此以外,其他元素均为零。

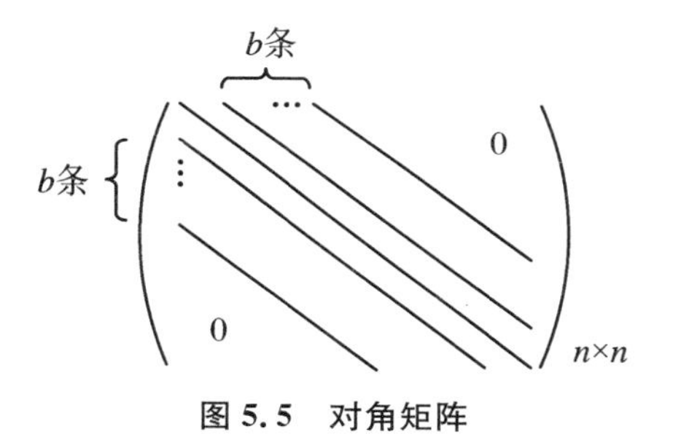


**图 5.5 对角矩阵**

除了第一行和最后一行的非零元素为 2 个,其余各行非零元素均为 3 个。因此,若用一维数组存储这些非零元素,需要 $2+3\times(n-2)+2=3n-2$ 个存储单元。三对角矩阵压缩存储在数组中的情况如图 5.6 所示。

下面确定一维数组的下标 $k$ 与矩阵中元素的下标($i,j$)之间的关系。元素 $a_{ij}$ 在行下标为 $i$ 的行中分为三种情况:

(1) 若元素 $a_{ij}$ 是本行的第一个非零元素,则 $k=2+3(i-1)=3i-1$,此时 $j=i-1$,即 $k=2i+i-1=2i+j$。

(2) 若元素 $a_{ij}$ 是本行的第二个非零元素,则 $k=2+3(i-1)+1=3i$,此时 $j=i$,即 $k=2i+i=2i+j$。

(3) 若元素 $a_{ij}$ 是本行的第三个非零元素,则 $k=2+3(i-1)+2=3i+1$,此时 $j=i+1$,即 $k=2i+i+1=2i+j$。

归纳起来,有 $k=2i+j$。

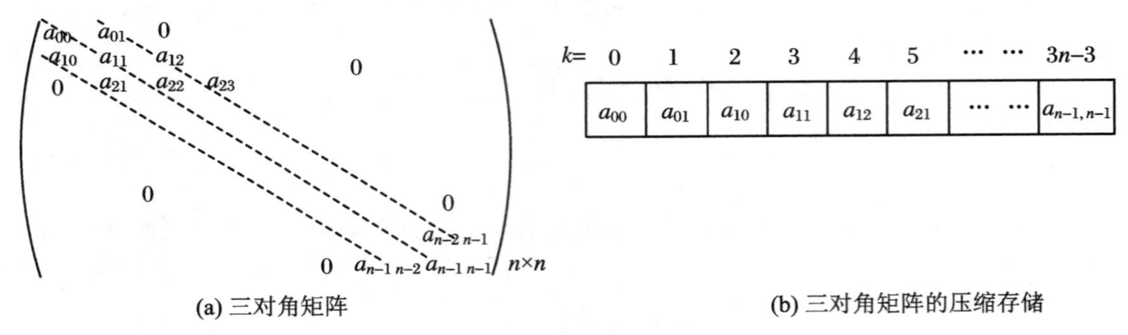


**图 5.6 三对角矩阵及其压缩存储**

**【例 5.4】** 按照压缩存储的思想，将 $n$ 阶对称矩阵 $\boldsymbol{A}$ 的下三角部分(包括主对角线元素)以行序为主序方式存放于一维数组 $B[1..n(n+1)/2]$中，求 $\boldsymbol{A}$ 中任意一个下三角元素 $a_{ij}(1\leqslant j\leqslant i\leqslant n)$在数组 $B$ 中的下标位置 $k$。

**解** 由于对称矩阵 $\boldsymbol{A}$ 只存下三角元素，且采用行优先存储方式，因此，在元素 $a_{ij}$之前存储的元素共有$(1+2+\cdots+(i-1))+(j-1)=i\times(i-1)/2+j-1$ 个。$B$ 数组的起始下标为 1，所以，下三角元素 $a_{ij}(1\leqslant j\leqslant i\leqslant n)$在数组 $B$ 中的下标位置 $k=1+(i\times(i-1)/2+j-1)\times 1=i\times(i-1)/2+j$。

**【例 5.5】** 设有五对角矩阵 $\boldsymbol{A}=(a_{ij})_{20\times 20}$，按特殊矩阵压缩存储的方式将其五条对角线上的元素存于数组 $B[-10:m]$中，计算元素 $A[15, 16]$的存储位置。

**解** 五对角矩阵的第 1 行和最后 1 行各有 3 个元素，第 2 行和倒数第 2 行各有 4 个元素，其余各行均为 5 个元素。按行存储时，在元素 $a_{ij}$之前共有 $4\times i+j-6$ 个元素，其中，位于元素 $a_{ij}$上方的行内共有 $3+4+(i-3)\times 5$ 个元素，在元素 $a_{ij}$同一行左侧共有 $2+j-i$ 个元素。所以，元素 $a_{ij}$在$B$ 数组中的下标位置$k=-10+(4\times i+j-6)=4\times i+j-16$，所以，元素 $A[15, 16]$的存储位置应为 $B[60]$。

# 5.4 稀 疏 矩 阵

假设在 $m\times n$ 的矩阵中有 $t$ 个非零元素，令 $\delta=t/(m\times n)$，称 $\delta$ 为矩阵的稀疏因子，若$\delta\leqslant 0.05$，则称矩阵为稀疏矩阵。通俗来讲，若矩阵中大多数元素的值为零，只有很少的非零元素，这样的矩阵就是稀疏矩阵。图 5.7 是一个 6×7 的稀疏矩阵。

$$\boldsymbol{A}_{6\times 7}=\begin{bmatrix} 0&0&3&0&0&0&0\\ 0&2&0&0&0&0&0\\ 5&0&0&0&0&0&0\\ 0&0&0&7&0&0&0\\ 0&0&0&0&1&0&0\\ 0&0&0&0&0&4&6 \end{bmatrix}$$

**图 5.7 6×7 的稀疏矩阵**

按压缩存储的概念，稀疏矩阵只存储非零元素。常用的稀疏矩阵的两种压缩存储方式分别为三元组表和十字链表。

## 5.4.1　稀疏矩阵的三元组表

由于稀疏矩阵中非零元素的分布没有任何规律，所以，除了存储非零元素的值之外，还必须同时记下它所在的行和列的下标 $i$ 和 $j$，于是，矩阵中每个非零元素就由一个三元组（$i$，$j$，$a_{ij}$）唯一确定，稀疏矩阵中的所有非零元素构成三元组线性表。图 5.7 所示的 6×7 的稀疏矩阵 ***A*** 对应的三元组线性表为

（(0,2,3)，(1,1,2)，(2,0,5)，(3,3,7)，(4,4,1)，(5,5,4)，(5,6,6)）

若把稀疏矩阵的三元组线性表按顺序存储结构存储，则称为稀疏矩阵的三元组顺序表，简称为三元组表。

三元组顺序表的数据类型声明如下：

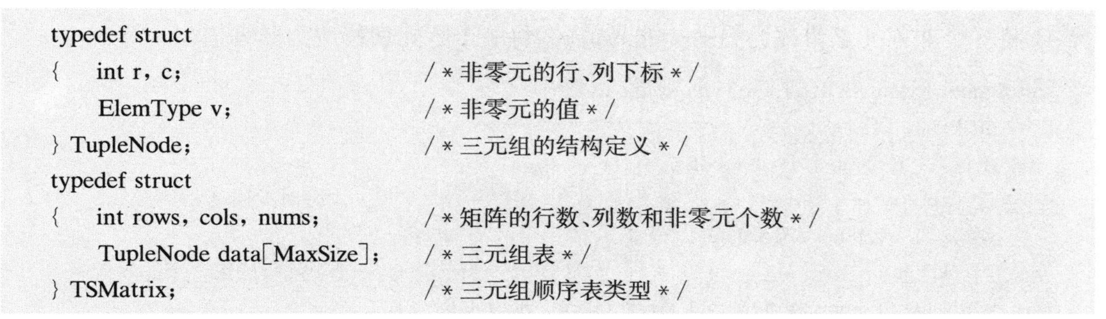

```
typedef struct
{    int r, c;                        /* 非零元的行、列下标 */
     ElemType v;                      /* 非零元的值 */
} TupleNode;                          /* 三元组的结构定义 */
typedef struct
{    int rows, cols, nums;            /* 矩阵的行数、列数和非零元个数 */
     TupleNode data[MaxSize];         /* 三元组表 */
} TSMatrix;                           /* 三元组顺序表类型 */
```

其中，data 域中表示的非零元素通常是以行序为主序进行排列的。例如，图 5.7 所示的稀疏矩阵 ***A*** 对应的三元组表如图 5.8 所示。

|  | *r* | *c* | *v* |
|---|---|---|---|
| data[0] | 0 | 2 | 3 |
| data[1] | 1 | 1 | 2 |
| data[2] | 2 | 0 | 5 |
| data[3] | 3 | 3 | 7 |
| data[4] | 4 | 4 | 1 |
| data[5] | 5 | 5 | 4 |
| data[6] | 5 | 6 | 6 |

**图 5.8　稀疏矩阵 *A* 的三元组表**

基于三元组顺序表的稀疏矩阵的基本运算算法如下：

**1. 创建稀疏矩阵的三元组顺序表 CreatMat(&*t*, *A*[*M*][*N*])**

从一个二维稀疏矩阵 ***A*** 创建其对应的三元组表 $t$，即以行序方式扫描二维稀疏矩阵 ***A***，将其中的非零元素插入三元组表 $t$ 中。

```
void CreatMat(TSMatrix &t, ElemType A[M][N])
{   int i, j;
    t.rows=M;  t.columns=N;  t.nums=0;
    for (i=0; i<M; i++)
    {   for (j=0; j<N; j++)
            if (A[i][j]!=0)                /*只存储非零元素*/
            {   t.data[t.nums].r=i;  t.data[t.nums].c=j;
                t.data[t.nums].v=A[i][j];  t.nums++;
            }
    }
}
```

**2. 三元组元素的赋值 Value(&$t$,$x$,$i$,$j$)**

对稀疏矩阵 $\boldsymbol{A}$ 执行 $\boldsymbol{A}[i][j]=x$($x$ 通常是一个非零值)。这种赋值操作可分为两种情况:①将一个非零元素修改为另一个非零值;②将一个零元素修改为非零值。

```
int Value(TSMatrix &t, ElemType x, int i, int j)
{   int k=0, k1;
    if (i>=t.rows || j>=t.cols)
        return 0;                                    /*失败时返回0*/
    while (k<t.nums && t.data[k].r<i)
        k++;                                         /*查找i行的第1个非零元*/
    while (k<t.nums && t.data[k].r==i && t.data[k].c<j)
        k++;                                         /*查找i行j列的第1个非零元*/
    if (t.data[k].r==i && t.data[k].c==j)            /*①查找到i行j列的非零元*/
        t.data[k].v=x;                               /*修改为x*/
    else                                             /*②未找到i行j列的非零元*/
    {   for (k1=t.nums-1;k1>=k;k1--)                 /*元素后移*/
        {   t.data[k1+1].r=t.data[k1].r;
            t.data[k1+1].c=t.data[k1].c;
            t.data[k1+1].v=t.data[k1].v;
        }
        t.data[k].r=i;  t.data[k].c=j;  t.data[k].v=x;  /*插入非零元x*/
        t.nums++;                                    /*非零元个数增1*/
    }
    return 1;                                        /*成功时返回1*/
}
```

**3. 将指定位置的三元组元素值赋给变量 Assign($t$,&$x$,$i$,$j$)**

扫描稀疏矩阵的三元组表 $t$,查找 $i$ 行 $j$ 列元素,①若该位置的元素存在,则取出并赋值给 $x$;②若不存在,则 $x=0$。

```
int Assign(TSMatrix t, ElemType &x, int i, int j)
{   int k=0;
    if (i>=t.rows || j>=t.cols)
```

```
        return 0;
    while (k<t.nums && t.data[k].r <i)
        k++;                                    /*查找i行的第1个非零元*/
    while (k<t.nums && t.data[k].r==i && t.data[k].c< j)
        k++;                                    /*查找i行j列的第1个非零元*/
    if (t.data[k].r==i && t.data[k].c==j)       /*①查找到i行j列的非零元素*/
        x=t.data[k].v;                          /*取出该位置的元素并赋值给x*/
    else                                        /*②未找到i行j列的非零元素*/
        x=0;                                    /*将x赋值为0*/
    return 1;                                   /*成功时返回1*/
}
```

**4．稀疏矩阵转置 TranMat(t, &tb)**

对一个 $m\times n$ 的矩阵 $\boldsymbol{A}_{m\times n}$，将其转置为一个 $n\times m$ 的矩阵 $\boldsymbol{B}_{n\times m}$，两矩阵的元素满足 $a_{ij}=b_{ji}$，其中 $0\leqslant i\leqslant m-1,0\leqslant j\leqslant n-1$

```
void TranMat(TSMatrix t, TSMatrix &tb)
{   int k, k1=0, col;                          /*k1记录tb中的元素个数*/
    tb.rows=t.cols;  tb.cols=t.rows;  tb.nums=t.nums;
    if (t.nums!=0)                             /*当存在非零元素时,执行转置*/
    {   for (col=0; col<t.cols; col++)         /*按列循环*/
        for (k=0; k<t.nums; k++)               /*k用于扫描t的所有三元组*/
            if (t.data[k].c==col)
            {   tb.data[k1].r=t.data[k].c;
                tb.data[k1].c=t.data[k].r;
                tb.data[k1].v=t.data[k].v;
                k1++;
            }
    }
}
```

以上算法的时间复杂度为 $O(t.\mathrm{cols}\times t.\mathrm{nums})$，而将二维数组存储在一个 $m$ 行 $n$ 列矩阵中时，其转置算法的时间复杂度为 $O(m\times n)$。最坏情况是当稀疏矩阵中的非零元素个数 $t.\mathrm{nums}$ 和 $m\times n$ 同数量级时，上述转置算法的时间复杂度就为 $O(m\times n^2)$，所以，这并不是一个高效率的算法。

**5．输出三元组 DispMat(t)**

从头到尾扫描三元组表 $t$，依次输出各三元组中的元素值。

```
void DispMat(TSMatrix t)
{   int i;
    if (t.nums<=0) return;
    printf("\t%d\t%d\t%d\n",t.rows,t.cols,t.nums);
    printf("  ------------------------\n");
    for (i=0; i<t.nums; i++)
        printf("\t%d\t%d\t%d\n", t.data[i].r, t.data[i].c, t.data[i].v);
}
```

【例 5.6】 假设稀疏矩阵采用三元组顺序表存储结构,设计两个稀疏矩阵相加的算法。

**解** 两个稀疏矩阵 **A** 和 **B** 相加,实际上就是两矩阵对应位置上的元素相加,求结果矩阵 **C** 中的元素可按如下步骤进行:

(1) 从 **A** 和 **B** 两个三元组表中各取一个三元组 **A**.data[$i$]和 **B**.data[$j$]。

(2) 由于三元组表是按稀疏矩阵非零元素的行优先顺序存放的,因此两个三元组相加有如下 5 种情况:

① 两个三元组在同一行(即 $a$.data[$i$].$r$ = = $b$.data[$j$].r),并且在同一列($a$.data[$i$].$c$ = = $b$.data[$j$].$c$),此时两个三元组可直接相加得到 **C** 矩阵中对应元素的三元组(即 $c$.data[$k$].$v$ = $a$.data[$i$].$v$ + $b$.data[$j$].$v$),同时 $i$,$j$ 和 $k$ 各加 1。

② 两个三元组在同一行(即 $a$.data[$i$].$r$ = = $b$.data[$j$].$r$),但 $a$.data[$i$].$c$<$b$.data[$j$].$c$,则将矩阵 **A** 中当前元素对应的三元组作为 **C** 矩阵中对应元素的三元组(即 $c$.data[$k$].$v$ = $a$.data[$i$].$v$),同时 $i$ 和 $k$ 各加 1。

③ 两个三元组在同一行(即 $a$.data[$i$].$r$ = = $b$.data[$j$].$r$),但 $a$.data[$i$].$c$>$b$.data[$j$].$c$,则将矩阵 **B** 中当前元素对应的三元组作为矩阵 **C** 中对应元素的三元组(即 $c$.data[$k$].$v$ = $b$.data[$j$].$v$),同时 $j$ 和 $k$ 各加 1。

④ 两个三元组不在同一行,且 $a$.data[$i$].$r$<$b$.data[$j$].$r$,则将 **A** 中当前元素对应的三元组作为矩阵 **C** 中对应元素的三元组(即 $c$.data[$k$].$v$ = $a$.data[$i$].$v$),同时 $i$ 和 $k$ 各加 1。

⑤ 两个三元组不在同一行,且 $a$.data[$i$].$r$>$b$.data[$j$].$r$,则将 **B** 中当前元素对应的三元组作为矩阵 **C** 中对应元素的三元组(即 $c$.data[$k$].$v$ = $b$.data[$j$].$v$),同时 $j$ 和 $k$ 各加 1。

(3) 判断 $i$ 和 $j$ 的情况,如果 $i$<$a$.nums 且 $j$<$b$.nums,则转步骤(1)。

(4) 如果 $i$<$a$.nums,则依次将矩阵 **A** 中的剩余三元组复制到矩阵 **C** 的三元组表中。

(5) 如果 $j$<$b$.nums,则依次将矩阵 **B** 中的剩余三元组复制到矩阵 **C** 的三元组表中。

```
int MatAdd(TSMatrix a, TSMatrix b, TSMatrix &c)     /* c=a+b 稀疏矩阵的加法 */
{
    int i=0, j=0, k=0, t;
    ElemType d;
    if (a.rows! =b.rows || a.cols! =b.cols)
        return 0;                                    /* 行数或列数不等时不能进行相加运算 */
    c.rows=a.rows;  c.cols=a.cols;                   /* c 的行列数与 a 的相同 */
    while (i<a.nums && j<b.nums)                     /* 处理 a 和 b 中的每个元素 */
    {
        if (a.data[i].r= =b.data[j].r)               /* 行号相等时 */
        {
            if (a.data[i].c<b.data[j].c)             /* a 元素的列号小于 b 元素的列号 */
            {
                c.data[k].r=a.data[i].r;             /* 将 a 元素添加到 c 中 */
                c.data[k].c=a.data[i].c;
                c.data[k].v=a.data[i].v;
                k++;  i++;
```

```
            }
            else if (a.data[i].c>b.data[j].c)        /* a元素的列号大于b元素的列号 */
                {
                    c.data[k].r=b.data[j].r;           /* 将b元素添加到c中 */
                    c.data[k].c=b.data[j].c;
                    c.data[k].v=b.data[j].v;
                    k++;  j++;
                }
                else                                  /* a元素的列号等于b元素的列号 */
                {
                    d=a.data[i].v+b.data[j].v;
                    if (d! =0)                        /* 只将不为0的结果添加到c中 */
                    {
                        c.data[k].r=a.data[i].r;
                        c.data[k].c=a.data[i].c;
                        c.data[k].v=d;
                        k++;
                    }
                    i++;  j++;
                }
        }
        else if (a.data[i].r<b.data[j].r)            /* a元素的行号小于b元素的行号 */
            {
                c.data[k].r=a.data[i].r;               /* 将a元素添加到c中 */
                c.data[k].c=a.data[i].c;
                c.data[k].v=a.data[i].v;
                k++;  i++;
            }
            else                                      /* a元素的行号大于b元素的行号 */
            {
                c.data[k].r=b.data[j].r;               /* 将b元素添加到c中 */
                c.data[k].c=b.data[j].c;
                c.data[k].v=b.data[j].v;
                k++;  j++;
            }
    }
    if (i<a.nums)
        for (t=i; t<a.nums; t++)
        {   c.data[k].r=a.data[t].r;
            c.data[k].c=a.data[t].c;
            c.data[k].v=a.data[t].v;
            k++;
        }
```

```
    if (j<b.nums)
        for (t=j; t<b.nums; t++)
        {   c.data[k].r=b.data[t].r;
            c.data[k].c=b.data[t].c;
            c.data[k].v=b.data[t].v;
            k++;
        }
    c.nums=k;
    return 1;
}
```

三元组顺序表是稀疏矩阵的一种顺序存储结构,稀疏矩阵采用三元组顺序表存储时,由于非零元素的个数比较少,所以会在一定程度上节省存储空间。但是,一旦稀疏矩阵的值发生变化,特别是零元转换为非零元或者非零元转换为零元时,需要对存储结构进行改动,这十分不便。同时,三元组顺序表结构也丧失了矩阵随机存取的特性。

## 5.4.2 稀疏矩阵的十字链表

十字链表也称为正交链表,是稀疏矩阵的一种链式存储结构。十字链表为稀疏矩阵的每一行设置一个单独的链表,同时也为每一列设置一个单独的链表。这样稀疏矩阵的每一个非零元素就同时包含在两个链表中,即每一个非零元素同时包含在所在行的行链表中和所在列的列链表中。

对于一个 $m \times n$ 的稀疏矩阵,每一个非零元素用一个结点表示,结点结构如图 5.9 所示。其中 $i$, $j$, value 分别代表非零元素所在的行号、列号和相应的元素值;down 和 right 分别称为向下指针和向右指针,用来链接同一列和同一行中的下一个非零元素的结点。

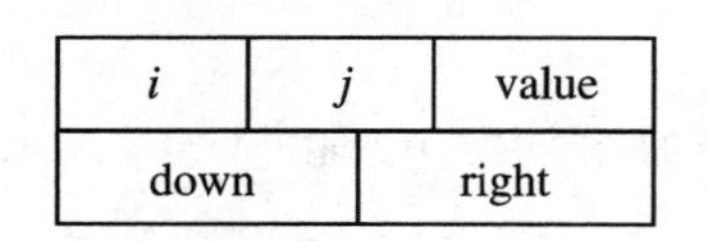


**图 5.9 十字链表中的结点结构**

十字链表中还设有指向行链表的头指针和指向列链表的头指针,每一行的头指针和每一列的头指针分别存放在一维数组中。一个 3×4 的稀疏矩阵及其对应的十字链表如图 5.10 所示。

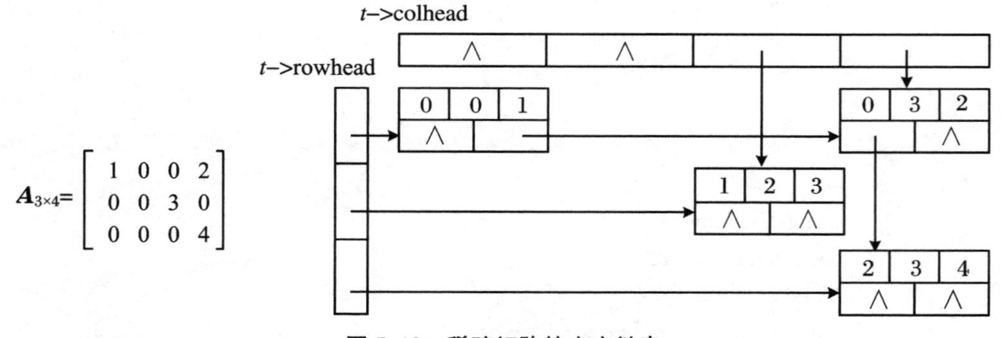


**图 5.10 稀疏矩阵的十字链表**

十字链表的数据类型声明如下:

```
typedef struct node
{   int i, j;                           /* 非零元的行号、列号 */
    ElemType value;                     /* 非零元的值 */
    struct node *right, *down;          /* 向右指针和向下指针 */
} OLNode, *OLink;                       /* 十字链表的结点结构定义 */
typedef struct
{   OLink *rowhead, *colhead;           /* 指向行链表和列链表的指针 */
    int m, n, num;                      /* 稀疏矩阵的行数、列数和非零元素个数 */
} CrossList;                            /* 十字链表类型 */
```

稀疏矩阵的十字链表基本运算算法如下：

**1. 初始化稀疏矩阵 InitMat( *t)**

将十字链表的行链表和列链表的指针置为 NULL，并将稀疏矩阵的行数、列数和非零元素的个数置为 0。

```
void InitMat(CrossList *t)
{   t->rowhead=t->colhead=NULL;
    t->m=t->n=t->num=0;
}
```

**2. 稀疏矩阵的插入 InsertMat( *t,p)**

将一个新结点插到十字链表中，分为行插入和列插入两个步骤插入新结点。

```
void InsertMat(CrossList *t, OLink p)
{   OLink q=t->rowhead[p->i];                  /* q 指向待插行链表 */
    if (! q || p->j<q->j)
                  /* 待插的行链表为空或 p 所指结点的列值小于首结点的列值 */
    {   p->right=t->rowhead[p->i];             /* 则直接插入 */
        t->rowhead[p->i]=p;
    }
    else
    {   while(q->right && q->right->j<p->j)
                  /* q 指的不是尾结点且 q 的下一结点的列值小于 p 所指结点的列值 */
            q=q->right;
        p->right=q->right;
        q->right=p;
    }
    q=t->colhead[p->j];                        /* q 指向待插列链表 */
    if (! q || p->i<q->i)
                  /* 待插的列链表为空或 p 所指结点的行值小于首结点的行值 */
    {   p->down=t->colhead[p->j];
        t->colhead[p->j]=p;
    }
    else
    {   while(q->down && q->down->i<p->i)
```

```
                /* q指的不是尾结点且q的下一结点的行值小于p所指结点的行值 */
            q=q->down;
        p->down=q->down;
        q->down=p;
    }
    t->num++;
}
```

在十字链表中插入新结点 * p 的过程如图 5.11 所示。

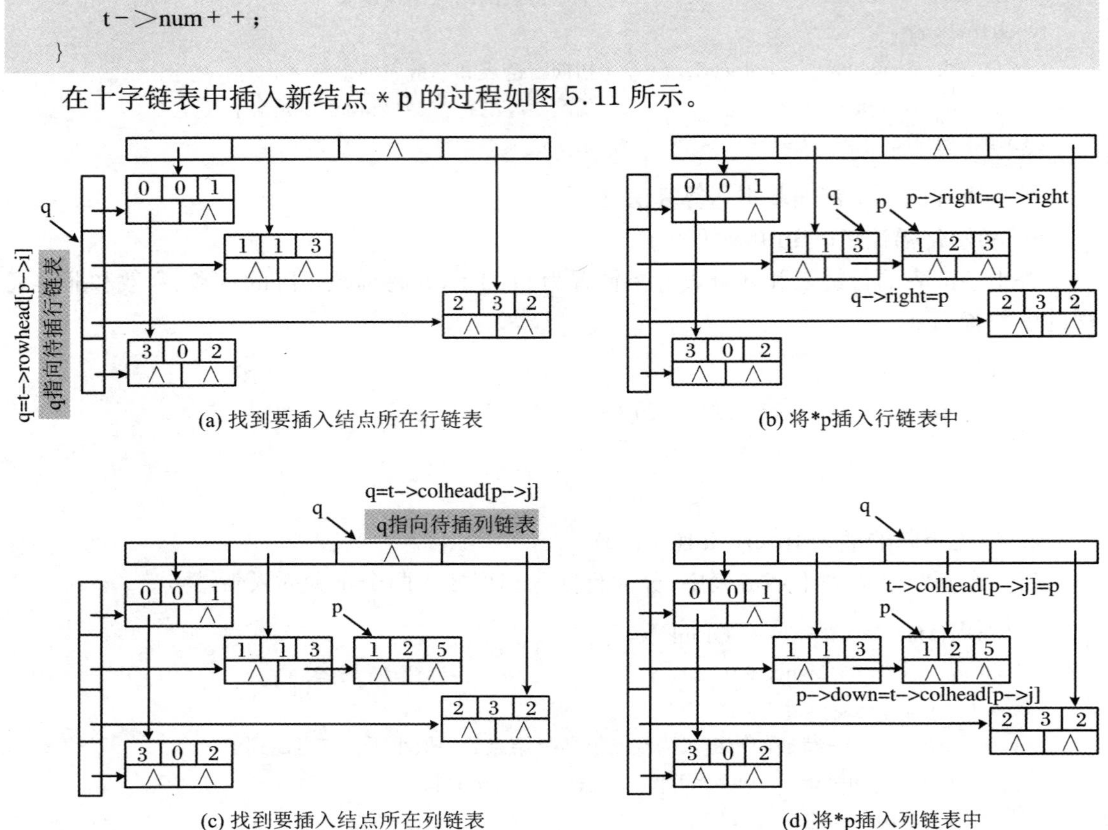


**图 5.11 十字链表上结点 * p 的插入过程**

### 3. 销毁稀疏矩阵 DestroyMat( * t)

先逐行依次释放所有数据结点,然后再释放行列表头结点。

```
void DestroyMat(CrossList *t)
{   int i;OLink p, q;
    for (i=0; i<t->m; i++)
    {   p= *(t->rowhead+i);
        while (p)
        {   q=p;
            p=p->right;
            free(q);
        }
    }
    free(t->rowhead);
    free(t->colhead);
}
```

# 5.5　广　义　表

广义表(Lists,又称列表)是线性表的推广,被广泛应用于人工智能等领域的表处理语言LISP语言中。广义表中放松了对表元素是原子的限制,容许它们具有其自身结构,是一种复杂的非线性结构。广义表可以看成线性表在下述含义上的扩展:表中的数据元素本身也是一个广义表。

## 5.5.1　广义表的定义

广义表是$n(n\geqslant 0)$个元素$a_1,a_2,\cdots,a_i,\cdots,a_n$构成的有限序列,其中,$n$表示广义表的长度。当$n=0$时,称为空表。广义表中的元素$a_i$或者是原子(即结构上不可分割,可以是一个数或一个结构)或者是广义表(称为子表)。

广义表LS的逻辑结构可采用括号表示法描述为

$$LS=(a_1,a_2,\cdots,a_i,\cdots,a_n)$$

为了区分原子和广义表,规定用大写字母表示广义表,用小写字母表示原子。

## 5.5.2　广义表的抽象数据类型描述

ADT　Lists{

　数据对象:

　　$D=\{e_i \mid 1\leqslant i\leqslant n, n\geqslant 0, e_i\in AtomSet$ 或 $e_i\in Lists$, AtomSet 为某个数据对象$\}$

　数据关系:

　　$R=\{< e_{i-1},e_i> \mid e_{i-1}、e_i\in D, 2\leqslant i\leqslant n\}$

　基本运算:

　　CreateLS(s):创建广义表,即:由括号表示法s创建并返回一个广义表g。

　　DestroyLS(&g):销毁广义表,释放广义表g的存储空间。

　　LSLength(g):求广义表g的长度。

　　LSDepth(g):求广义表g的深度。

　　DispLS(g):输出广义表g。

## 5.5.3　广义表的特性

(1) 广义表的数据元素是有相对次序的。

(2) 广义表的长度为最外层括号所包含的元素个数。

(3) 广义表的深度为广义表中括号嵌套的最大层数。

(4) 广义表可以共享,即一个广义表可以被其他广义表共享,这种共享广义表称为再入表。

(5) 广义表可以是一个递归的表,即一个广义表可以是自己的子表,这种广义表称为递归表。递归表的深度是无穷值,而长度是有限值。

(6) 任一个非空广义表都可以分割为表头和表尾两部分。

例如,有以下几个广义表:

$E=()$

$L=(a,b)$

$A=(x,L)=(x,(a,b))$

$B=(A,y)=((x,(a,b)),y)$

$C=(A,B)=((x,(a,b)),((x,(a,b)),y))$

$D=(a,D)=(a,(a,(a,(\cdots))))$

其中,$E$ 是一个长度为 0,深度为 1 的空表;广义表 $L$ 的长度为 2,深度为 1,两个元素都是原子,因此,$L$ 也是一个线性表;$A$ 是长度为 2、深度为 2 的广义表,第一个元素是原子 $x$,第二个元素是子表 $L$;$B$ 是长度为 2、深度为 3 的广义表,第一个元素是子表 $A$,第二个元素是原子 $y$;广义表 $C$ 的长度为 2、深度为 4,两个元素都是子表;广义表 $D$ 的长度为 2,第一个元素是原子 $a$,第二个元素是 $D$ 自身,展开后它是一个无限的广义表,其深度为 $\infty$。

如果规定任何广义表都是有名字的,为了既表明每个表的名字,又说明它的组成,则可以在每个广义表的前面冠以该表的名字,于是上例中的各表又可以写成:

$E()$

$L(a,b)$

$A(x,L(a,b))$

$B(A(x,L(a,b)),y)$

$C(A(x,L(a,b)),B(A(x,L(a,b)),y))$

$D(a,D(a,D(\cdots)))$

若用圆圈和方框分别表示广义表和原子,并用线段把表和它的元素连接起来,元素结点在其表结点的下方,则可得到广义表的图形表示。上述广义表的图形表示如图 5.12 所示。

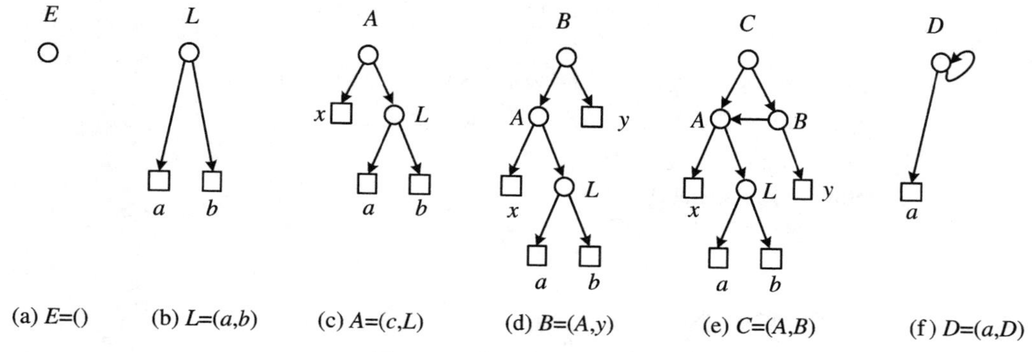


**图 5.12 广义表的图形表示**

从图 5.12 可以看出,广义表 $C$ 中的子表 $A$ 是共享结点,它既是广义表 $C$ 的一个元素,又是子表 $B$ 的元素,这种允许结点共享的表称为再入表。允许递归的表称为递归表,如图 5.12 中的广义表 $D$ 就是其自身的子表。而与树对应的广义表称为纯表,它限制了表中成分的共享和递归,如上述广义表 $E$、$L$、$A$ 和 $B$ 都是纯表。递归表、再入表、纯表、线性表之间的关系满足:线性表⊂纯表⊂再入表⊂递归表。

对广义表 LS=($a_1$,$a_2$,…,$a_i$,…,$a_n$),若 LS 非空($n\geqslant1$),则 $a_1$是 LS 的表头,其余元素组成的表($a_2$,…,$a_n$)称为 LS 的表尾。记作:head(LS)=$a_1$,tail(LS)=($a_2$,…,$a_n$)。

根据表头、表尾的定义可知:任何一个非空广义表的表头是表中第一个元素,它可以是原子,也可以是子表,而其表尾必定是子表。例如,head($L$)=$a$,tail($L$)=($b$),head($B$)=$A$,tail($B$)=($y$)。由于 tail($L$)是非空表,可继续分解得到:head(tail($L$))=$b$,tail(tail($L$))=()。

注意:广义表()和(())不同。()是长度为 0 的空表,对其不能做求表头和表尾的运算;(())是长度为 1 的非空表,该表中唯一的一个元素是空表(),对(())可进行分解,得到的表头和表尾均是空表()。

**【例 5.7】** 画出下列广义表的图形表示。

(1) $D(A(),B(e),C(a,L(b,c,d)))$;(2) $J_1(J_2,J_4(J_1,a,J_3(J_1)),J_3(J_1))$。

**解**

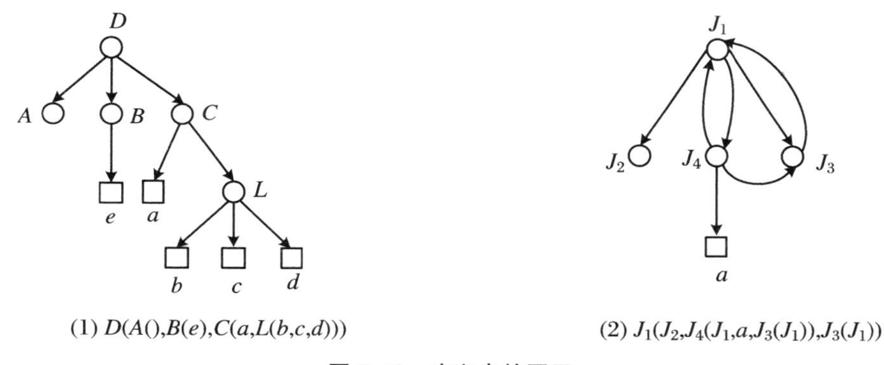


**图 5.13　广义表的图示**

**【例 5.8】** (1) 已知广义表 LS=($a$,($b$,$c$,$d$),$e$),请写出运用 head 和 tail 函数取出 LS 中的原子 $b$ 的运算;

(2) 广义表 $A$=((( ),($a$,($b$),$c$))),求 head(tail(head(tail(head($A$)))))的运算结果。

**解**　(1) head(head(tail(LS)));(2) head(tail(head(tail(head($A$))))) =($b$)。

## 5.5.4　广义表的存储结构

由于广义表是一种递归的数据结构,因此很难确定它所占用的存储空间的大小,一般采用链式存储结构。下面介绍广义表的扩展线性链表存储结构。

广义表中有两类结点,即表结点和原子结点,它们可采用如图 5.14 所示的结构形式。

**图 5.14　广义表的结点结构**

其中,tag 域为标志域,用于区分两类结点。tag=0 标志结点为原子结点,第二个域为 atom 域,存放原子元素的信息;tag=1 标志结点为表结点,第二个域为 hp 域,存放相应子表的第一个元素对应结点的地址。tp 域存放与本结点同一层的下一个元素所在结点的地址。

广义表的结点类型定义如下：

```
typedefenum{ATOM, LIST}ElemTag;          /* ATOM=0 表示原子,LIST=1 表示子表 */
typedef struct lsnode
{
    ElemTag tag;                          /* 标志域,用于区分原子结点和子表结点 */
    union
    {   ElemType atom;                    /* 原子结点的值域 */
        struct lsnode *hp;                /* 表结点的表头指针 */
    } ptr;
    struct lsnode *tp;                    /* 指向同一层的下一个元素 */
    } GLNode;                             /* 广义表结点类型 */
```

设有广义表 $A=()$, $B=(e)$, $C=(a,(b,c,d))$, $D=(A,B,C)$, $E=(a,E)$，则它们的存储结构如图 5.15 所示。

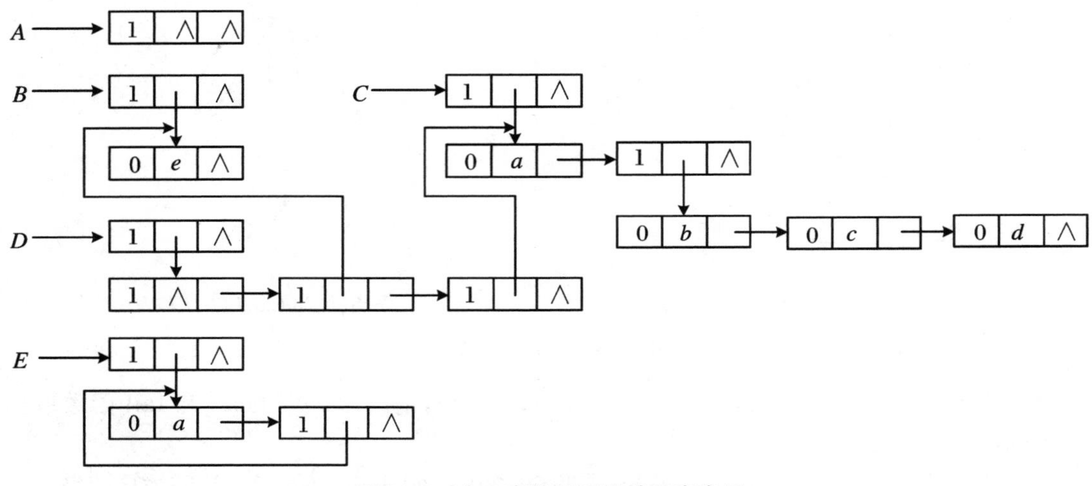


**图 5.15　广义表的扩展线性链表表示**

## 5.5.5　广义表的基本运算算法

### 1. 求广义表的长度 GListLength( *g)

在广义表中,同一层次的每个结点是通过 tp 域链接起来的,可以将它们看成一个单链表。这样,求广义表的长度就是求这个单链表的长度。

```
int GListLength(GLNode *g)
{
    int length=0;                        /* 统计元素个数,初始为 0 */
    GLNode *p=g->ptr.hp;                 /* p 指向广义表的第一个元素 */
    while(p)
    {
        length++;
```

```
        p=p->tp;
    }
    return length;
}
```

**2. 求广义表的深度 GListDepth( * g)**

如果 g 是空广义表,即 g->tag==LIST && g->ptr.hp==NULL,则返回 1。如果 g 是原子,即 g->tag==ATOM,则返回 0。如果 g 是一个非空的广义表,则递归调用 GListDepth 算法求广义表 g 的各元素的深度,广义表 g 的深度等于其所有元素的最大深度加 1。

```
int GListDepth(GLNode *g)
{
    int max, depth;
    GLNode *p;
    if (g->tag==LIST && g->ptr.hp==NULL)          /*如果广义表为空,则返回 1*/
        return 1;
    if (g->tag==ATOM)                              /*如果广义表是原子,则返回 0*/
        return 0;
    p=g->ptr.hp;
    for (max=0; p; p=p->tp)                        /*逐层处理广义表*/
    {
        depth=GListDepth(p);
        if (max<depth)
            max=depth;
    }
    return max+1;
}
```

**3. 创建广义表 CreatGL( * s)**

建立广义表的扩展线性链表存储结构的算法是一个递归算法,它使用广义表括号表示字符串参数 s,返回创建的广义表的扩展线性链表的头结点指针 h。

算法的执行过程是:扫描 s 的字符,如果遇到的是小写英文字母,表明它是一个原子,则应创建由 h 指向的原子结点。该结点的 tag 域置为 ATOM,atom 域存入该字符;如果其后的字符是',',则递归构造','的下一字符开始的广义表,将返回的表头指针存入结点的 tp 域,否则当前字符为该层的最后一个元素,结点的 tp 域置空。最后,返回原子结点指针 h。当遇到的是'(',表明它是一个表/子表的开始,应创建一个由 h 指向的表结点。该表结点的 tag 域置为 LIST;递归构造'('后一字符开始的广义表,将返回的表头指针存入表结点的 hp 域;找到与此'('配对的')',如果')'的后面是',',则递归构造','的下一字符开始的子表存入表结点的 tp 域,否则意味着该子表是其所在层的最后一个元素,将表结点的 tp 域置空。最后,返回表结点指针 h。

```
GLNode *CreatGL(char *s)
{   GLNode *h;
    int lno, rno;
    char ch, *s1;
    ch= *s;                                /* ch 为当前扫描字符 */
    s++;                                   /* s 为下一字符 */
    if (ch! ='\0')                         /* 串未结束 */
    {
        if (ch>='a'&&ch<='z')              /* 当前字符为字母,需构建原子结点 */
        {
            h=(GLNode *)malloc(sizeof(GLNode));              /* 创建新原子结点 */
            h->tag=ATOM;                                     /* 设置原子结点的 tag */
            h->ptr.atom=ch;                                  /* 原子结点填字母 */
            if (*s==',')                                     /* 如果下一字符为',' */
            {
                s++;                   /* ','的下一字符为当前结点的同一层的下一元素 */
                h->tp=CreatGL(s);
                /* 当前字符结点的 tp 非空,递归构造当前字符的同层次下一元素 */
            }
            else
                h->tp=NULL;            /* 当前字符为同一层次的最后一个元素 */
            return h;
        }
        else if (ch=='(')                  /* 当前字符为'(',需构建子表结点 */
        {
            lno=1;   rno=0;            /* 分别就记录左右括号的个数 */
            h=(GLNode *)malloc(sizeof(GLNode));      /* 创建新的子表结点 */
            h->tag=LIST;                                     /* 设置表结点的 tag */
            h->ptr.hp=CreatGL(s);          /* 递归构造子表并链接到表结点的 hp 域 */
            s1=s;                      /* 用 s1 扫描'('后面的字符串 */
            while ((*s1)! ='\0')
            {
                if ((*s1)=='(')  lno++;
                else if ((*s1)==')')
                    {   rno++;
                        if (lno==rno) break;
                                   /* 左右括号数相等时的')'是与 ch 匹配的')' */
                    }
                s1++;
            }
            s1++;                      /* 找到匹配的')'的后面一个字符 */
            if ((*s1)==',')            /* 如果')'的后面是',' */
            {   s1++;
```

```
                h->tp=CreatGL(s1);          /* 递归构造','的下一字符开始的子表 */
            }
            else            /* 如果')'的后面不是',',则意味着没有下一元素 */
                h->tp=NULL;                 /* h的tp域置空链 */
            return h;                       /* 返回广义表指针 */
        }
    }
    return NULL;                            /* 其他情况返回空指针 */
}
```

**4. 输出广义表 GListLength( *g)**

扫描广义表的扩展线性链表g,如果g是表结点,则先输出'(',如果其子表非空,则调用递归算法DispGList,输出子表的内容,然后输出')';如果g是原子结点,则输出原子结点的值。如果g的tp域非空,则输出',',然后调用递归算法DispGList将g同一层的下一元素对应的广义表输出。

```
void DispGList(GLNode *g)
{
    if (g->tag==LIST)
    {
        printf("(");                /* 如果子表存在,先输出'(' */
        if (g->ptr.hp==NULL)
            printf("");
        else
            DispGList(g->ptr.hp);
        printf(")");                /* 输出子表最后的')' */
    }
    else                            /* 如果是原子,输出原子结点的值 */
        printf("%c",g->ptr.atom);
    if (g->tp!=NULL)
    {
        printf(",");                /* 输出',' */
        DispGList(g->tp);
    }
}
```

# 第 6 章　树和二叉树

## 学习要求

1. 理解树、二叉树的定义和基本术语。

2. 掌握树、二叉树的性质、存储结构和相关算法。

3. 熟练掌握二叉树的各种遍历的算法，能够灵活利用二叉树的遍历算法实现二叉树的其他相关操作。

4. 掌握树和二叉树之间的转换。

5. 理解二叉树线索化的实质，熟练掌握二叉树的线索化过程以及在中序线索化树上查找给定结点的前驱和后继的方法。

6. 掌握哈夫曼树的特征、构造方法、哈夫曼编码方法及应用。

## 学习重点

1. 二叉树的性质和存储结构。

2. 二叉树的遍历算法及其应用。

3. 线索二叉树的构造及遍历。

4. 哈夫曼树和哈夫曼编码。

## 知识单元

树形结构是一类重要的非线性数据结构，其中以树和二叉树最为常见。直观来看，树是以分层关系定义的层次结构。树形结构在客观世界中广泛存在，如人类社会的族谱和各种社会组织机构都可用树来形象表示。树在计算机领域中也得到了广泛应用，如在编译程序中，可用树来表示源程序的语法结构。又如在数据库系统中，树形结构也是信息的重要组织形式之一。

# 6.1　树的基本概念

## 6.1.1　树的定义

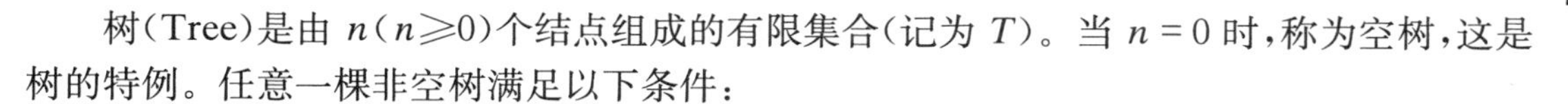

树(Tree)是由 $n(n\geqslant 0)$ 个结点组成的有限集合(记为 $T$)。当 $n=0$ 时,称为空树,这是树的特例。任意一棵非空树满足以下条件:

(1) 有且仅有一个称为根(Root)的结点。

(2) 除根结点之外,其余的 $n-1$ 个结点可划分为 $m(m\geqslant 0)$ 个互不相交的有限集 $T_1$, $T_2, \cdots, T_m$,其中每个集合 $T_i(1\leqslant i\leqslant m)$ 本身又是一棵符合本定义的树,称为根的子树。

树的定义采用了递归定义的方法,即树的定义中又用到了树的概念,这正好反映了树的固有特性,即一棵树由若干棵互不相交的子树构成,而子树又由更小的若干棵子树构成。

图 6.1(a)是一棵包含 13 个结点的树,其中,A 是根结点,其余结点分成 3 个互不相交的子集 $T_1=\{B,E,F\}$, $T_2=\{C,G,J\}$ 和 $T_3=\{D,H,I,K,L,M\}$, $T_1$、$T_2$ 和 $T_3$ 分别都是一棵树,即为根 A 的子树。其中,子树 $T_3$ 的根结点为 D,其余的 5 个结点又分为 2 棵子树 $T_{31}=\{H\}$ 和 $T_{32}=\{I,K,L,M\}$。

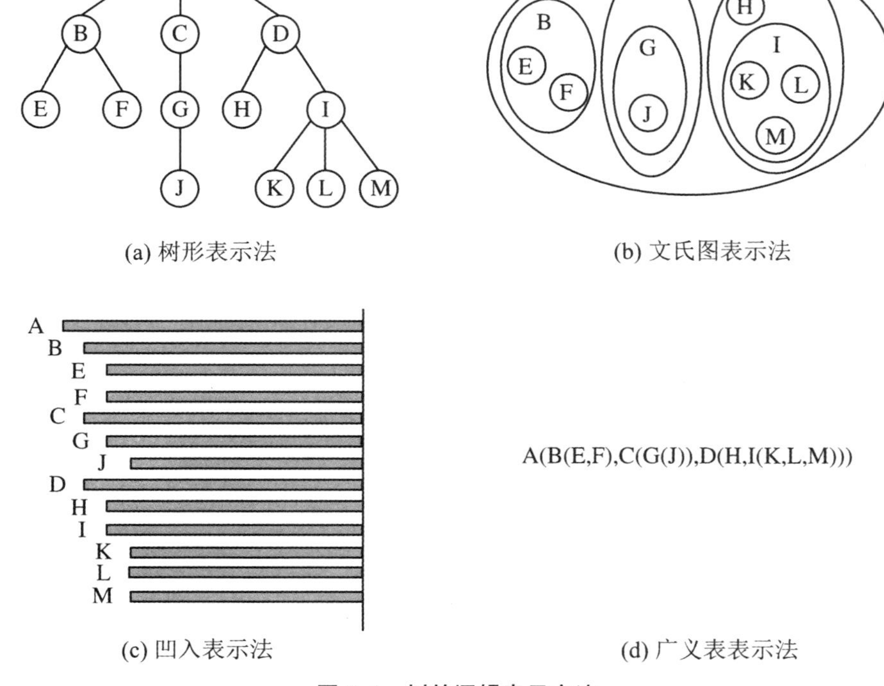


(a) 树形表示法　　(b) 文氏图表示法

(c) 凹入表示法　　(d) 广义表表示法

**图 6.1　树的逻辑表示方法**

## 6.1.2　树的逻辑表示方法

**1. 树形表示法**

如图 6.1(a)所示,使用一棵倒置的树表示树形结构,这是树最常见的表示方法,它能够非常直观和形象地表示出树的逻辑结构和结点之间的关系。

**2. 文氏图表示法**

如图 6.1(b)所示,在这种表示法中,根结点表示为一个大的集合,各子树构成其中互不相交的子集合,各子集合再嵌套下一层子集合。由于使用集合以及集合的包含关系来描述树形结构,因此也称为嵌套集合表示法。

**3. 凹入表示法**

如图 6.1(c)所示,这种表示方法类似于书的章节目录,它使用线段的伸缩来描述树形结构。

**4. 广义表表示法**

如图 6.1(d)所示,将树的根结点写在括号的左边,除根结点之外的其余结点写在括号中,并用逗号间隔,以此来描述树形结构。由于结点之间的关系是通过括号的嵌套来表示的,因此该方法也称为括号表示法。

## 6.1.3　树的基本术语

**1. 结点的度和树的度**

树中某个结点的子树的个数称为该结点的度(Degree)。例如,在图 6.1(a)所示的树中,结点 A 有 3 棵子树,因此,结点 A 的度为 3;结点 E 无子树,因此,结点 E 的度为 0。

树中所有结点的度的最大值称为树的度。例如,图 6.1(a)所示的树的度为 3。通常,将度为 $m$ 的树称为 $m$ 次树。因此,该树是一棵 3 次树。

**2. 叶子结点和分支结点**

度为 0 的结点称为叶子结点或终端结点。度不为 0 的结点称为分支结点或非终端结点。例如,在图 6.1(a)所示的树中,叶子结点有 E、F、J、H、K、L、M,分支结点有 A、B、C、D、G、I。在分支结点中,每个结点的分支数就是该结点的度。例如,对于度为 1 的结点,其分支数为 1,常称其为单分支结点;对于度为 2 的结点,其分支数为 2,常称其为双分支结点,其余类推。

**3. 孩子结点、双亲结点和兄弟结点**

在一棵树中,每个结点的直接后继被称作该结点的孩子结点。相应地,该结点被称作孩子结点的双亲结点,具有同一双亲的孩子结点互为兄弟结点。例如,在图 6.1(a)所示的树中,结点 A 的孩子结点是 B、C 和 D;B、C 和 D 的双亲结点都是 A。由于具有相同的双亲结点 A,因此,B、C 和 D 互为兄弟结点。

**4. 子孙结点和祖先结点**

一个结点的所有子树中的结点称为该结点的子孙结点,从树根结点到达该结点的路径上经过的所有结点称为该结点的祖先结点。例如,H、I、K、L、M 都是 D 的子孙,A、D、I 都是 M 的祖先。

**5. 路径和路径长度**

对于任意两个结点 $k_i$ 和 $k_j$，若树中存在一个结点序列 $k_i, k_{i1}, k_{i2}, \cdots, k_{in}, k_j$，使得序列中除 $k_i$ 外的任一结点都是其在序列中的前一个结点的后继，则称该结点序列为由 $k_i$ 到 $k_j$ 的一条路径，用路径所通过的结点序列$(k_i, k_{i1}, k_{i2}, \cdots, k_j)$表示这条路径。路径的长度等于路径所通过的结点数目减1(即路径上的分支数目)。可见，路径就是从 $k_i$ 出发"自上而下"到达 $k_j$ 所通过的树中结点的序列。显然，从树的根结点到树中其余结点均存在一条路径。例如，A到K的路径为(A,D,I,K)，其路径长度为3。

**6. 结点的层次和树的高度**

树中的每个结点都处在一定的层次上。结点的层次是从树根开始定义的，根结点为第1层，它的孩子结点为第2层，以此类推，一个结点所在的层次为其双亲结点所在的层次加1。树中结点的最大层次称为树的高度或深度。例如，图6.1(a)所示的树的高度为4，其中，G结点在第3层，L结点在第4层。

**7. 有序树和无序树**

如果树中各结点的子树是按照一定的次序从左向右安排的，且相对次序是不能随意变换的，则称为有序树，否则称为无序树。

**8. 森林**

$m(m>0)$棵互不相交的树的集合称为森林。森林的概念与树的概念十分相近，因为只要把树的根结点删去，树就变成了森林。反之，只要给 $n$ 棵独立的树加上一个结点，并把这 $n$ 棵树作为该结点的子树，则森林就变成了树。

## 6.1.4 树的抽象数据类型描述

树形结构常用于表示具有层次关系的数据。树的抽象数据类型描述如下：

```
ADT  Tree{
    数据对象：
        D={ai|1≤i≤n,n≥0,ai为ElemType类型} //ElemType是自定义类型标识符
    数据关系：
        R={< ai,aj>|ai、aj∈D,1≤i, j≤n,其中,有且仅有一个结点无前驱结点,
    其余每个结点只有一个前驱结点,但可以有零个或多个后继结点}
    基本运算：
        InitTree(&t):初始化树,即构造一棵空树t。
        DestroyTree(&t):销毁树,即释放树t占用的内存空间。
        TreeHeight(t):求树t的高度。
        ……
}
```

## 6.1.5 树的性质

**性质1 树中的结点数等于所有结点的度数加1**

证明：根据树的定义，在一棵树中，除树的根结点外，每个结点有且仅有一个前驱结点。

也就是说,每个结点与指向它的一个分支一一对应,所以除树根之外的结点数等于所有结点的分支数(度数),从而可得树中的结点数等于所有结点的度数加1。

**性质2 度为 $m$ 的树中第 $i$ 层上至多有 $m^{i-1}$ 个结点($i \geqslant 1$)**

证明:采用数学归纳法,对于第一层,因为树中的第一层上只有一个结点,即整个树的根结点,而由 $i=1$ 代入 $m^{i-1}$,得 $m^{i-1}=m^{1-1}=1$,也同样得到只有一个结点,显然结论成立。

假设对于第 $i-1$ 层($i>1$)命题成立,即度为 $m$ 的树中第 $i-1$ 层上至多有 $m^{i-2}$ 个结点,则根据树的度的定义,度为 $m$ 的树中每个结点至多有 $m$ 个孩子结点。所以,第 $i$ 层的结点数至多为第 $i-1$ 层结点数的 $m$ 倍,即至多为 $m^{i-2}\times m=m^{i-1}$ 个,这与命题相同,故命题成立。

**性质3 高度为 $h$ 的 $m$ 次树至多有 $\frac{m^h-1}{m-1}$ 个结点**

证明:由树的性质2可知,第 $i$ 层上最多结点数为 $m^{i-1}$($i=1,2,\cdots,h$),显然当高度为 $h$ 的 $m$ 次树(即度为 $m$ 的树)上每一层都达到最多结点数时,整个 $m$ 次树具有最多结点数,因此有:

$$\text{整个树的最多结点数}=\text{每一层最多结点数之和}=m^0+m^1+m^2+\cdots+m^{h-1}=\frac{m^h-1}{m-1}$$

**性质4 具有 $n$ 个结点的 $m$ 次树的最小高度为 $\lceil \log_m(n(m-1)+1)\rceil$**

证明:设具有 $n$ 个结点的 $m$ 次树的高度为 $h$,若在该树中前 $h-1$ 层都是满的,即每一层的结点数都等于 $m^{i-1}$ 个($1\leqslant i\leqslant h-1$),第 $h$ 层(即最后一层)的结点数可能满,也可能不满,则该树具有最小的高度。其高度 $h$ 可计算如下:

根据树的性质3得

$$\frac{m^{h-1}-1}{m-1}<n\leqslant\frac{m^h-1}{m-1}$$

两边乘以($m-1$)后得

$$m^{h-1}<n(m-1)+1\leqslant m^h$$

以 $m$ 为底取对数后得

$$h-1<\log_m(n(m-1)+1)\leqslant h$$

即

$$\log_m(n(m-1)+1)\leqslant h<\log_m(n(m-1)+1)+1$$

因 $h$ 只能取整数,所以有 $h=\lceil \log_m(n(m-1)+1)\rceil$。

**【例6.1】** 求含有 $n$ 个结点的3次树的最小高度和最大高度。

**解** 根据树的性质4,含有 $n$ 个结点的3次树的最小高度为 $h_{\min}=\lceil \log_3(2n+1)\rceil$。$n$ 个结点的3次树,其高度要想达到最大值,只能有一个结点的度数为3,其余的每一个结点均用来产生新的层次。假设根结点的度为3,则根结点和其3个孩子结点共4个结点,产生的高度为2,剩下的 $n-4$ 个结点产生的最大高度为 $n-4$。所以,含有 $n$ 个结点的3次树的最大高度为 $h_{\max}=n-4+2=n-2$。

## 6.1.6　树的基本运算

树的运算主要分为三类：

(1) 查找满足某种特定关系的结点，如查找当前结点的双亲结点等。

(2) 插入或删除某个结点，如在树的当前结点上插入一个新结点或删除当前结点的第 $i$ 个孩子结点等。

(3) 遍历树中每个结点。

树的遍历运算是指按某种方式访问树中的每一个结点，且每一个结点只被访问一次。树的遍历运算的算法主要有先根遍历、后根遍历和层次遍历三种。注意，下面的先根遍历和后根遍历算法都是递归的。

① 先根遍历

a. 访问根结点；

b. 按照从左到右的次序先根遍历根结点的每一棵子树。

例如，对图6.1(a)所示的树进行先根遍历得到的结点序列为ABEFCGJDHIKLM。

② 后根遍历

a. 按照从左到右的次序后根遍历根结点的每一棵子树；

b. 访问根结点。

例如，对图6.1(a)所示的树进行后根遍历得到的结点序列为EFBJGCHKLMIDA。

③ 层次遍历

从根结点开始，按从上到下，从左到右的次序访问树中的每一个结点。

例如，对图6.1(a)所示的树进行层次遍历得到的结点序列为ABCDEFGHIJKLM。

## 6.1.7　树的存储结构

**1. 双亲存储结构**

这是一种顺序存储结构，用一组连续的存储空间来存储树的所有结点，同时在每个结点中附设一个伪指针指示其双亲结点的位置，如图6.2所示。因为根结点无双亲，故将其伪指针设置为 $-1$。

在这种存储结构中，求某个结点的双亲结点十分容易，但在求某个结点的孩子结点时就需要遍历整个存储结构了。

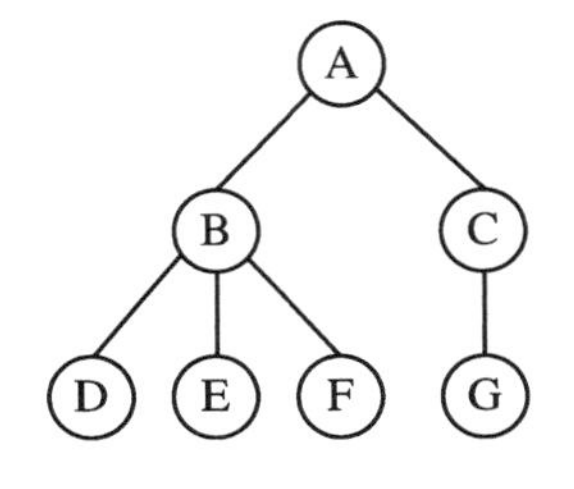


(a) 一棵3次树

| | data | parent |
|---|---|---|
| 0 | A | -1 |
| 1 | B | 0 |
| 2 | C | 0 |
| 3 | D | 1 |
| 4 | E | 1 |
| 5 | F | 1 |
| 6 | G | 2 |

(b) 双亲存储结构

**图6.2　树的双亲存储结构**

**2. 孩子链存储结构**

孩子链存储结构是按树的度(即树中所有结点度的最大值)来设计结点的孩子链域个数。如图 6.3(a)所示是一棵度为 3 的树,其对应的孩子链存储结构如图 6.3(b)所示,其中的每个结点都有 3 个孩子链域。

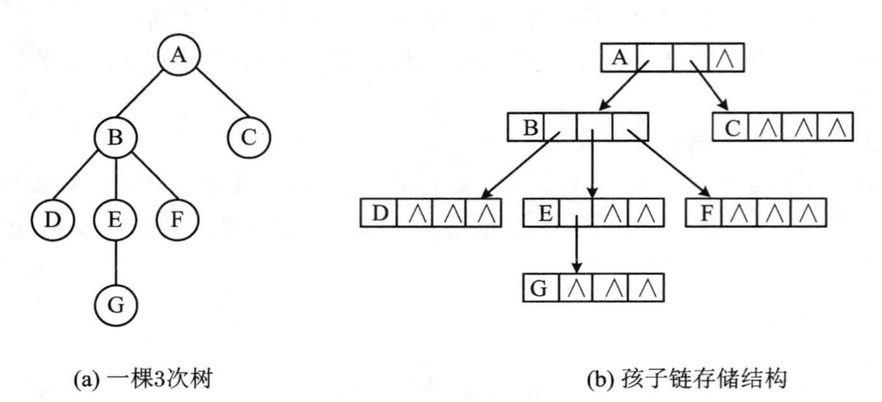


(a) 一棵3次树 (b) 孩子链存储结构

**图 6.3 树的孩子链存储结构**

在孩子链存储结构上查找某个结点的孩子结点十分方便,但当查找某结点的双亲结点时会比较费时。另外,当树的度较大时可能会存在较多的空链域。

**3. 孩子兄弟链存储结构**

孩子兄弟链存储结构是为每个结点设计三个域:一个数据元素域、一个指向该结点的第一个孩子结点的指针域、一个指向该结点的下一个兄弟结点的指针域。图 6.4(a)中的树对应的孩子兄弟链存储结构如图 6.4(b)所示。

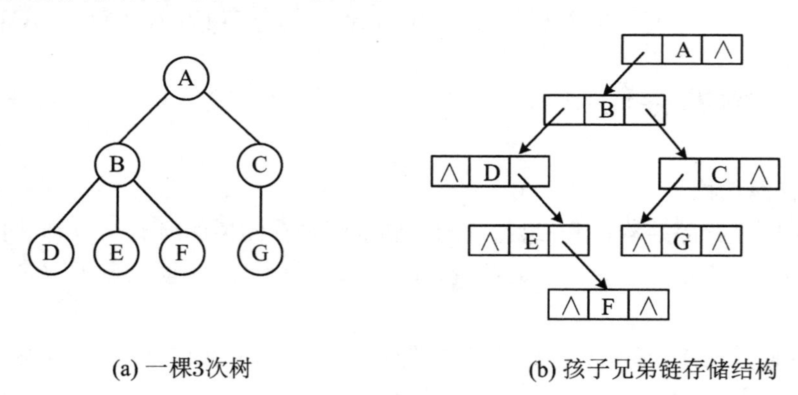


(a) 一棵3次树 (b) 孩子兄弟链存储结构

**图 6.4 树的孩子兄弟链存储结构**

孩子兄弟链存储结构中结点的类型定义如下:

```
typedef struct node                /* 定义孩子兄弟链结构中结点类型 */
{
    ElemType data;                 /* 存放结点的信息 */
    struct node * lc;              /* 指向第一个孩子结点 */
    struct node * rb;              /* 指向下一个兄弟结点 */
} TSBNode;
```

树的孩子兄弟链存储结构固有两个指针域,所以它实际上是把树转换成二叉树的存储结构。这种存储结构的最大优点是可以方便地实现树和二叉树的相互转换,但当查找某结点的双亲结点时会比较麻烦,需要从根结点开始逐个结点进行比较,以便确定查找结果。

**【例 6.2】** 以孩子兄弟链作为树的存储结构,设计一个递归算法,求树 t 的高度。

**解**　树分为空树和非空树两种。若为空树,则其高度为 0;否则,需按如下方法求树的高度。假设非空树的根由 t 指针来标识,求树高(即求 *t 结点的高度)时,如果 *t 结点无孩子,则此树高度为 1;如果 *t 结点有孩子,则树 t 的高度等于 *t 结点的所有孩子结点高度的最大值加 1。对应的递归模型如下:

$$t\begin{cases} ==\text{NULL(空树),高度为 0。} \\ !=\text{NULL(非空树)},t->lc\begin{cases} ==\text{NULL,高度为 1。} \\ !=\text{NULL},\max(t\text{ 的所有孩子结点高度})+1\text{。}\end{cases}\end{cases}$$

问题的关键在于如何求所有孩子结点的高度。由于树采用孩子兄弟链存储结构,所以,*t 结点的第一个孩子是 p=t->lc,其余孩子是 p=p->rb。

```
int TreeHeight(TSBNode *t)
{
    TSBNode *p;
    int h, maxh=0;
    if (t==NULL)  return 0;               /*空树返回 0*/
    elseif (t->lc==NULL)                  /*只有根的非空树返回 1*/
            return 1;
        else
        {   p=t->lc;                      /*指向第 1 个孩子结点*/
            while (p!=NULL)               /*扫描 t 的所有子树*/
            {
                h=TreeHeight(p);          /*求出 p 子树的高度*/
                if (maxh<h)  maxh=h;      /*求所有子树的最大高度*/
                p=p->rb;                  /*继续处理 t 的其他子树*/
            }
            return(maxh+1);               /*返回 maxh+1*/
        }
}
```

# 6.2　二叉树的概念和性质

## 6.2.1　二叉树的定义

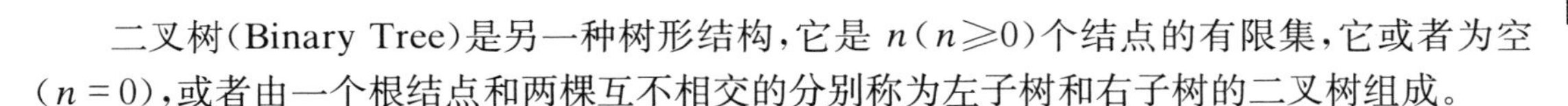

二叉树(Binary Tree)是另一种树形结构,它是 $n(n\geqslant 0)$个结点的有限集,它或者为空$(n=0)$,或者由一个根结点和两棵互不相交的分别称为左子树和右子树的二叉树组成。

二叉树的定义是一种递归定义,它的五种基本形态如图 6.5 所示。

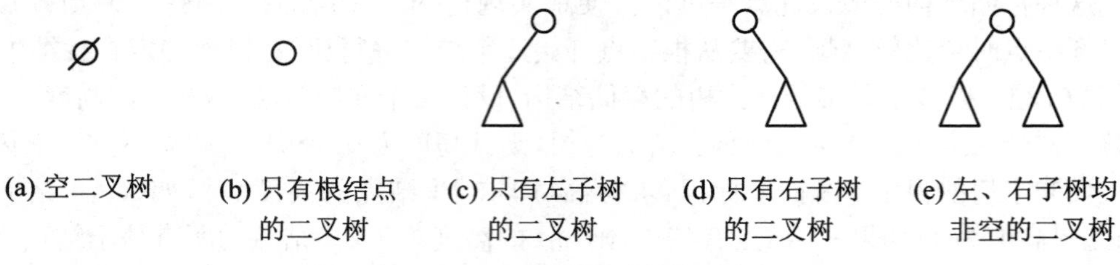


**图 6.5 二叉树的五种基本形态**

二叉树和树一样具有递归性质,有关树的基本术语也都适用于二叉树。二叉树的抽象数据类型描述和树的抽象数据类型也很相似,这里不再介绍。但是,二叉树和树(特别是度为 2 的树)也是有区别的,主要如下:

(1) 二叉树的每个结点至多有两棵子树,也就是在二叉树中,任意一个结点的度都只可能是 0、1 或 2。而在度为 2 的树中,至少有一个结点的度为 2,其余结点的度都必须小于等于 2。

(2) 二叉树的每一棵子树都有左右之分,其次序不能任意颠倒。度为 2 的有序树,当某结点只有一棵子树时,一般不区分左右。

## 6.2.2 二叉树的性质

二叉树具有下列重要性质:

**性质 1 对于任意一棵二叉树 $T$,若其终端结点(叶子)数为 $n_0$,度为 1 的结点数为 $n_1$,度为 2 的结点数 $n_2$,则 $n_0 = n_2 + 1$。**

证明:先看二叉树的结点种类,假设二叉树的结点总数为 $n$,因为二叉树中只可能存在度为 0、1 或 2 的结点,所以 $n = n_0 + n_1 + n_2$。

再看二叉树的分支数,除了根结点外,其余每个结点都有一个来自上层其双亲结点的分支,若 B 为二叉树的分支总数,则 $n = \mathrm{B} + 1$。由于二叉树的所有分支都是由度为 1 或度为 2 的结点发出的,所以又有 $\mathrm{B} = n_1 + 2n_2$,于是,$n = n_1 + 2n_2 + 1$。

将上述两式联合,可得 $n = n_0 + n_1 + n_2 = n_1 + 2n_2 + 1$,故有 $n_0 = n_2 + 1$。

**性质 2 非空二叉树的第 $i(i \geqslant 1)$ 层至多有 $2^{i-1}$ 个结点。**

证明:采用数学归纳法,当 $i = 1$ 时,二叉树只有一个根结点,显然,$2^{i-1} = 2^0 = 1$ 成立。

假设对所有的 $k(1 \leqslant k < i)$ 命题都成立,即非空二叉树的第 $k$ 层上至多有 $2^{k-1}$ 个结点。

由归纳假设,第 $i-1$ 层至多有 $2^{i-2}$ 个结点。由于二叉树每个结点的度至多为 2,故在第 $i$ 层上的最大结点数应为第 $i-1$ 层最大结点数的 2 倍,即 $2 \times 2^{i-2} = 2^{i-1}$,这与命题相同,故原命题成立。

**性质 3 深度为 $k(k \geqslant 1)$ 的二叉树至多有 $2^k - 1$ 个结点。**

证明:由性质 2 可知,深度为 $k$ 的二叉树的最大结点数为

$$\sum_{i=1}^{k}(\text{第 } i \text{ 层上的最大结点数}) = \sum_{i=1}^{k} 2^{i-1} = 2^k - 1$$

在介绍第 4 个性质前,先来看两种特殊形态的二叉树:

(1) 满二叉树:深度为 $k$,结点数为 $2^k - 1$ 的二叉树称为满二叉树,如图 6.6(a)所示。

(2) 完全二叉树:若对满二叉树的结点从上到下、从左至右进行编号,则深度为 $k$ 且有 $n$

个结点的二叉树，当且仅当其每一个结点都与深度为 $k$ 的满二叉树的编号从 1 到 $n$ 一一对应时，称其为完全二叉树，如图 6.6(b)所示。

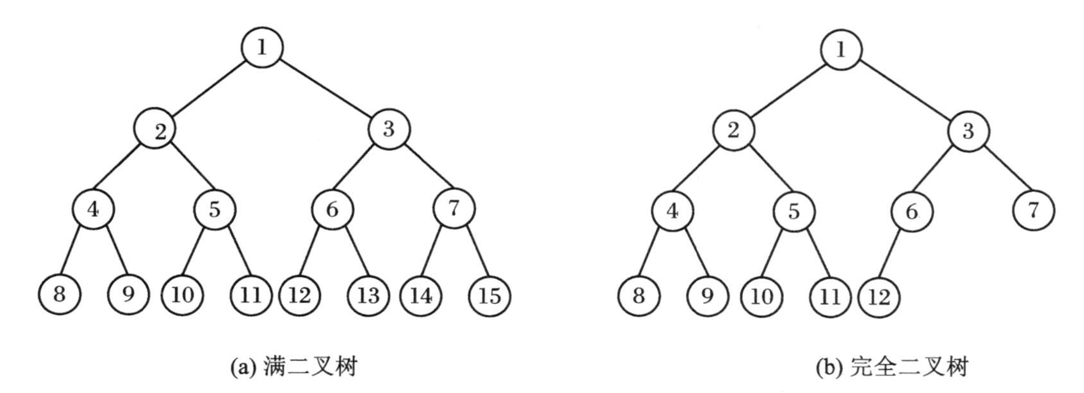


**图 6.6　两种特殊形态的二叉树**

从上述定义可见，满二叉树的叶子结点只能在最下面一层，而完全二叉树的叶子结点可能在最下面两层。满二叉树一定是完全二叉树，而完全二叉树不一定是满二叉树。在完全二叉树中，如果一个结点无左子树，则该结点就不应有右子树。我们可以通过在深度 $k$ 的满二叉树的最下层从右向左连续删除 $n(0\leqslant n\leqslant 2^{k-1}-1)$ 个结点的方式来获得一个深度为 $k$ 的完全二叉树。

**性质 4　对一棵具有 $n$ 个结点的完全二叉树，按从上到下、从左至右的顺序为各结点进行编号，根结点编号为 1，则对任一结点 $i(1\leqslant i\leqslant n)$，有：**

(1) 如果 $i=1$，则结点 $i$ 是二叉树的根，无双亲；否则，其双亲编号为 $\lfloor i/2 \rfloor$。

(2) 如果 $2i>n$，则结点 $i$ 无左孩子(结点 $i$ 为叶子)；否则，其左孩子编号为 $2i$。

(3) 如果 $2i+1>n$，则结点 $i$ 无右孩子；否则，其右孩子编号为 $2i+1$。

在此省略证明过程，读者可由图 6.6 直观地看出性质 4 所描述的结点与编号的对应关系。

**性质 5　具有 $n$ 个结点的完全二叉树的深度为 $\lfloor \log_2 n \rfloor+1$。**

证明：假设具有 $n$ 个结点的完全二叉树的深度为 $k$，则根据性质 3 和完全二叉树的定义有

$$2^{k-1}-1<n\leqslant 2^k-1 \quad 或 \quad 2^{k-1}\leqslant n<2^k$$

于是 $k-1\leqslant \log_2 n<k$，即 $\log_2 n<k\leqslant \log_2 n+1$。因为 $k$ 是整数，所以 $k=\lfloor \log_2 n \rfloor+1$。

**【例 6.3】** (1) 二叉树有 10 个叶子结点，则度为 2 的结点有多少个？

(2) 若二叉树有 7 个度为 2 的结点，则有多少个终端结点？

(3) 若二叉树有 12 个结点，度为 1 的有 5 个，则叶子结点有多少个？

**解**　(1) 二叉树满足 $n_0=n_2+1$，且 $n_0=10$，所以度为 2 的结点数 $n_2=9$。

(2) $n_2=7$，所以 $n_0=n_2+1=8$，即终端结点有 8 个。

(3) 结点总数 $n=n_0+n_1+n_2=12$，度为 1 的结点数 $n_1=5$，所以，$n_0+n_2=7$；又因为 $n_0=n_2+1$，故有 $n_0=4$，即叶子结点有 4 个。

**【例 6.4】** 深度为 5 的二叉树，求其结点个数的最大值和最小值。

**解**　当深度为 5 的二叉树是满二叉树时，结点个数最多，此时的结点总数应为 $2^5-1=31$ 个；如果每层只有 1 个结点，则结点总数最少，此时结点总数为 5 个。

**【例 6.5】** $n$ 个结点的满二叉树,求叶子结点的个数。

**解** 满二叉树的叶子结点全部集中在最后一层,如果假设该二叉树的高度为 $k$,则有 $n=2^k-1$,最后一层的结点数为 $2^{k-1}=(n+1)/2$,即叶子结点有$(n+1)/2$个。

# 6.3 二叉树的存储结构

与线性表类似,二叉树的存储结构也可以采用顺序存储和链式存储两种方式。

## 6.3.1 二叉树的顺序存储结构

二叉树的顺序存储结构是用一组地址连续的存储单元依次存放二叉树中各结点的数据元素。为了能够在存储结构中反映出结点之间的逻辑关系,必须将二叉树的结点按照一定的规律安排在这组连续的存储单元中。

由二叉树的性质 4 可知,对于完全二叉树和满二叉树,其结点的编号可以唯一地反映出结点之间的逻辑关系。所以,如果对二叉树中的每个结点进行编号,其编号从小到大的顺序就是结点存放在连续存储单元中的先后次序。图 6.7 所示的是二叉树及其对应的顺序存储结构。由于 C/C++语言中数组的起始下标为 0,为了保持编号与下标一致,这里下标为 0 的元素不用(可以存入表示空结点的'#'),即编号为 $i$ 的结点存放在数组下标为 $i$ 的元素中。

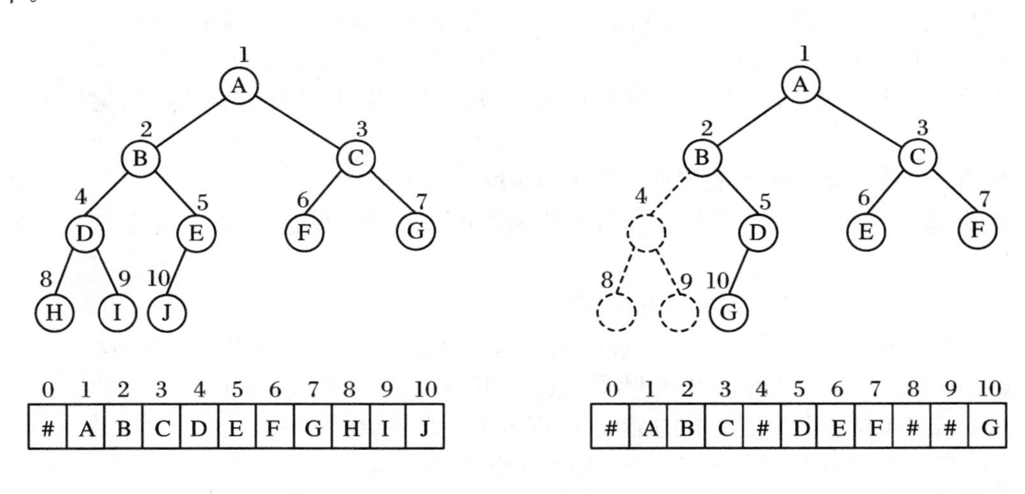


(a) 完全二叉树及其顺序存储结构　　(b) 一般二叉树及其顺序存储结构

**图 6.7 二叉树及其顺序存储结构**

从图 6.7(b)可以看出,一般二叉树采用顺序存储结构后,二叉树中各结点的编号与等高度的完全二叉树中相同位置的结点编号相同。这样,对于一个编号(也就是下标)为 $i$ 的结点,如果有双亲,则其双亲结点的编号(也就是下标)为$\lfloor i/2 \rfloor$;如果有左孩子,则其左孩子结点的编号为 $2i$;如果有右孩子,则其右孩子结点的编号为 $2i+1$。

二叉树的顺序存储结构的类型声明如下：

```
#define MaxSize 100
typedef ElemType SqBinTree[MaxSize];            /*1号单元存储根结点*/
```

图6.7(b)所示的二叉树的顺序存储结构可描述为

```
SqBinTree bt="#ABC#DEF##G";
```

完全二叉树或满二叉树采用顺序存储结构比较合适，这样既能够最大可能地节省存储空间，又可以利用数组元素的下标来确定结点在二叉树中的位置和结点之间的关系。而对于一般二叉树，若采用顺序存储结构，则可能会浪费很多空间。例如，右单支树(除叶子结点外，每个结点都只有一个右孩子)就是一个极端情况。在这种情况下，$n$ 个结点的右单枝树要占用 $2^n-1$ 个元素的存储空间，而实际只存储了 $n$ 个有效结点。

由于在顺序存储结构的二叉树上执行插入、删除等运算十分不便。因此，对于一般二叉树通常采用链式存储结构。

## 6.3.2　二叉树的链式存储结构

从二叉树的定义可知，二叉树的结点由一个数据元素和分别指向其左、右子树的两个分支构成。因此，表示二叉树的链表中的结点至少应包含三个域：数据域和左、右孩子链域，如图6.8(a)所示。有时，为了方便查找结点的双亲，还可以在结点结构中增加一个指向其双亲结点的指针域，如图6.8(b)所示。利用这两种结点结构构造的二叉树的存储结构分别称为二叉链表和三叉链表，如图6.9所示。

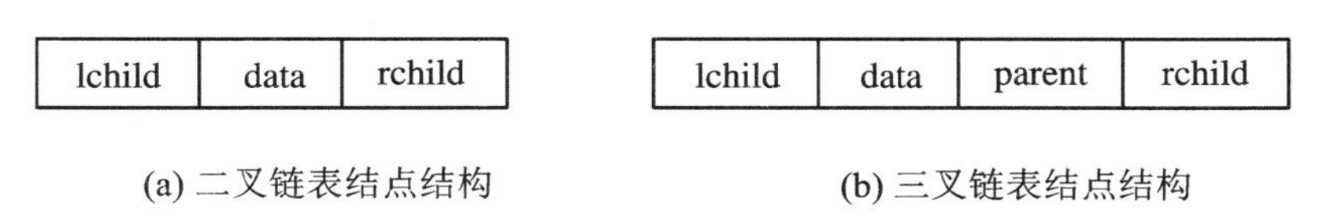


**图6.8　二叉树的结点结构**

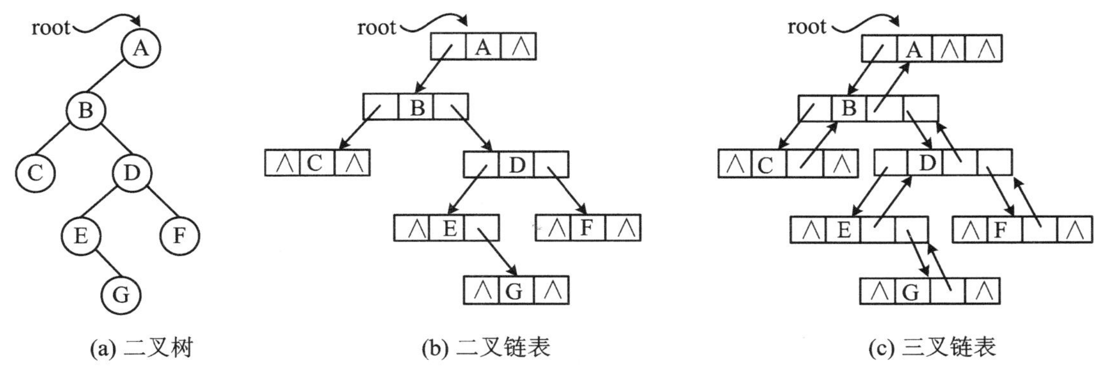


**图6.9　二叉树及其链式存储结构**

由于在不同的存储结构中，实现二叉树的操作方法是不相同的。因此，在具体应用中采用哪一种存储结构，除根据二叉树的形态之外，还应考虑需进行何种操作。后续的二叉树遍历及其应用的算法均采用二叉链表来实现。二叉链表中的结点类型BTNode的声明如下：

```
typedef struct node
{
    ElemType data;                    /* 数据域 */
    struct node *lchild, *rchild;     /* 左、右孩子链域 */
} BTNode;
```

其中,data 是数据域,用来保存结点对应的数据元素;lchild 和 rchild 是链域,分别用来保存左孩子结点和右孩子结点(即左、右子树的根结点)的存储位置。

容易证明,在含有 $n$ 个结点的二叉链表中共有 $n+1$ 个空链域。在 6.7 节中将会看到,可以利用这些空链域来存储其他有用的信息,从而得到另一种链式存储结构——线索二叉链表。

## 6.4 二叉树的基本运算

本节采用二叉链表存储结构讨论二叉树的基本运算算法。

**1. 创建二叉树 CreateBTree( *&b, *str)**

假设采用括号表示法表示的二叉树字符串 str 是正确的,扫描字符串 str,创建以 *b 为根结点的二叉链表存储结构。

用 ch 扫描二叉树字符串 str,可能遇到如下四种情况:

(1) 若 ch='(':表示前面刚创建的结点存在孩子结点,需要将其作为双亲结点入栈,然后处理该结点的左孩子,置 $k=1$(表示其后创建的结点将作为当前栈顶结点的左孩子)。

(2) 若 ch=')':表示以栈顶结点为根结点的左、右子树均创建完毕,将其退栈。

(3) 若 ch=',':表示开始处理栈顶结点的右孩子结点,置 $k=2$(表示其后创建的结点将作为当前栈顶结点的右孩子)。

(4) 其他情况:只可能是单个字母,对应二叉树中的某个结点值。表示要创建一个结点,并根据 $k$ 值建立它与栈顶结点之间的关系。当 $k=1$ 时,该结点为栈顶的左孩子;当 $k=2$ 时,该结点为栈顶的右孩子。

如此循环,直到字符串 str 被扫描并处理完毕。

对应的算法如下:

```
void CreateBTree(BTNode *&b, char *str)          /* 创建二叉树 */
{
    BTNode *St[MaxSize], *p;                      /* 栈 St 保存双亲结点 */
    int top=-1, k, j=0;
    char ch;
    b=NULL;                                       /* 建立的二叉树初始时为空 */
    ch=str[j];
    while (ch!='\0')                              /* str 未扫描完时循环 */
    {
```

```
        switch(ch)
        {
            case '(':                              /* 开始处理左孩子结点 */
                    top++; St[top]=p; k=1; break;
            case ')':                              /* 栈顶结点的子树处理完毕 */
                    top--; break;
            case ',':                              /* 开始处理右孩子结点 */
                    k=2; break;
            default:
                    p=(BTNode *)malloc(sizeof(BTNode));          /* 创建一个结点 */
                    p->data=ch; p->lchild=p->rchild=NULL;
                    if (b==NULL)               /* p所指结点为二叉树的根 */
                        b=p;
                    else                       /* 已建立二叉树的根结点 */
                    {
                        switch(k)
                        {
                            case 1:            /* 新结点作为栈顶结点的左孩子 */
                                St[top]->lchild=p;break;
                            case 2:            /* 新结点作为栈顶结点的右孩子 */
                                St[top]->rchild=p;break;
                        }
                    }
        }
        j++;                                       /* 继续扫描下一字符 */
        ch=str[j];
    }
}
```

例如,对于括号表示的字符串"A(B(D(,G)),C(E,F))",其对应的二叉树如图6.10所示,利用上述算法创建二叉链表存储结构的过程如图6.11所示。

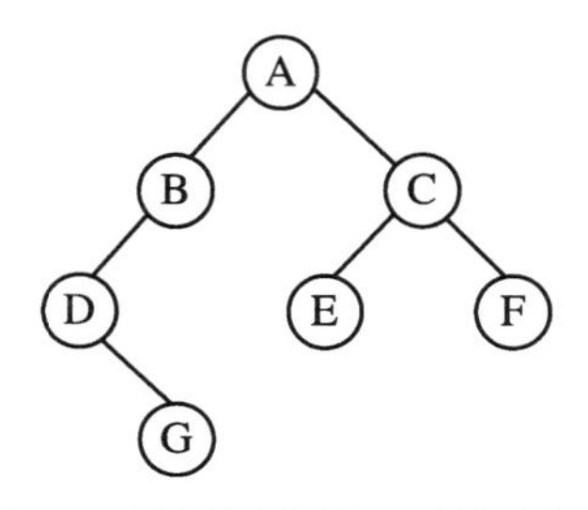


**图6.10　二叉树"A(B(D(,G)),C(E,F))"**

**2．输出二叉树 DispBTree(*b)**

由于二叉树是递归的数据结构,因此,对于非空二叉树b,输出其对应的括号表示时,可以先输出其根结点的值,当它存在孩子结点时,输出一个'(',然后递归处理左子树,若有右子树,再输出一个',',然后递归处理右子树,最后输出一个')'。

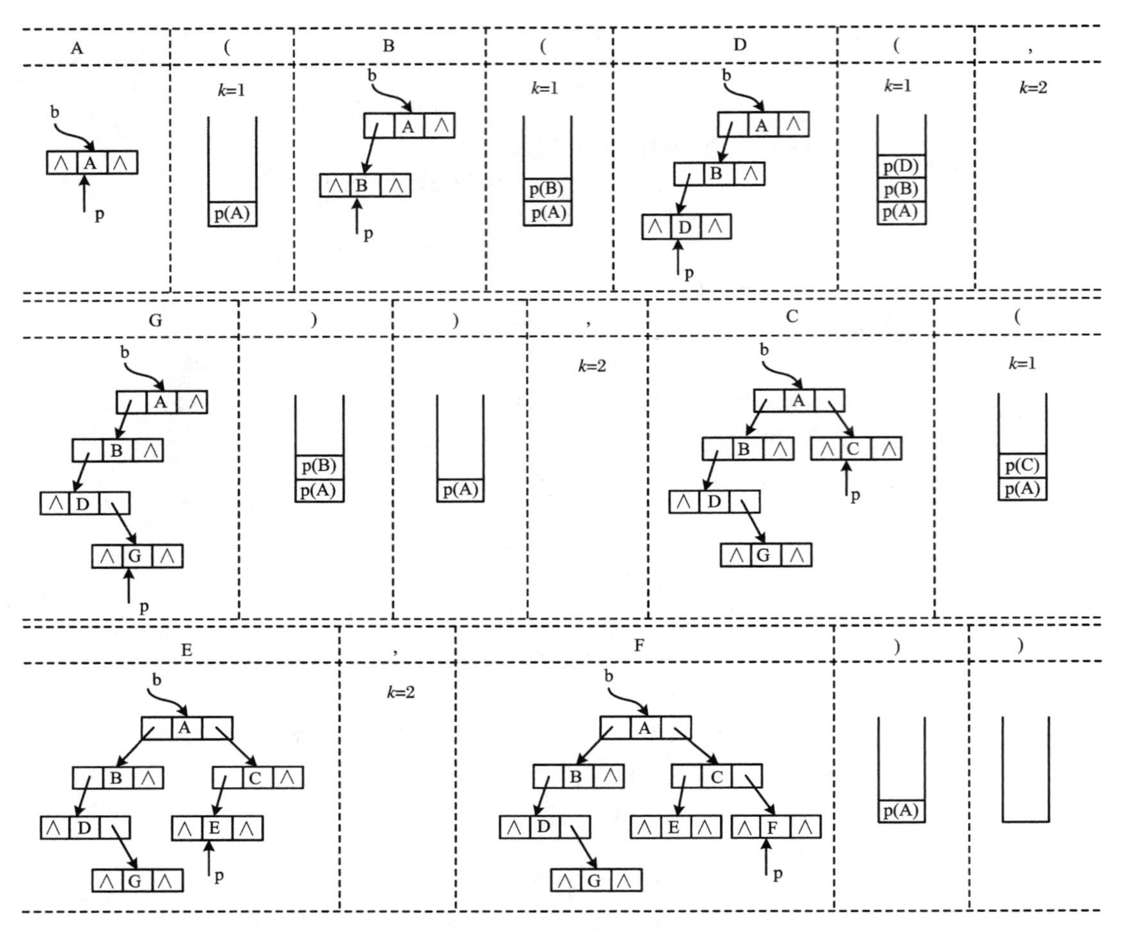


**图 6.11 二叉链表的创建过程**

对应的算法如下：

```
void DispBTree(BTNode *b)
{
    if (b! = NULL)              /* 非空二叉树 */
    {   printf("%c",b->data);                            /* 输出根结点 */
        if (b->lchild! = NULL ‖ b->rchild! = NULL)       /* 有孩子结点时 */
        {   printf("(");                                 /* 输出( */
            DispBTree(b->lchild);                        /* 递归处理左子树 */
            if (b->rchild! = NULL) printf(",");          /* 有右孩子结点时输出, */
            DispBTree(b->rchild);                        /* 递归处理右子树 */
            printf(")");                                 /* 输出) */
        }
    }
}
```

**3．查找二叉树中的结点 FindBTNode( *b, *x*)**

在二叉树 b 中查找值为 *x* 的结点，返回该结点的指针。如果二叉树为空，则返回

NULL。否则,若根结点的值为 $x$,则返回 b;若根结点的值不是 $x$,则先在左子树上查找,如果能找到值为 $x$ 的结点,则返回结点的指针;如果左子树上未找到值为 $x$ 的结点,则在右子树上查找,并返回查找结果的指针。

对应的算法如下:

```
BTNode * FindBTNode(BTNode * b, ElemType x)
{
    BTNode * p;
    if (b= =NULL)                       /* 空二叉树 */
        return NULL;                    /* 返回 NULL */
    elseif (b->data= =x)                /* 非空二叉树的根结点值为 x */
            return b;                   /* 返回 b */
        else                            /* 非空二叉树的根结点值不是 x */
        {   p=FindBTNode(b->lchild,x);
                                        /* 递归处理,在左子树上查找值为 x 的结点 */
            if (p! =NULL)               /* 左子树上有值为 x 的结点 */
                return p;               /* 返回 b */
            else                        /* 左子树上没有值为 x 的结点 */
                return FindBTNode(b->rchild,x);
                                        /* 递归处理,在右子树上查找值为 x 的结点 */
        }
}
```

**4. 求二叉树的高度 BTHeight( * b)**

二叉树的高度等于其左、右子树高度的最大值加 1。而左、右子树高度的求解方法与整棵二叉树高度的求解方法是一致的,所以可以用递归的方法来求二叉树的高度。

递归模型如下:

$$f(\mathrm{b}) = \begin{cases} 0 & \mathrm{b} = \mathrm{NULL} \\ \max\{f(\mathrm{b} -> \mathrm{lchild}), f(\mathrm{b} -> \mathrm{rchild})\} + 1 & \text{其他情况} \end{cases}$$

对应的算法如下:

```
int BTHeight(BTNode * b)
{
    int lchildh, rchildh;
    if (b= =NULL)   return 0;               /* 空二叉树,高度为 0 */
    else                                    /* 非空二叉树 */
    {
        lchildh=BTHeight(b->lchild);        /* 递归处理,求左子树高度 */
        rchildh=BTHeight(b->rchild);        /* 递归处理,求右子树高度 */
        return (lchildh>rchildh)? (lchildh+1):(rchildh+1);
    }
}
```

**5. 销毁二叉树 DestroyBTree( * &b)**

非空二叉树的销毁可以分解为三部分完成,即销毁左子树、销毁右子树和销毁根结点。

而左、右子树的销毁和整个二叉树的销毁方法是一致的,故可以用递归的方法来实现。

递归模型如下:

$$f(b)=\begin{cases}\text{不做任何事情} & b = NULL \\ f(b->lchild);f(b->rchild);free(b) & \text{其他情况}\end{cases}$$

对应的算法如下:

```
void DestroyBTree(BTNode *&b)
{   if (b! =NULL)                      /*非空二叉树*/
    {   DestroyBTree(b->lchild);       /*销毁左子树*/
        DestroyBTree(b->rchild);       /*销毁左子树*/
        free(b);                       /*释放根结点*/
    }
}
```

# 6.5 二叉树的遍历

## 6.5.1 二叉树遍历的概念

遍历也称周游,二叉树遍历(Traversal)就是按照某种顺序对二叉树中的每个结点访问且仅访问一次的过程。访问的含义很广,可以是查询、计算、修改、输出结点的值等。二叉树的遍历本质上是将非线性结构线性化,它是二叉树各种运算和操作的实现基础,需要高度重视。

二叉树是递归的数据结构,从二叉树结构的整体来看,非空二叉树可以分为根结点 T、左子树 L 和右子树 R 三部分,只要遍历了这三部分,就遍历了整棵二叉树。由这三部分组成的遍历方案共有六种,即 TLR、TRL、LTR、RTL、LRT 和 RLT。若限定先左后右,则只有 TLR、LTR、LRT 三种,分别称为先(前)序遍历(先根遍历)、中序遍历(中根遍历)、后序遍历(后根遍历)。另外,还有一种常见的层次遍历。

**1. 先序遍历(TLR)**

若二叉树为空,则空操作,否则:

(1) 访问根结点;

(2) 先序遍历左子树;

(3) 先序遍历右子树。

**2. 中序遍历(LTR)**

若二叉树为空,则空操作,否则:

(1) 中序遍历左子树;

(2) 访问根结点;

(3) 中序遍历右子树。

**3．后序遍历(LRT)**

若二叉树为空，则空操作，否则：

(1) 后序遍历左子树；

(2) 后序遍历右子树；

(3) 访问根结点。

**4．层次遍历**

若二叉树为空，则空操作，否则：

(1) 访问第 1 层的结点(根结点)；

(2) 从左到右访问第 2 层的所有结点；

(3) 从左到右访问第 3 层的所有结点；

……

(h) 从左到右访问第 $h$ 层(设其高度为 $h$)的所有结点。

**【例 6.6】** 求图 6.12 所示二叉树的先序、中序、后序遍历序列和层次遍历序列。

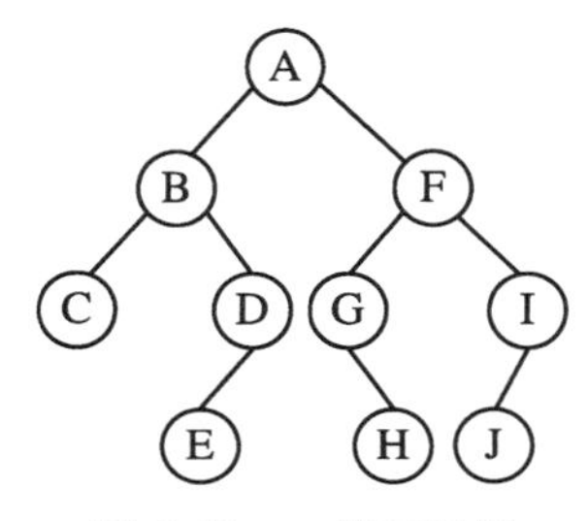


**图 6.12　一棵二叉树**

**解**　先序遍历的规则是先访问根结点，然后先序遍历左子树，再先序遍历右子树。其遍历过程可描述如下：

(1) A ______（$A_L$） ______（$A_R$）

(2) A B ______（$B_L$） ______（$B_R$）　F ______（$F_L$） ______（$F_R$）
　　B　$B_L$　$B_R$ 构成 $A_L$；F　$F_L$　$F_R$ 构成 $A_R$

(3) A B C（$B_L$） D E（$B_R$）　F G H（$F_L$） I J（$F_R$）
　　$B_L$　$B_R$ 构成 $A_L$；$F_L$　$F_R$ 构成 $A_R$

因此，先序遍历序列为 ABCDEFGHIJ。

按同样的方法可得中序遍历序列为 CBEDAGHFJI，后序遍历序列为 CEDBHGJIFA。由于层次遍历是从上到下，从左到右逐层访问各结点，因此，该二叉树的层次遍历序列为 ABFCDGIEHJ。

## 6.5.2　表达式二叉树的遍历

**1．用二叉树表示表达式**

如果表达式为一个数或者简单变量，则相应二叉树只有根结点，其数据域存放表达式信息;否则,表达式均可写成〈第一操作数〉〈运算符〉〈第二操作数〉形式。其中,"运算符"可用二叉树的根结点表示,"第一操作数"用二叉树的左子树表示,"第二操作数"用二叉树的右子树表示,操作数本身也可以是表达式。例如,算术表达式 a+b×(c−d)−e/f 的二叉树表示形式如图 6.13 所示。

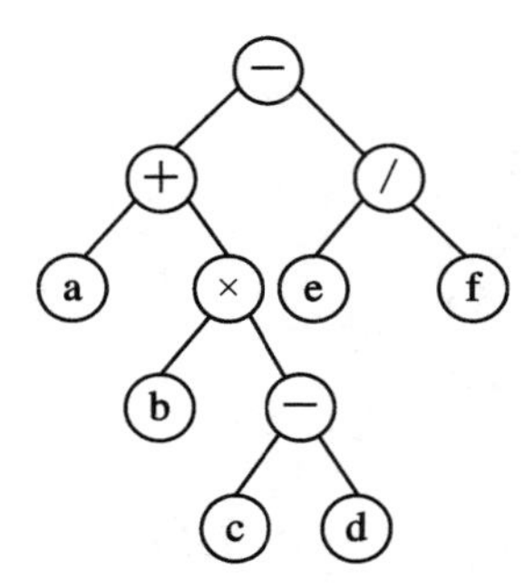


**图 6.13　表达式 a+b×(c−d)−e/f 的二叉树**

**2. 表达式二叉树遍历的意义**

对表示算术表达式的二叉树进行先序、中序、后序遍历,可以得到二叉树的先序、中序、后序遍历序列,这正是表达式的前缀、中缀和后缀表示。其中,表达式的前缀表示称为波兰式,表达式的后缀表示称为逆波兰式。例如,对图 6.13 所示的表达式二叉树进行先序遍历,得到的先序序列 − +a×b−cd/ef 即为表达式的前缀表示或波兰式;中序遍历此二叉树得到的中序序列 a+b×c−d−e/f 即为表达式的中缀表示;后序遍历此二叉树得到后序序列 abcd−×+ef/− 即为表达式的后缀表示或逆波兰式。

在计算机中,对表达式的计算一般使用逆波兰式(即后缀表达式)。这样做,不必考虑运算符的优先级,可以从左到右机械进行,因而大大提高了计算速度。

## 6.5.3　先序、中序和后序的递归遍历算法

在先序、中序和后序遍历过程中,访问根结点所做的操作应视具体问题而定,在此不妨假设访问根结点为打印结点数据,且二叉树以二叉链表作为存储结构,则上述三种遍历方案对应的递归算法可描述如下:

**1. 先序遍历的递归算法**

```
void PreOrder(BTNode *t)                    /*先序遍历二叉树t*/
{   if (t)                                  /*二叉树非空*/
    {
        printf("%c", t->data);              /*访问根结点*/
        PreOrder(t->lchild);                /*先序遍历左子树*/
        PreOrder(t->rchild);                /*先序遍历右子树*/
    }
}
```

**2．中序遍历的递归算法**

```
void InOrder(BTNode *t)                  /* 中序遍历二叉树 t */
{   if (t)                               /* 二叉树非空 */
    {
        InOrder(t->lchild);              /* 中序遍历左子树 */
        printf("%c", t->data);           /* 访问根结点 */
        InOrder(t->rchild);              /* 中序遍历右子树 */
    }
}
```

**3．后序遍历的递归算法**

```
void PostOrder(BTNode *t)                /* 后序遍历二叉树 t */
{   if (t)                               /* 二叉树非空 */
    {
        PostOrder(t->lchild);            /* 后序遍历左子树 */
        PostOrder(t->rchild);            /* 后序遍历右子树 */
        printf("%c", t->data);           /* 访问根结点 */
    }
}
```

## 6.5.4　递归遍历算法的应用

**【例6.7】**　假设二叉树采用二叉链表存储结构，设计算法，按中序次序输出二叉树 $t$ 中所有度为2的结点。

**解**　二叉树的中序递归遍历算法可以按中序次序输出二叉树中的所有结点。如果在输出结点信息时，先检测当前结点是否是度为2的结点，再确定是否输出，则可完成题目的要求。为此，可以将上述 InOrder(BTNode *t)算法进行如下改造：

```
void InOrderN2(BTNode *t)                /* 中序遍历输出二叉树 t 中度为 2 的结点 */
{   if (t)                               /* 二叉树非空 */
    {
        InOrderN2(t->lchild);            /* 中序遍历输出左子树上度为 2 的结点 */
        if (t->lchild!=NULL && t->rchild!=NULL)      /* 当前结点的度为 2 */
            printf("%c", t->data);       /* 访问结点 */
        InOrderN2(t->rchild);            /* 中序遍历输出右子树上度为 2 的结点 */
    }
}
```

对图6.12所示的二叉树，该算法将会输出BAF。

**【例6.8】**　假设二叉树采用二叉链表存储结构，设计算法，求二叉树 $t$ 的结点总数。

**解**　二叉树的遍历算法实现了对每个结点访问且仅访问一次的操作。统计二叉树的结点总数时，可以将遍历算法中访问结点的操作改为计数操作，统计的结点数量存入全局变量 $n$ 中即可。以下算法是基于中序遍历的，当然也可以基于先序或后序遍历。

```
int n=0;                               /* n为全局变量,用于计数 */
void InOrderCount(BTNode *t)           /* 中序遍历二叉树t,统计其结点个数 */
{   if (t)                             /* 二叉树非空 */
    {
        InOrderCount(t->lchild);       /* 中序遍历左子树,统计左子树的结点个数 */
        n++;                           /* 对当前结点计数 */
        InOrderCount(t->rchild);       /* 中序遍历右子树,统计右子树的结点个数 */
    }
}
```

此题亦可用如下方法来分析:非空二叉树由根、左子树和右子树三部分组成。三部分的结点数之和即为二叉树的结点总数。其中,根结点的个数为1,左、右子树所含结点个数的求解方法和整个二叉树结点总数的求解方法是相同的,所以,可以用递归的方法来解决,递归模型如下:

$$f(\mathrm{t}) = \begin{cases} 0 & \mathrm{t} = \mathrm{NULL} \\ f(\mathrm{b} -> \mathrm{lchild}) + f(\mathrm{b} -> \mathrm{rchild}) + 1 & \text{其他情况} \end{cases}$$

对应的算法如下:

```
int Count(BTNode *t)                   /* 二叉树t的结点总数 */
{
    int lno, rno;
    if(t==NULL)  return 0;             /* 二叉树为空,结点个数为0 */
    lno=Count(t->lchild);              /* 非空二叉树,求左子树结点个数 */
    rno=Count(t->rchild);              /* 非空二叉树,求右子树结点个数 */
    return lno+rno+1;                  /* 非空二叉树结点的总个数 */
}
```

**【例6.9】** 假设二叉树采用二叉链表存储结构,设计算法,求二叉树t中值为 $x$ 的结点所在的层数。

**解** 设计函数Level(t,$x$)表示在以t所指结点为根的二叉树上查找值为 $x$ 的结点,返回其所在的层数。(1) 若二叉树t为空,则不存在值为 $x$ 的结点,返回0;(2) 若二叉树非空,且t所指结点(即根结点)的值恰为 $x$,则返回1;(3) 若二叉树非空,但t所指结点(即根结点)的值不为 $x$,则应先在t的左子树上查找值为 $x$ 的结点,查找结果lh表示它在左子树上的层数。若lh>0,则表示左子树上存在值为 $x$ 的结点,返回该结点在二叉树t上的层数lh+1即可结束;若lh=0,则表示左子树上不存在值为 $x$ 的结点,此时应再到t的右子树上继续查找,查找结果rh表示它在右子树上的层数。若rh>0,则表示右子树上存在值为 $x$ 的结点,返回该结点在二叉树t上的层数rh+1即可;若rh=0,则表示右子树上也不存在值为 $x$ 的结点,因此,整个二叉树t上都没有值为 $x$ 的结点,返回0。

```
int Level(BTNode *t, ElemType x)       /* 查找值为x的结点在二叉树t中的层数 */
{
    int lh, rh;
    if(t==NULL)  return 0;             /* 二叉树t为空,返回0 */
    if(t->data==x)  return 1;          /* 二叉树t的根结点为x,返回1 */
```

```
    lh=Level(t->lchild,x);              /*在左子树中递归查找,lh为x在左子树中的层数*/
    if(lh)                              /*若lh!=0,则左子树中有x*/
        return lh+1;                    /*返回x在二叉树中的层数lh+1*/
    else                                /*左子树中无x*/
    {   rh=Level(t->rchild,x);          /*递归查找,求出x在右子树中的层数rh*/
        if (rh)   return rh+1;          /*若rh!=0,则右子树中有x,返回rh+1*/
        else   return 0;                /*否则,二叉树中无x,返回0*/
    }
}
```

**【例6.10】** 假设二叉树采用二叉链表存储结构,设计算法,判断两棵二叉树是否相似。所谓二叉树t1和t2相似是指t1和t2都是空的二叉树;或者t1和t2的根结点相似,以及t1的左子树和t2左子树相似,并且t1的右子树和t2的右子树相似。

**解**　判断两棵二叉树t1和t2相似的递归模型如下:

$$f(t1,t2)=\begin{cases}1 & \text{若 } t1 = t2 = NULL\\ 0 & \text{若 } t1\text{、}t2 \text{ 中只有一个为 } NULL\\ f(t1 -> lchild,t2 -> lchild)\&\& & \text{其他情况}\\ f(t1 -> rchild,t2 -> rchild) & \end{cases}$$

对应的算法如下:

```
int Like(BTNode *t1, BTNode *t2)
{   /*t1和t2两棵二叉树相似时返回1,否则返回0*/
    int like1, like2;
    if (t1==NULL && t2==NULL)                   /*t1和t2同为空二叉树,相似*/
        return 1;
    elseif (t1==NULL || t2==NULL)               /*t1和t2只有一棵为空二叉树,不相似*/
            return 0;
        else                                    /*t1和t2同为非空二叉树*/
        {
            like1=Like(t1->lchild,t2->lchild);  /*判断t1和t2的左子树是否相似*/
            like2=Like(t1->rchild,t2->rchild);  /*判断t1和t2的右子树是否相似*/
            return (like1 && like2);
        }
}
```

**【例6.11】** 假设二叉树采用二叉链表存储结构,设计算法,交换二叉树的左右子树。

**解**　在遍历二叉树的过程中可以交换各个结点的左右子树。

对应的算法如下:

```
void SwapBTree(BTNode *t)                       /*基于先序遍历交换二叉树的左右子树*/
{
    BTNode *p;
    if(t)
    {   if (t->lchild!=NULL || t->rchild!=NULL)     /*若两棵子树不同时为空*/
```

```
        {
            p=t->lchild;  t->lchild=t->rchild;  t->rchild=p;  /*则交换两棵子树*/
        }
        if (t->lchild! =NULL)              /*左子树非空,则将左子树的左右子树交换*/
            SwapBTree(t->lchild);
        if (t->rchild! =NULL)              /*右子树非空,则将右子树的左右子树交换*/
            SwapBTree(t->rchild);
    }
}
```

也可以用后序遍历的方法实现交换左右两棵子树,但不宜采用中序遍历的方式来实现,因为若用中序遍历的算法,则仅交换了根结点的左右孩子。

**【例 6.12】** 假设二叉树 t 采用二叉链表存储结构,设计算法,判断 t 中是否存在值为 $x$ 的结点,并输出 $x$ 结点的所有祖先。

**解** 根据二叉树中祖先的定义可知,若结点 p 的左孩子或右孩子是结点 q,则结点 p 是结点 q 的祖先;若结点 p 的左孩子或右孩子是结点 q 的祖先,则结点 p 也是结点 q 的祖先。

设 $f(\mathrm{t},x)$表示判断结点 t 是否为值是 $x$ 的结点的祖先,如果是,则输出 $x$ 及其祖先,并返回 1;否则,返回 0。求解过程的递归模型如下:

$$f(\mathrm{t},x)=\begin{cases}0 & \mathrm{t}=\mathrm{NULL}\\ 1,\text{并输出 } \mathrm{t->data} & \mathrm{t->data}=x\\ 1,\text{并输出 } \mathrm{t->data} & f(\mathrm{t->lchild},x)=1 \text{ 或 } f(\mathrm{t->rchild},x)=1\\ 0 & \text{其他情况}\end{cases}$$

对应的算法如下:

```
int Ancestor(BTNode *t, ElemType x)
{   /*判断二叉树 t 中是否有值为 x 的结点,并输出 x 及其所有祖先*/
    if (t= =NULL)  return 0;              /*空二叉树*/
    if (t->data= =x)                      /*根结点的值为 x*/
    {   printf("%c",t->data);
        return 1;
    }
    if(Ancestor(t->lchild,x) || Ancestor(t->rchild,x))  /*左或右子树中有值为 x 的结点*/
    {   printf("%c",t->data);
        return 1;
    }
    else
        return 0;                         /*非空二叉树不存在值为 x 的结点*/
}
```

## 6.5.5　先序、中序和后序的非递归遍历算法

二叉树遍历的递归算法思路清晰、易于理解，但执行效率较低。为了提高程序的执行效率和更好地理解遍历的执行过程，可以采用非递归方式来实现二叉树的遍历。

**1. 先序遍历的非递归算法**

方法1：由先序遍历过程可知，先访问根结点，再遍历左子树，最后遍历右子树。由于二叉树中左、右子树是通过根结点的指针域指向的，在访问根结点后遍历左子树时会丢失右子树的地址，需要使用一个栈来临时保存左、右子树的地址。

由于栈的特点是后进先出，而先序遍历是先遍历左子树，再遍历右子树，所以当访问完一个非叶子结点后应先将其右孩子进栈，再将左孩子进栈。对应的先序非递归遍历过程如下：

```
if (二叉树 b 非空)
{   将根结点指针 b 进栈;
    while(栈不空)
    {   出栈 p,访问 * p 结点;
        若 * p 结点有右孩子,将其右孩子进栈;
        若 * p 结点有左孩子,将其左孩子进栈;
    }
}
```

假设该算法中的栈采用顺序存储结构，其类型声明如下：

```
typedef struct
{
    BTNode * data[MaxSize];          /* 存放二叉树结点的指针 */
    int top;
} SqStack;
```

相关栈的运算算法见第3.2.2节"顺序栈基本运算算法"。先序非递归遍历算法1如下：

```
void PreOrder1(BTNode * b)
{   BTNode * p;
    SqStack * st;
    InitStack(st);                       /* 初始化顺序栈 st */
    if (b! = NULL)                       /* 二叉树非空时,进行遍历 */
    {   Push(st,b);                      /* 根结点指针 b 入栈 st */
        while (! StackEmpty(st))         /* 栈不空时循环 */
        {   Pop(st,p);                   /* 出栈 */
            printf("%c ",p->data);       /* 输出出栈结点的信息 */
            if (p->rchild! = NULL)       /* 若有右孩子,将其入栈 */
                Push(st,p->rchild);
```

```
            if (p->lchild! = NULL)          /* 若有左孩子,将其入栈 */
                Push(st,p->lchild);
        }
        printf("\n");
    }
    DestroyStack(st);                       /* 销毁栈 */
}
```

对于图 6.14(a)所示的二叉树 b,上述算法的执行过程如图 6.14(b)所示,输出的先序遍历序列为 ABDGEHCFK。

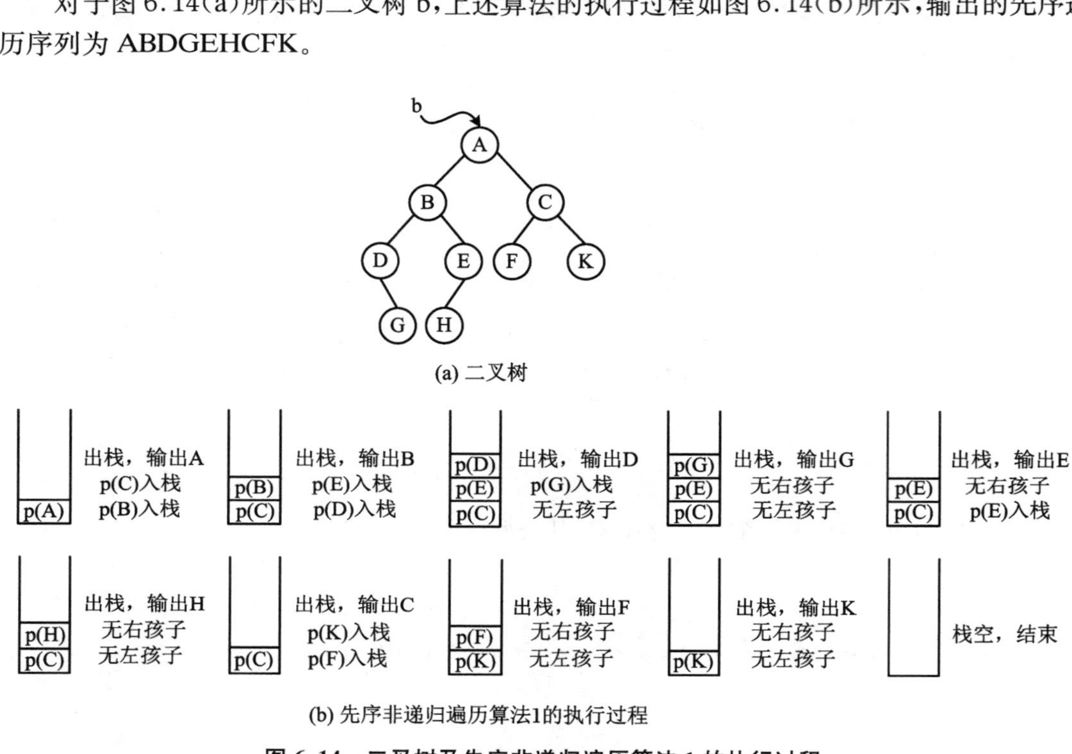


**图 6.14　二叉树及先序非递归遍历算法 1 的执行过程**

方法 2:以图 6.14(a)所示的二叉树 b 为例,根据先序遍历的规则,应当先访问根结点 A,然后顺着 A 的左孩子链向左下方深入到 B 并访问之,再通过 B 的左孩子链继续向左下方深入到 D 并访问之,由于 D 的左孩子链为空,因此无法继续再向左下方深入。此时,根据先序遍历规则,应该转去 D 的右子树上进行先序遍历。当 D 的右子树遍历完毕,相当于 B 的左子树全部遍历完,根据先序遍历的规则,应该遍历 B 的右子树了。同理,当 B 的右子树遍历完毕,就相当于 A 的左子树全部遍历完,应该遍历 A 的右子树了。我们发现,在从根结点 A 开始的向左下方深入的过程中,先遇到的结点,其右子树后遍历,而后遇到的结点,其右子树先遍历,这与栈的后进先出的特性是一致的。也就是说,在向左下方深入的过程中,每遇到一个结点,除了访问这个结点以外,还应当将其进栈。这样,当无法向左下方深入时,只需执行出栈操作就可以确定应该遍历哪个结点的右子树了。另外,对右子树的遍历与上述过程类似。

对于图 6.14(a)所示的二叉树 b,按上述先序非递归遍历的执行过程如图 6.15 所示。

上述先序非递归遍历过程可总结为

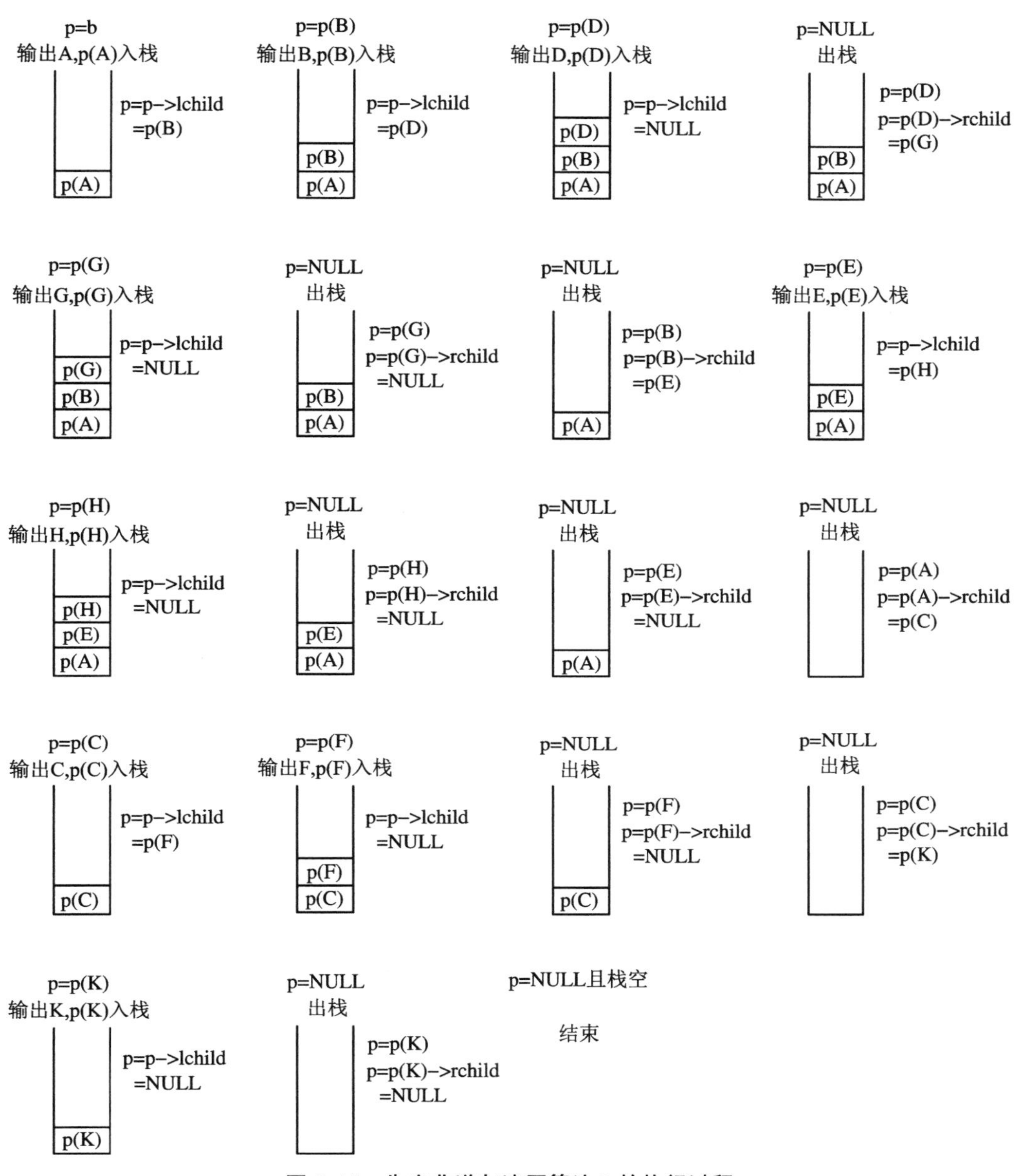


**图 6.15　先序非递归遍历算法 2 的执行过程**

```
p = b;
while (栈不空或者 p! = NULL)
{    while (p! = NULL)
     {    访问 p 所指结点;
          将 p 进栈;
          p = p - >lchild;
     }
     if (栈不空)
     {    出栈赋给 p;
```

```
            p=p->rchild;
    }
}
```

对应的先序非递归算法2如下：

```
void PreOrder2(BTNode *b)
{   BTNode *p;
    SqStack *st;
    InitStack(st);                      /*初始化顺序栈st*/
    p=b;                                /*从根结点开始*/
    while (! StackEmpty(st) || p!=NULL)
    {   while (p!=NULL)                 /*p不为空*/
        {   printf("%c ",p->data);     /*访问p所指结点*/
            Push(st,p);                 /*将p所指结点进栈*/
            p=p->lchild;                /*向*p结点的左下方深入*/
        }
        if (! StackEmpty(st))           /*若栈不空*/
        {   Pop(st,p);                  /*出栈元素赋给p*/
            p=p->rchild;                /*转向处理*p结点的右子树*/
        }
    }
    printf("\n");
    DestroyStack(st);                   /*销毁栈*/
}
```

**2. 中序遍历的非递归算法**

中序遍历是按左子树、根结点、右子树的顺序依次访问二叉树的各结点。由于中序遍历的第一个结点是二叉树最左下的结点，为了找到这个结点，可以从根结点开始，每当遇到一个结点就将该结点的指针入栈，然后再向其左下方深入，直到深入到二叉树的最左下的结点为止。此时的栈顶元素对应的结点就是中序序列的开始结点，出栈并访问它，然后转向它的右子树，对右子树的处理与上述过程类似。上述中序非递归遍历过程可描述为

```
p=b;
while (栈不空或者p!=NULL)
{   while (p!=NULL)
    {   将p进栈;
        p=p->lchild;
    }
    if (栈不空)
    {   出栈p并访问之;
        p=p->rchild;
    }
}
```

对应的中序非递归算法如下：

```
void InOrder(BTNode *b)
{   BTNode *p;
    SqStack *st;
    InitStack(st);                          /*初始化顺序栈st*/
    p=b;                                    /*从根结点开始*/
    while (! StackEmpty(st) || p!=NULL)
    {   while (p!=NULL)                     /*p不为空*/
        {   Push(st,p);                     /*将p所指结点进栈*/
            p=p->lchild;                    /*向*p结点的左下方深入*/
        }
        if (! StackEmpty(st))               /*若栈不空*/
        {   Pop(st,p);                      /*出栈元素赋给p*/
            printf("%c ",p->data);          /*访问p所指结点*/
            p=p->rchild;                    /*转向处理*p结点的右子树*/
        }
    }
    printf("\n");
    DestroyStack(st);                       /*销毁栈*/
}
```

对于图6.14(a)所示的二叉树b,上述算法的执行过程如图6.16所示,输出的中序遍历序列为DGBHEAFCK。

**3. 后序遍历的非递归算法**

方法1:后序遍历是按左子树、右子树、根结点的顺序依次访问二叉树的各结点。逆后序遍历的次序为根结点、右子树、左子树,这与先序遍历的次序(根结点、左子树、右子树)很相似,如果我们将先序遍历的非递归算法中,左、右子树的遍历顺序进行交换,就可以得到逆后序遍历序列。然后,再利用栈将逆后序遍历序列进行逆转,最后得到的正是后序遍历序列。

对应的后序非递归算法1如下:

```
void PostOrder1(BTNode *b)
{   BTNode *p;
    SqStack *st, *s;
    InitStack(st);                          /*初始化顺序栈st*/
    InitStack(s);                           /*初始化顺序栈s*/
    if (b!=NULL)                            /*二叉树非空时,进行遍历*/
    {   Push(st,b);                         /*根结点指针b入栈st*/
        while (! StackEmpty(st))            /*栈st不空时循环*/
        {   Pop(st,p);                      /*st出栈*/
            Push(s,p);                      /*st出栈元素入栈s*/
            if (p->lchild!=NULL)            /*若有左孩子,将其入栈st*/
                Push(st,p->lchild);
            if (p->rchild!=NULL)            /*若有右孩子,将其入栈st*/
                Push(st,p->rchild);
        }
```

```
        while (! StackEmpty(s))
        {   Pop(s,p);                          /* 栈 s 出栈,赋给 p */
            printf("%c ",p->data);             /* 输出 p 所指结点的信息 */
        }
        printf("\n");
    }
    DestroyStack(s);                           /* 销毁栈 s */
    DestroyStack(st);                          /* 销毁栈 st */
}
```

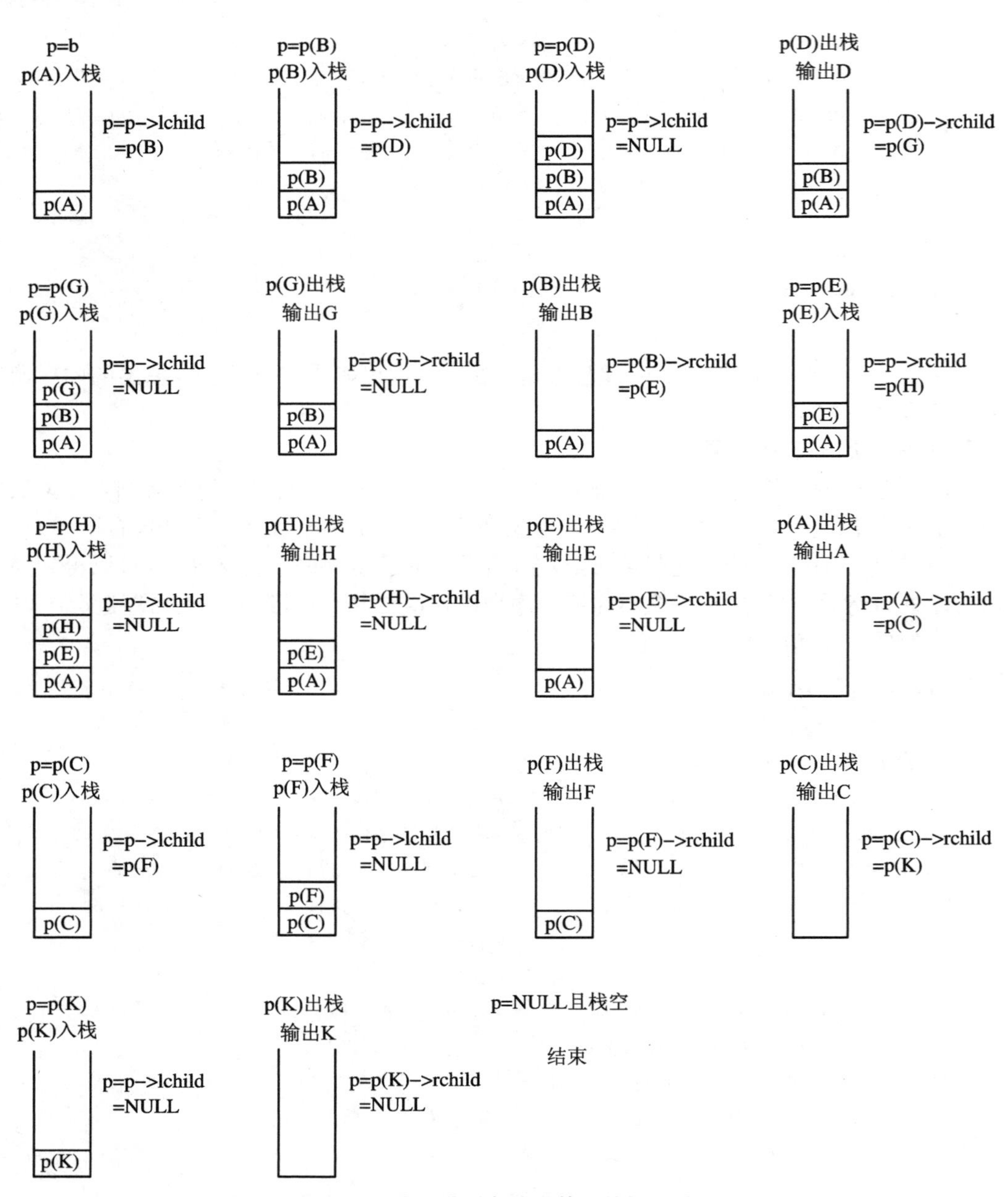


**图 6.16 中序非递归遍历算法的执行过程**

方法2:后序遍历的非递归算法也可以在中序遍历非递归算法的基础上修改。后序遍历顺序是左子树、右子树、根结点。所以,先将根结点及其左下的结点依次进栈,即使栈顶结点p的左子树已遍历或为空,仍不能访问结点p,因为它们的右子树没有遍历,只有当这样的p结点的右子树已遍历完才能访问结点p。上述后序非递归遍历过程如下:

```
p=b;
do
{    while (结点p有左孩子)
     {    将结点p进栈;
          p=p->lchild;
     }
     /*此时栈顶结点(尚未访问)没有左孩子或左子树已遍历过*/
     while (栈不空且结点p是栈顶结点)
     {    取栈顶结点p;
          if (结点p的右子树已访问)
          {    访问结点p;
                    退栈;
          }
          elsep=p->rchild;/*转向处理其右子树*/
     }
} while (栈不空);
```

在算法的执行过程中,必须解决好以下两个问题。一个问题是:如何判断当前处理的结点p是栈顶结点。这个问题相对比较简单,设置一个flag标志,在do-while循环中的第一个while循环结束后开始处理栈顶结点,置flag为1;一旦转向处理右子树,置flag为0。另一个问题是:如何判断结点p的右子树已遍历过,这是算法的难点。在一棵二叉树中,任何一棵非空子树的后序遍历序列中最后访问的一定是该子树的根结点,也就是说,若结点p的右孩子刚刚访问过,说明它的右子树已遍历完,可以访问结点p了。当然,若结点p的右孩子为空,也可以访问结点p。为此设置一个指针变量r,其初始值为NULL,让它指向刚刚访问过的结点。对于正在处理的栈顶结点p,一旦p->rchild==r成立,说明结点p的左、右子树都遍历过了,将可以访问结点p。

对应的后序非递归算法2如下:

```
void PostOrder2(BTNode *b)
{    BTNode *p, *r;
     int flag;
     SqStack *st;
     InitStack(st);                    /*初始化顺序栈st*/
     p=b;                              /*从根结点开始*/
     do
     {    while (p!=NULL)              /*结点p及所有左下结点依次进栈*/
          {    Push(st,p);
               p=p->lchild;
          }
```

```
        r=NULL;                    /*r指向刚刚访问的结点,初始时为空*/
        flag=1;                    /*flag为1表示正在处理栈顶结点*/
        while (! StackEmpty(st) && flag)
        {   GetTop(st,p);          /*取出当前的栈顶结点p*/
            if (p->rchild==r)      /*若结点p的右孩子为空或者为刚访问结点*/
            {   printf("%c ",p->data);        /*访问结点p*/
                Pop(st,p);
                r=p;                          /*r指向刚访问过的结点*/
            }
            else
            {   p=p->rchild;                  /*转向处理其右子树*/
                flag=0;                       /*表示当前不是处理栈顶结点*/
            }
        }
    } while (! StackEmpty(st));               /*栈不空循环*/
    printf("\n");
    DestroyStack(st);                         /*销毁栈*/
}
```

### 6.5.6 非递归遍历算法的应用

**【例6.13】** 假设二叉树采用二叉链表存储结构,设计算法,利用先序非递归遍历算法对二叉树中各类结点的数量进行统计。

**解** 对先序非递归遍历算法PreOrder1做一些修改,将访问结点的操作替换为若干条件语句,用以判断当前处理的结点属于哪一类结点,并统计出各类结点的数量。

```
void Count_PreOrder1(BTNode *b,int &n0,int &n1,int &n2)
{   BTNode *p;
    SqStack *st;
    InitStack(st);                        /*初始化顺序栈st*/
    n0=n1=n2=0;                           /*结点数量分别赋初值0*/
    if (b!=NULL)                          /*二叉树非空时,进行遍历*/
    {   Push(st,b);                       /*根结点指针b入栈st*/
        while (! StackEmpty(st))          /*栈不空时循环*/
        {   Pop(st,p);                    /*出栈*/
            if ((p->lchild==NULL)&&(p->rchild==NULL))
                n0++;                     /*当前遍历到的是叶子结点*/
            else if ((p->lchild!=NULL)&&(p->rchild!=NULL))
                    n2++;                 /*当前遍历到的是双分支结点*/
                else
                    n1++                  /*当前遍历到的是单分支结点*/
            if (p->rchild!=NULL)          /*若有右孩子,将其入栈*/
                Push(st,p->rchild);
```

```
            if (p->lchild! =NULL)          /*若有左孩子,将其入栈*/
                Push(st,p->lchild);
        }
    }
    DestroyStack(st);                      /*销毁栈*/
}
```

**【例 6.14】** 假设二叉树采用二叉链表存储结构,设计算法,利用后序非递归遍历算法输出从根结点到每个叶子结点的路径逆序列。

**解** 利用后序非递归遍历算法2的特点,即当访问某个结点时,栈中保存的正好是该结点的所有祖先结点,且从栈顶到栈底正好是该结点的双亲结点到根结点的路径上的结点序列。因此,可以将算法中访问结点的操作替换为判断该结点是否为叶子结点,若是叶子结点,则输出栈中自栈顶到栈底的所有结点信息的操作。

```
void Path_PostOrder2(BTNode *b)
{   BTNode *p, *r;
    int flag, i;
    SqStack *st;
    InitStack(st);                      /*初始化顺序栈 st*/
    p=b;                                /*从根结点开始*/
    do
    {   while (p! =NULL)                /*结点 p 及所有左下结点依次进栈*/
        {   Push(st,p);
            p=p->lchild;
        }
        r=NULL;                         /*r 指向刚刚访问的结点,初始时为空*/
        flag=1;                         /*flag 为 1 表示正在处理栈顶结点*/
        while (! StackEmpty(st) && flag)
        {   GetTop(st,p);               /*取出当前的栈顶结点 p*/
            if (p->rchild= =r)          /*若结点 p 的右孩子为空或者为刚访问的结点*/
            {   if (p->lchild= =NULL && p->rchild= =NULL)      /*若为叶子结点*/
                {   for (i=st->top; i>0; i--)                  /*自栈顶到栈底*/
                        printf("%c->",st->data[i]->data);/*输出该结点的所有祖先*/
                    printf("%c\n",st->data[0]->data);
                }
                Pop(st,p);
                r=p;                    /*r 指向刚访问过的结点*/
            }
            else
            {   p=p->rchild;            /*转向处理其右子树*/
                flag=0;                 /*表示当前不是处理栈顶结点*/
            }
        }
    } while (! StackEmpty(st));         /*栈不空循环*/
```

```
    printf("\n");
    DestroyStack(st);                    /* 销毁栈 */
}
```

## 6.5.7 层次遍历算法

层次遍历的实现方法是从上层到下层,每层从左到右依次访问二叉树的每个结点。在遍历的过程中,先访问的结点的左、右孩子也要先访问,这与队列先进先出的特性相吻合。因此,层次遍历算法可采用队列来实现。

层次遍历从根结点开始,首先将根结点的指针入队,然后从队头取出一个元素(即出队),每取出一个元素就执行下面的两个操作:

(1) 访问出队元素所指的结点。

(2) 若该元素所指结点有孩子,则按先左后右的顺序将其孩子结点指针依次入队。反复执行上述步骤,直到队列为空时,层次遍历结束。

下面的层次遍历的算法中采用了循环队列存储结构,其类型声明如下:

```
typedef struct
{
    BTNode *data[MaxSize];               /* 存放队中元素 */
    int front, rear;                     /* 队头和队尾指针 */
}SqQueue;                                /* 循环队列 */
```

二叉树的层次遍历算法如下:

```
void LevelOrder(BTNode *b)
{
    BTNode *p;
    SqQueue *qu;
    InitQueue(qu);                       /* 初始化队列 */
    enQueue(qu,b);                       /* 根结点指针入队 */
    while (! QueueEmpty(qu))             /* 队不空时循环 */
    {
        deQueue(qu,p);                   /* 出队,赋给 p */
        printf("%c ",p->data);           /* 访问 p 所指结点 */
        if (p->lchild! = NULL)           /* 有左孩子时,左孩子入队 */
            enQueue(qu,p->lchild);
        if (p->rchild! = NULL)           /* 有右孩子时,右孩子入队 */
            enQueue(qu,p->rchild);
    }
}
```

其中,相关队列的运算算法见第 3.6.2 节“循环队列基本运算算法”。

# 6.6　二叉树的构造

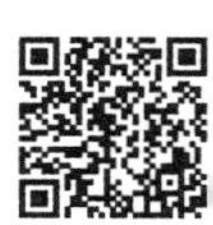

同一棵二叉树具有唯一的先序序列、中序序列和后序序列。但是,不同的二叉树可能有相同的先序序列、中序序列或后序序列。如图 6.17 所示,二叉树(a)和(b)具有相同的先序序列和后序序列,(b)和(c)具有相同的中序序列。

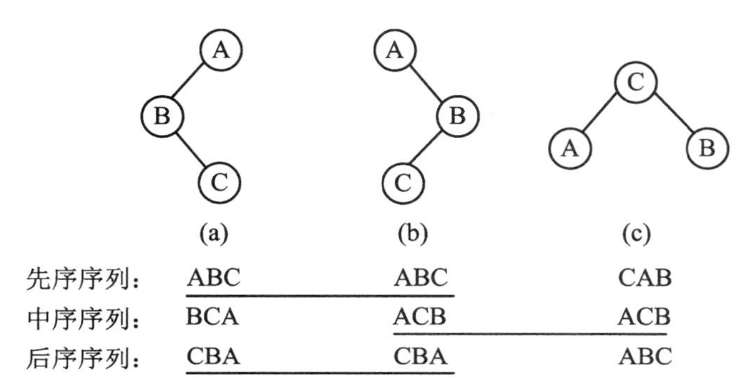


**图 6.17　二叉树及其先序、中序和后序序列**

显然,仅由先序序列、中序序列和后序序列中的任何一个是无法确定二叉树形态的。但是,如果同时知道了一棵二叉树的先序序列和中序序列,或中序序列和后序序列,就能够确定这棵二叉树了。

## 6.6.1　由先序和中序序列构造二叉树

**定理 6.1　任何 $n(n\geqslant 0)$ 个不同结点的二叉树,都可由它的先序序列和中序序列唯一地确定。**

在由先序和中序序列构造二叉树的过程中,先序序列的作用是确定一棵二叉树的根结点(其第一个元素即为根结点),中序序列的作用是确定左、右子树的中序序列(包含确定其所含的结点个数),进而可以确定左、右子树的先序序列,再递归构造左、右子树。例如已知先序序列为 ABDGEHCFK,中序序列为 DGBHEAFCK,则构造二叉树的过程如图 6.18 所示。

下面给出由先序和中序序列构造二叉树的算法,其中,pre 表示先序序列,in 表示中序序列,$n$ 为结点总个数,算法返回构造的二叉树的根结点指针。

```
BTNode *CreateBT1(char *pre, char *in, int n)
{
    BTNode *s;  char *p;  int k;
    if (n<=0) return NULL;
    s=(BTNode *)malloc(sizeof(BTNode));          /*创建根结点*/
    s->data= *pre;                               /*根结点的值为先序序列的首字符*/
```

```
    for (p=in; p<in+n; p++)                  /* 在 in 所指的中序序列中查找根结点的位置 */
        if (*p==*pre)  break;
    k=p-in;                                  /* 确定左子树上的结点个数 k */
    s->lchild=CreateBT1(pre+1,in,k);         /* 递归构造左子树 */
    s->rchild=CreateBT1(pre+k+1,p+1,n-k-1);  /* 递归构造右子树 */
    return s;
}
```

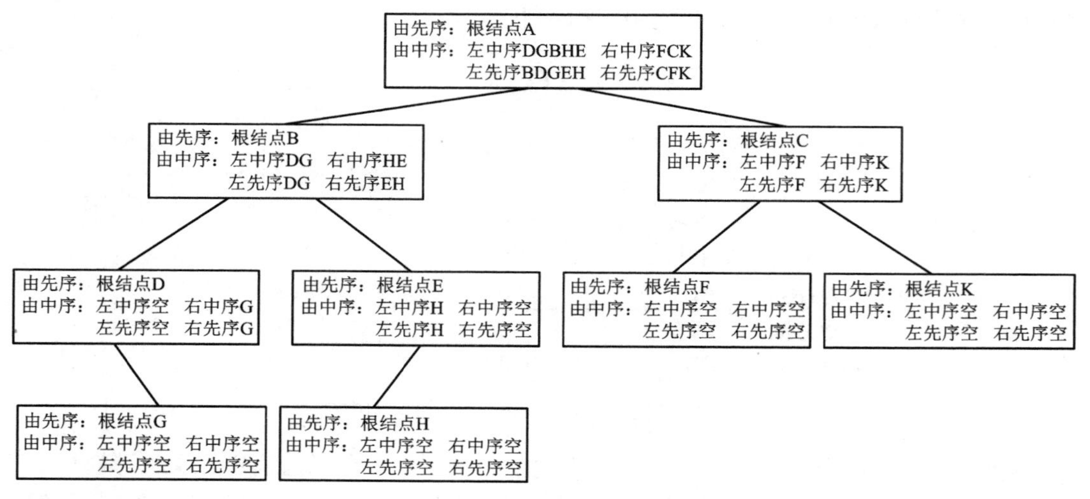


**图 6.18 由先序和中序序列构造二叉树的过程**

## 6.6.2 由中序和后序序列构造二叉树

**定理 6.2 任何 $n(n\geqslant 0)$ 个不同结点的二叉树，都可由它的中序序列和后序序列唯一地确定。**

在由中序和后序序列构造二叉树的过程中，后序序列的作用是确定一棵二叉树的根结点(其最后一个元素即为根结点)，中序序列的作用是确定左、右子树的中序序列(包含确定其所含的结点个数)，进而可以确定左、右子树的后序序列，再递归构造左、右子树。例如，已知中序序列为 DGBHEAFCK，后序序列为 GDHEBFKCA，则构造二叉树的过程如图 6.19 所示。

由中序和后序序列构造二叉树的算法如下，其中，in 表示中序序列，post 表示后序序列，$n$ 为结点总个数，算法返回构造的二叉树的根结点指针。

```
BTNode *CreateBT2(char *in,char *post,int n)
{
    BTNode *s;  char r,*p;  int k;
    if (n<=0) return NULL;
    r=*(post+n-1);                          /* 根结点的值在后序序列中的 post+n-1 位置 */
    s=(BTNode *)malloc(sizeof(BTNode));     /* 创建根结点 */
    s->data=r;                              /* 根结点的值为后序序列的最后一个字符 */
```

```
    for (p=in; p<in+n; p++)                /* 在 in 所指的中序序列中查找根结点的位置 */
        if (*p==r)  break;
    k=p-in;                                /* 确定左子树上的结点个数 k */
    s->lchild=CreateBT2(in,post,k);                /* 递归构造左子树 */
    s->rchild=CreateBT2(p+1,post+k,n-k-1);         /* 递归构造右子树 */
    return s;
}
```

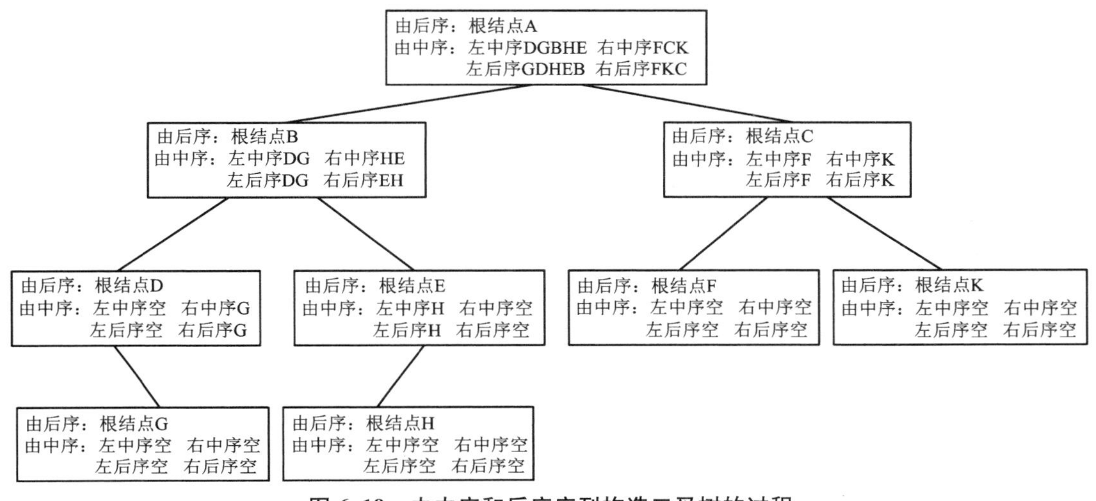


**图 6.19　由中序和后序序列构造二叉树的过程**

给定先序序列和后序序列可以唯一确定一棵二叉树吗？例如，先序序列为 ABC，后序序列为 CBA，可以构造出如图 6.17(a)和图 6.17(b)所示的两棵二叉树。由此可见，给定先序序列和后序序列不能唯一确定一棵二叉树。

# 6.7　线索二叉树

遍历二叉树是以一定的规则将二叉树中的结点排列成一个线性序列的过程，这实质上是对非线性结构的线性化操作。但是，当二叉树以二叉链表作为存储结构时，只能找到结点的左、右孩子的信息，而不能直接找到结点的直接前驱和直接后继结点的信息，这种信息只能在二叉树的遍历过程中获得，显然这并不是最直接、最简便的方法。为了能够快速找到任何一个结点的直接前驱和直接后继，需要对二叉树进行线索化。

## 6.7.1　线索二叉树的概念

为了能够方便地找到任何一个结点的直接前驱和直接后继信息，通常有两种方法：一是可以在二叉链表结点中增加两个指针域，一个指向结点的直接前驱，另一个指向结点的直接后继。但这种做法增加了存储开销(如指针型变量在 32 位字长的机器中占 4 个字节),使得结点结构的存储密度大大降低,因此不可取;二是利用二叉树的空链指针来存放结点的直接前驱和直接后继信息。

当 $n$ 个结点的二叉树采用二叉链存储结构时,每个结点有两个链域,即左孩子链域和右孩子链域,所以,共有 $2n$ 个链域。又由于 $n$ 个结点中只有 $n-1$ 个结点被有效指针指向($n$ 个结点中只有树根结点没有被有效指针指向),所以,在 $2n$ 个链域中共有 $2n-(n-1)=n+1$ 个空链域。

二叉树的线索化就是利用这些空链域来存放结点的直接前驱和直接后继信息。规定:当某结点的左孩子链域为空时,令其指向该结点在先序(中序或后序)序列中的直接前驱结点;当某结点的右孩子链域为空时,令其指向该结点在先序(中序或后序)序列中的直接后继结点。这种指向结点的直接前驱或直接后继结点的指针叫作线索(thread)。加上线索的二叉树叫作线索二叉树(thread binary-tree)。例如,二叉树 A(B(C,D(E,F)),G(H))的先序线索二叉树、中序线索二叉树和后序线索二叉树如图 6.20 所示,图中的实线表示二叉树原有的分支,虚线表示线索二叉树所添加的线索。

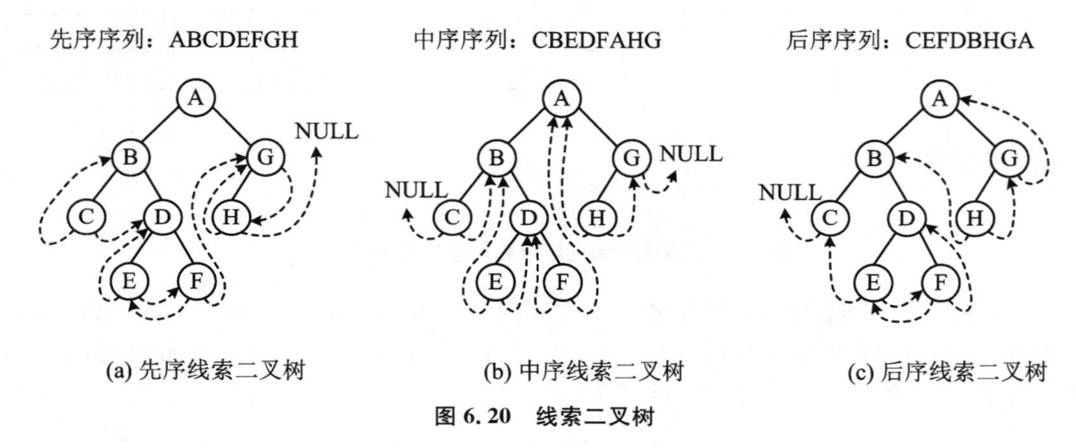

(a) 先序线索二叉树　　(b) 中序线索二叉树　　(c) 后序线索二叉树

**图 6.20　线索二叉树**

那么,在线索二叉树中如何区分左孩子链是指向左孩子结点还是指向直接前驱结点,右孩子链是指向右孩子结点还是指向直接后继结点?通过增加两个标志域 ltag 和 rtag 来区分这两种情况,并将二叉树的结点结构重新定义如图 6.21 所示。

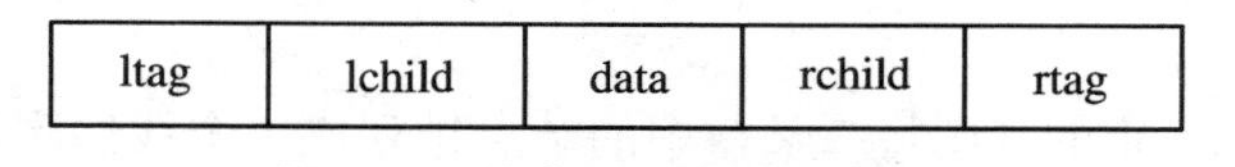

| ltag | lchild | data | rchild | rtag |
| --- | --- | --- | --- | --- |

**图 6.21　线索二叉树的结点结构**

其中,

$$ltag=\begin{cases}0 & \text{lchild 域指向结点的左孩子}\\1 & \text{lchild 域指向结点的直接前驱}\end{cases}$$

$$rtag=\begin{cases}0 & \text{rchild 域指向结点的右孩子}\\1 & \text{rchild 域指向结点的直接后继}\end{cases}$$

线索二叉树中的结点类型 TBTNode 的声明如下:

```
typedef struct node
{
    ElemType data;                /* 数据域 */
    int ltag, rtag;               /* 左、右线索标志域 */
    struct node * lchild;         /* 左孩子链域或指向前驱的线索 */
    struct node * rchild;         /* 右孩子链域或指向后继的线索 */
} TBTNode;
```

以上述结点结构构成的二叉链表作为二叉树的存储结构，叫作线索二叉链表。为使创建线索二叉树的算法设计方便，在线索二叉链表中需增加一个头结点，并令头结点的 data 域为空；ltag 为 0，lchild 指向二叉树的根结点；rtag 为 1，rchild 指向按某种方式遍历二叉树时访问的最后一个结点；当二叉树中某结点的标志域为 1，且无直接前驱或直接后继时，将其前驱或后继的线索指向头结点。图 6.22 为二叉树 A(B(C,D(E,F)),G(H))的先序线索二叉链表、中序线索二叉链表和后序线索二叉链表。

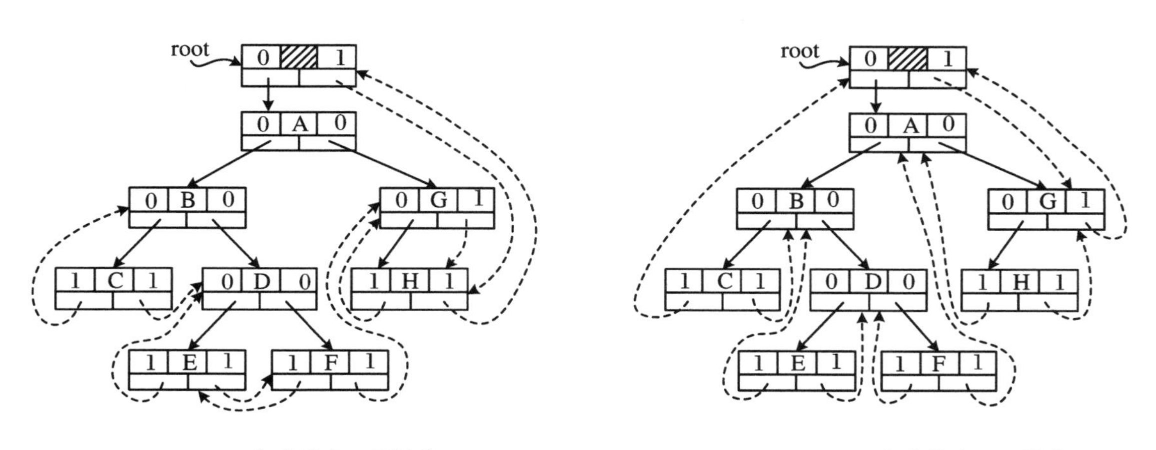


(a) 先序线索二叉链表　　　　(b) 中序线索二叉链表

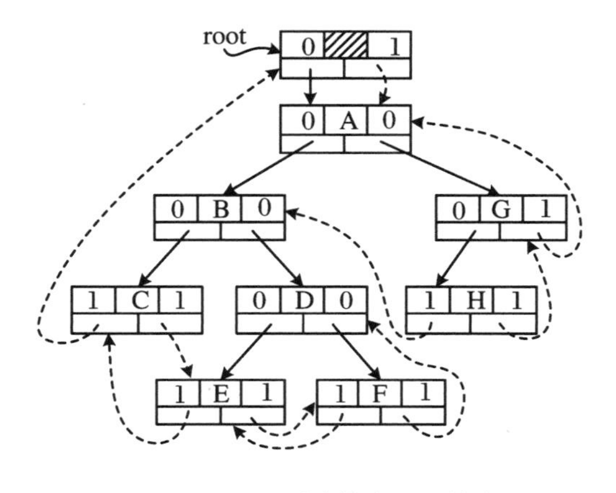


(c) 后序线索二叉链表

**图 6.22　线索二叉链表**

## 6.7.2 线索化二叉树

对二叉树以某种次序进行遍历使其变为线索二叉树的过程叫作二叉树的线索化。下面以中序线索二叉树为例,介绍中序线索二叉树的创建过程和对应的算法。

CreatThread(b)算法的功能是将以二叉链表存储的二叉树 b 进行中序线索化,并返回线索化后头结点的指针 root。Thread(p)算法的功能是对以结点 p 为根的二叉树进行中序线索化。在整个算法中 p 总是指向当前被线索化的结点,而 pre 作为全局变量,指向刚访问过的结点,结点 pre 是结点 p 的前驱结点,结点 p 是结点 pre 的后继结点。

CreatThread(b)算法的思路是先创建头结点 root,其 lchild 域为链指针,rchild 域为线索。将 lchild 指针指向根结点 b,如果 b 为空,则将其 lchild 指向自身,否则将 root 的 lchild 指向结点 b,首先 p 指向结点 b,pre 指向头结点 root。再调用 Thread(b)对整个二叉树线索化,最后加入指向头结点的线索,并将头结点的 rchild 指针域线索化为指向最后一个结点(由于线索化直到 p= =NULL 为止,所以最后访问的结点是 pre)。

Thread(p)算法类似于中序遍历的递归算法。在中序遍历中,p 指向当前访问的结点,pre 指向中序遍历的前一个结点(初始时,pre 指向中序线索二叉树的头结点 root)。若结点 p 原来左指针为空,改为指向结点 pre 的左线索,若结点 pre 原来右指针为空,改为指向结点 p 的右线索。

中序线索化二叉树的算法如下:

```
TBTNode *pre;                          /*pre 为全局变量*/
void Thread(TBTNode *&p)               /*对 p 所指结点为根的二叉链表进行中序线索化*/
{
    if (p!=NULL)
    {
        Thread(p->lchild);             /*左子树线索化*/
        if (p->lchild==NULL)           /*前驱线索*/
        {
            p->ltag=1;                 /*左标志置 1*/
            p->lchild=pre;             /*建立当前结点的前驱线索*/
        }
        else
            p->ltag=0;
        if (pre->rchild==NULL)         /*后继线索*/
        {
            pre->rtag=1;               /*右标志置 1*/
            pre->rchild=p;             /*建立当前结点的后继线索*/
        }
        else
            pre->rtag=0;
        pre=p;
        Thread(p->rchild);             /*右子树线索化*/
```

```
    }
}
TBTNode *CreateThread(TBTNode *b)                      /*中序线索化二叉树*/
{
    TBTNode *root;
    root=(TBTNode *)malloc(sizeof(TBTNode));           /*创建线索二叉树的头结点*/
    root->ltag=0;root->rtag=1;
    root->rchild=b;
    if (b==NULL)                                       /*空二叉树*/
        root->lchild=root;
    else                                               /*非空二叉树*/
    {
        root->lchild=b;
        pre=root;              /*pre是*p的前驱结点,供加线索用*/
        Thread(b);             /*对b所指结点为根的二叉链表进行中序线索化*/
        pre->rchild=root;      /*pre为最后处理的结点,右孩子链线索化指向头结点*/
        pre->rtag=1;
        root->rchild=pre;      /*头结点右孩子链线索化*/
    }
    return root;
}
```

### 6.7.3 遍历线索二叉树

由于线索二叉树中包含了结点的前驱和后继的信息,因此,线索二叉树的遍历操作无需设栈,只要从某种次序下的开始结点出发,反复找到该结点在此次序下的直接后继结点,直至头结点为止。遍历线索二叉树避免了频繁的进栈和出栈,故在时间和空间上都比遍历二叉树有所节省。下面以中序线索二叉树为例,介绍线索二叉树遍历的相关算法。

**1. 在中序线索二叉树中查找结点的直接前驱**

在中序线索二叉树中求p所指结点的直接前驱时,若p->ltag==1,则p->lchild指向的结点就是p的直接前驱结点。例如,在图6.22(b)所示的二叉树中,结点F的ltag为1,lchild为前驱线索,所以结点F的直接前驱为结点D。若p->ltag==0,则中序遍历p的左子树时访问的最后一个结点(即左子树中最右下的结点)为p所指结点的直接前驱。例如,图6.22(b)中,结点A的直接前驱为其左子树中最右下的结点F。查找p所指结点的直接前驱的算法如下:

```
TBTNode *Inprior(TBTNode *p)                 /*中序线索二叉树中查找结点p的直接前驱*/
{
    TBTNode *pre;
    if(p->ltag==1)   pre=p->lchild;          /*左链为线索,指向前驱*/
    else                                     /*左链为孩子*/
    {   pre=p->lchild;                       /*左子树*/
```

```
        while (pre->rtag==0)                /* 左子树最右下 */
            pre=pre->rchild;
    }
    return pre;
}
```

### 2. 在中序线索二叉树中查找结点的直接后继

在中序线索二叉树中求 p 所指结点的直接后继时,若 p->rtag==1,则 p->rchild 指向的结点就是 p 的直接后继结点。例如,在图 6.22(b)所示的二叉树中,结点 C 的 rtag 为 1,rchild 为后继线索,所以结点 C 的直接后继为结点 B。若 p->rtag==0,则中序遍历 p 的右子树时访问的第一个结点(即右子树中最左下的结点)为 p 所指结点的直接后继。例如,在图 6.22(b)中,结点 A 的直接后继为其右子树中最左下的结点 H。查找 p 所指结点的直接后继的算法如下:

```
TBTNode *Insuc(TBTNode *p)          /* 中序线索二叉树中查找 p 所指结点的直接后继 */
{
    TBTNode *q=p->rchild;
    if(p->rtag==1)  return q;       /* 右链为线索,指向后继 */
    else                            /* 右链为孩子 */
    {   while (q->ltag==0)          /* 右子树最左下 */
            q=q->lchild;
        return q;
    }
}
```

### 3. 中序遍历线索二叉树

中序遍历线索二叉树可分为以下三个步骤:① 找到中序遍历的起始结点 *p,即二叉树最左下的结点并访问之;② 判断 *p 结点的右标志,若 p->rtag==1,表明 p->rchild 指向的是 *p 结点的后继结点,则将当前指针 p 移至 p->rchild 结点并访问之;重复执行②,直至 p->rtag==0 为止;③ 将当前指针 p 移至 p->rchild 结点,即转向 p 的右子树。反复执行以上三个步骤,直到扫描完二叉树的所有结点(即 p 指针指向头结点)。

```
void InOrderTBT(TBTNode *tb)                    /* 中序遍历线索二叉树 */
{
    TBTNode *p=tb->lchild;                      /* p 指向根结点 */
    while (p!=tb)                               /* 线索二叉树非空 */
    {   while (p->ltag==0) p=p->lchild;         /* 将 p 移至最左下的起始结点 */
        printf("%c ",p->data);                  /* 访问起始结点 */
        while (p->rtag==1 && p->rchild!=tb)
        {   p=p->rchild;
            printf("%c ",p->data);              /* 通过后继线索,访问后继结点 */
        }
        p=p->rchild;                            /* 转向右子树 */
    }
}
```

**4. 在中序线索二叉树中查找值为 $x$ 的结点**

在中序线索二叉树中查找值为 $x$ 的结点，可通过遍历线索二叉树，对当前访问的结点的值进行判断来实现，算法如下：

```
TBTNode *SearchX(TBTNode *tb, ElemType x)
{   /*中序线索二叉树中查找值为x的结点*/
    TBTNode *p=tb->lchild;                     /*p指向根结点*/
    if (p!=tb)                                 /*线索二叉树非空*/
    {   while (p->ltag==0)
            p=p->lchild;                       /*将p移至最左下的起始结点*/
        while (p!=tb && p->data!=x)
            p=Insuc(p);                        /*将p移至p的后继结点上*/
    }
    if (p==tb)
        return NULL;                           /*无值为x的结点*/
    else
        return p;                              /*有值为x的结点*/
}
```

## 6.8　树、森林与二叉树

树、森林和二叉树作为树形结构的具体类型，它们之间是可以相互转换的。任何一棵树或一个森林都可以唯一地对应一个二叉树，而任一棵二叉树也能唯一地对应一棵树或一个森林。正是由于它们之间存在这样一一对应的关系，我们常常会把树中要解决的问题对应到二叉树中进行处理，从而使问题得以简化。下面介绍树、森林与二叉树之间相互转换的方法。

### 6.8.1　树、森林转换为二叉树

**1. 树转换为二叉树**

将一棵树转换为二叉树的步骤如下：① 将树中具有兄弟关系的结点连接起来；② 对树中的每个结点只保留双亲与长子的连线，删除双亲与非长子的连线；③ 以树的根结点为轴心，将整棵树顺时针旋转一定的角度，使其结构层次分明。

**2. 森林转换为二叉树**

如果要转换为二叉树的森林是由两棵或两棵以上的树构成的，则将这样的森林转换为二叉树的步骤如下：① 将森林中的每一棵树转换成相应的二叉树；② 第一棵二叉树不动，从第二棵二叉树开始，依次把后一棵二叉树的根结点链接到前一棵二叉树根结点的右孩子链域。当所有二叉树都链接到一起，就得到了由森林转换成的二叉树，对其进行适当调整，使其结构层次分明。

**【例 6.15】** 将图 6.23(a)所示的树转换为二叉树。

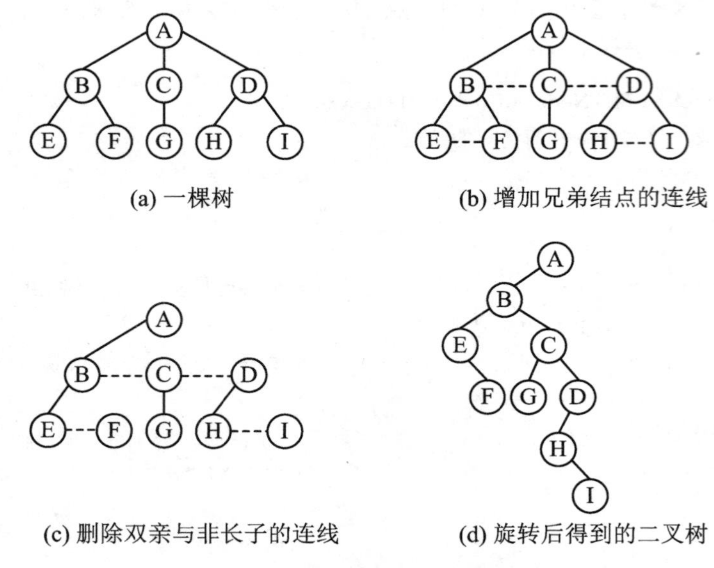

(a) 一棵树　　(b) 增加兄弟结点的连线

(c) 删除双亲与非长子的连线　　(d) 旋转后得到的二叉树

**图 6.23　树转换为二叉树的过程**

**【例 6.16】** 将图 6.24(a)所示的森林转换为二叉树。

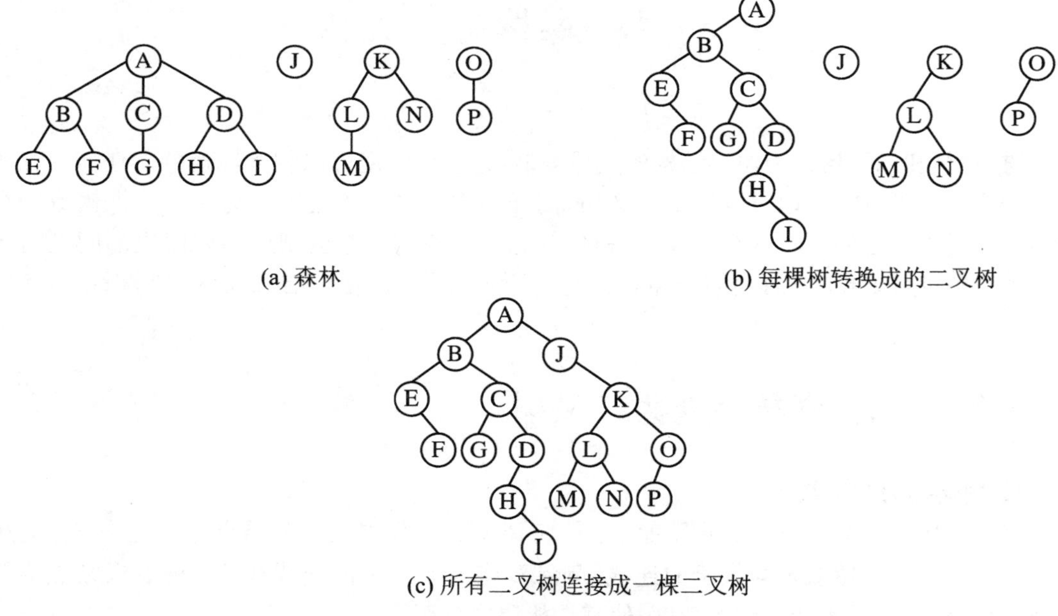

(a) 森林　　(b) 每棵树转换成的二叉树

(c) 所有二叉树连接成一棵二叉树

**图 6.24　森林转换为二叉树的过程**

## 6.8.2　二叉树还原为树或森林

二叉树转换为树或者森林,实际上就是将树或森林转换为二叉树的逆过程。

**1．二叉树还原为树**

如果二叉树的根结点无右孩子，则该二叉树将还原为一棵树。把一棵二叉树还原为树的过程如下：① 加线。若结点的左孩子存在，则将该结点的左孩子的右孩子结点、右孩子的右孩子结点等都与该结点用线连接起来；② 去线。删除原二叉树中所有结点与右孩子结点的连线；③ 调整。适当调整，使结构层次分明。

**【例 6.17】** 将图 6.25(a)所示的二叉树转换为树。

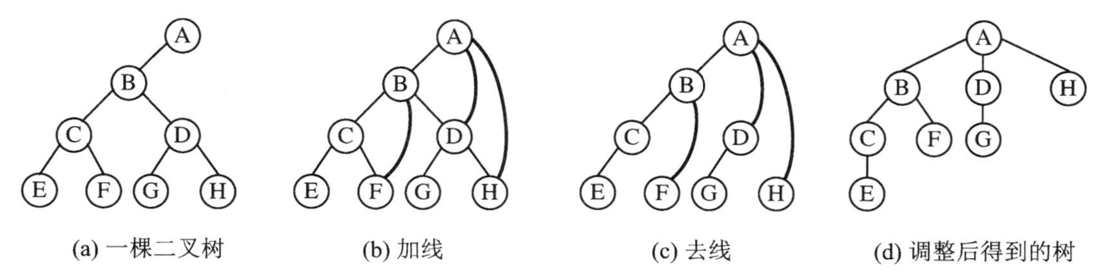


**图 6.25　二叉树转换为树的过程**

**2．二叉树还原为森林**

如果二叉树的根结点有右孩子，则该二叉树将还原为森林，且从根结点出发，沿着右孩子链向二叉树的右下方扫描，每当扫描到一个结点，还原出的森林中就增加一棵树。把一棵二叉树还原为森林的过程如下：① 删除二叉树根结点的右孩子链上所有表示"双亲—右孩子"关系的连线，将该二叉树分割为若干棵以右孩子链上的结点为根的二叉树；② 将分离出来的每一棵二叉树分别还原为一棵树，这些树就组成了还原出来的森林。

**【例 6.18】** 将图 6.26(a)所示的二叉树转换为森林。

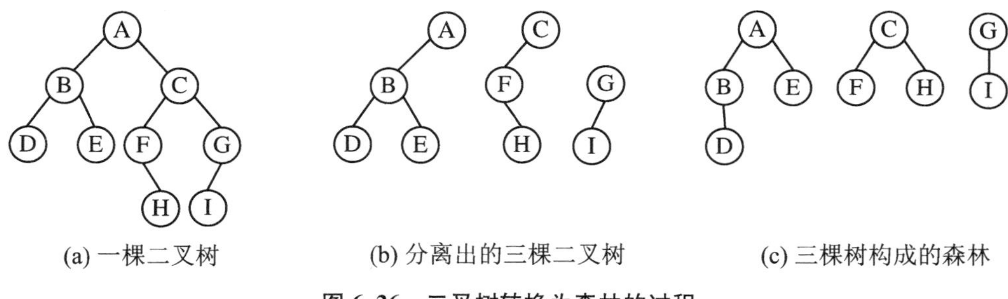


**图 6.26　二叉树转换为森林的过程**

## 6.8.3　树和森林的遍历

与二叉树的遍历类似，树和森林的遍历也是按照某种次序对树或森林中的每个结点进行访问且仅访问一次的操作。

树(森林)的遍历方法可分为先根遍历和后根遍历两种。

**1．先根遍历**

若树(森林)为空，则空操作，否则：

(1) 访问左边第一棵树的根；

(2) 按先根次序从左到右遍历此根下的子树；

(3) 按先根次序从左到右遍历除第一棵树外的树(森林)。

例如,图 6.25(d)所示的树的先根遍历序列为 ABCEFDGH。图 6.26(c)所示的森林的先根遍历序列为 ABDECFHGI。

树(森林)的先根遍历相当于对其相应的二叉树的先序遍历。

**2. 后根遍历**

若树(森林)为空,则空操作,否则:

(1) 按后根次序从左到右遍历最左边的树下的子树;

(2) 访问最左边树的根;

(3) 按后根次序从左到右遍历除第一棵树外的树(森林)。

例如,图 6.25(d)所示的树的后根遍历序列为 ECFBGDHA。图 6.26(c)所示的森林的后根遍历序列为 DBEAFHCIG。

树(森林)的后根遍历相当于对其相应的二叉树的中序遍历。

# 6.9 哈 夫 曼 树

哈夫曼(Huffman)树又称最优二叉树。它是一种带权路径长度最短的二叉树,可用来构造最优编码,用于信息传输、数据压缩等方面,应用十分广泛。

## 6.9.1 哈夫曼树的概念

在介绍哈夫曼树之前,先介绍几个与哈夫曼树相关的基本概念。

结点的权:给二叉树中的结点赋予一个具有某种意义的数值,该数值称为结点的权。

结点带权路径长度:结点到根之间的路径长度与该结点的权的乘积。

树的带权路径长度:树中所有叶子结点的带权路径长度之和,通常记为 WPL:

$$\mathrm{WPL} = \sum_{i=1}^{n} w_i l_i$$

其中,$n$ 表示叶子结点的个数,$w_i$ 和 $l_i$ 分别表示第 $i$ 个叶子结点 $k_i$ 的权值和根到 $k_i$ 之间的路径长度(即从叶子结点到达根结点的路径上经过的分支数)。

例如,给定 4 个叶子结点,其权值分别为 1、3、6、7,图 6.27 是由这 4 个叶子结点构造出的形状各异的 4 棵二叉树,它们的带权路径长度分别为

(1) $\mathrm{WPL}=1\times2+3\times2+6\times2+7\times2=34$

(2) $\mathrm{WPL}=1\times2+3\times3+6\times3+7\times1=36$

(3) $\mathrm{WPL}=7\times3+6\times3+3\times2+1\times1=46$

(4) $\mathrm{WPL}=1\times3+3\times3+6\times2+7\times1=31$

哈夫曼树:在 $n$ 个带权叶子结点构成的所有二叉树中,带权路径长度 WPL 最小的二叉树为最优二叉树。因构造这种二叉树的算法是由哈夫曼于 1952 年提出的,因此,常将这种二叉树称为哈夫曼树。

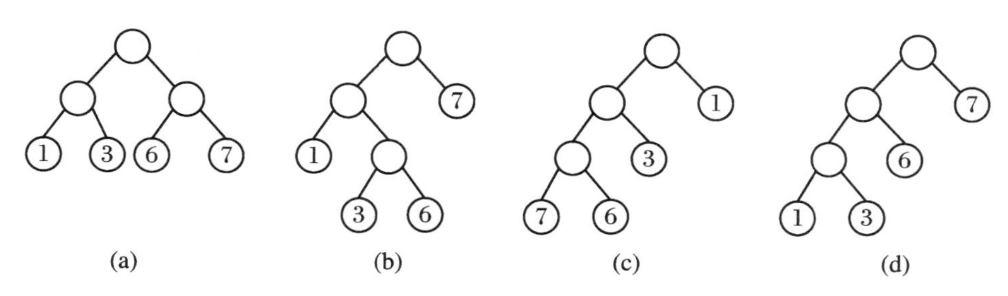


图 6.27　4 棵带权{1,3,6,7}的二叉树

## 6.9.2　哈夫曼算法

由哈夫曼树的定义可知，一棵二叉树要使其 WPL 值最小，必须使权值越大的叶子结点越靠近根结点，而权值越小的叶子结点越远离根结点。那么如何构造一棵哈夫曼树呢？

哈夫曼树的构造算法如下：

(1) 由给定的 $n$ 个权值$\{w_1, w_2, \cdots, w_n\}$构造 $n$ 棵二叉树的集合$F=\{T_1, T_2, \cdots, T_n\}$，其中每棵二叉树 $T_i$都只有一个权值为 $w_i$的根结点，其左、右子树均为空。

(2) 在 $F$ 中选取根结点的权值最小和次小的两棵二叉树作为左、右子树构造一棵新的二叉树，这棵新的二叉树根结点的权值为其左、右子树根结点权值之和。

(3) 在集合 $F$ 中删除作为左、右子树的两棵二叉树，并将新建立的二叉树加入集合 $F$ 中。

(4) 重复(2)、(3)两步，当 $F$ 中只剩下一棵二叉树时，这便是所要建立的哈夫曼树。

**【例 6.19】**　按给定权值 $w=\{1,3,6,7\}$构造一棵哈夫曼树，给出构造过程。

**解**　哈夫曼树的构造过程如图 6.28 所示。

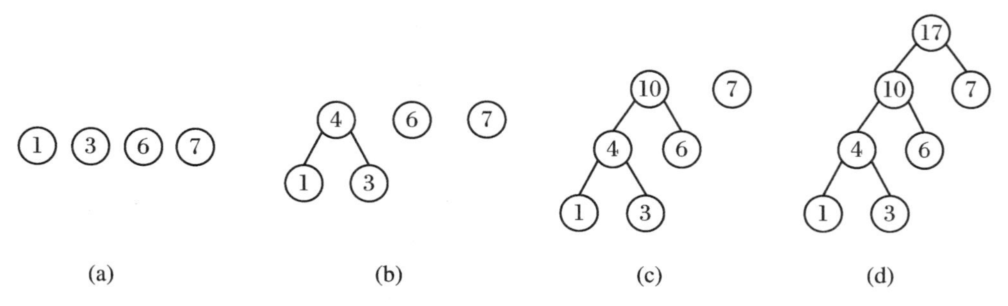


图 6.28　哈夫曼树的构造过程

哈夫曼树的特点如下：

(1) 权值越大的叶子结点越靠近根结点，而权值越小的叶子结点越远离根结点。

(2) 哈夫曼树中只有度为 0 和度为 2 的结点，不存在度为 1 的结点。因此，哈夫曼树是严格的二叉树。

(3) 哈夫曼树不是唯一的。

(4) 任一棵哈夫曼树的 WPL 都等于其所有分支结点权值的累加和。

(5) 具有 $n$ 个叶子结点的哈夫曼树共有 $2n-1$ 个结点。

为了实现构造哈夫曼树的算法，将哈夫曼树的结点类型声明如下：

```
typedef struct
{
    char data;              /* 结点值 */
    double weight;          /* 权值 */
    int parent;             /* 双亲结点 */
    int lchild;             /* 左孩子结点 */
    int rchild;             /* 右孩子结点 */
} HTNode;
```

用 ht[]数组存放哈夫曼树,对于具有 $n$ 个叶子结点的哈夫曼树,总共有 $2n-1$ 个结点。其算法思路是:$n$ 个叶子结点(存放在 ht[0]~ht[$n-1$]中)只有 data 和 weight 域值,先将所有 $2n-1$ 个结点的 parent、lchild 和 rchild 域置为初值 -1。处理每个非叶子结点 ht[i](存放在 ht[$n$]~ht[$2n-2$]中):从 ht[0]~ht[$i-2$]中找出根结点(其 parent 域为 -1)最小的两个结点 ht[lnode]和 ht[rnode],将它们作为 ht[$i$]的左、右子树,ht[lnode]和 ht[rnode]的双亲结点置为 ht[$i$],并且 ht[$i$]. weight = ht[lnode]. weight + ht[rnode]. weight。如此这样,直到所有 $n-1$ 个非叶子结点处理完毕。构造哈夫曼树的算法如下:

```
void CreateHT(HTNode ht[],int n0)              /* 构造哈夫曼树 */
{   int i, k, lnode, rnode;
    double min1, min2;
    for (i=0; i<2*n0-1; i++)                  /* 所有节点的相关域置初值 -1 */
        ht[i].parent=ht[i].lchild=ht[i].rchild=-1;
    for (i=n0; i<=2*n0-2; i++)                /* 构造哈夫曼树的 n0-1 个节点 */
    {     min1=min2=32767;                    /* lnode 和 rnode 为最小权值的两个结点位置 */
        lnode=rnode=-1;
        for (k=0; k<=i-1; k++)                /* 在 ht[0..i-1]中找权值最小的两个结点 */
            if (ht[k].parent==-1)             /* 只在尚未构造二叉树的结点中查找 */
            {   if (ht[k].weight<min1)
                {   min2=min1;   rnode=lnode;
                    min1=ht[k].weight;   lnode=k;
                }
                elseif (ht[k].weight<min2)
                {   min2=ht[k].weight;
                    rnode=k;
                }
            }
        ht[i].weight=ht[lnode].weight+ht[rnode].weight;
        ht[i].lchild=lnode;ht[i].rchild=rnode;           /* ht[i]作为双亲结点 */
        ht[lnode].parent=i;ht[rnode].parent=i;
    }
}
```

## 6.9.3 哈夫曼编码

哈夫曼树可用于构造使电文编码的代码长度最短的编码方案。具体构造方法如下：设需要编码的字符集合为$\{d_1, d_2, \cdots, d_n\}$，各个字符在电文中出现的次数集合为$\{w_1, w_2, \cdots, w_n\}$，以$d_1, d_2, \cdots, d_n$作为叶子结点，以$w_1, w_2, \cdots, w_n$作为各根结点到每个叶子结点的权值构造一棵哈夫曼树，规定哈夫曼树中的左分支为0，右分支为1，则从根结点到每个叶子结点所经过的分支对应的0和1组成的序列便是该结点对应字符的编码。这样的编码称为哈夫曼编码。哈夫曼编码的实质就是对使用频率越高的字符采用越短的编码。

为了实现构造哈夫曼编码的算法，设计存放每个结点的哈夫曼编码的类型如下：

```
typedef struct
{
    char cd[N];              /*存放当前结点的哈夫曼编码*/
    int start;               /*存放哈夫曼编码在cd中的起始位置*/
} HCode;
```

根据哈夫曼树求对应的哈夫曼编码的算法如下：

```
void CreateHCode(HTNode ht[], HCode hcd[], int n0)        /*构造哈夫曼编码*/
{   int i, f, c;
    HCode hc;
    for (i=0; i<n0; i++)                                   /*根据哈夫曼树求哈夫曼编码*/
    {   hc.start=n0;  c=i;
        f=ht[i].parent;
        while (f!=-1)                                      /*循环直到无双亲结点,即到达树根结点*/
        {   if (ht[f].lchild==c)                           /*当前结点是双亲结点的左孩子*/
                hc.cd[hc.start--]='0';
            else                                           /*当前结点是双亲结点的右孩子*/
                hc.cd[hc.start--]='1';
            c=f;  f=ht[f].parent;                          /*再对双亲结点进行同样的操作*/
        }
        hc.start++;                                        /*start指向哈夫曼编码最开始的字符*/
        hcd[i]=hc;
    }
}
```

**【例6.20】** 假设用于通信的电文中共使用了5个字符：a、b、c、d、e，它们出现的次数分别为7、14、10、5、18，试为这些字符设计哈夫曼编码。

**解** 按哈夫曼算法构造的哈夫曼树(假设左子树根结点的权值小于等于右子树根结点的权值)如图6.29所示。

给哈夫曼树中所有的左分支编0，右分支编1，从而得到各字符的哈夫曼编码如下：

a：011　b：10　c：00　d：010　e：11

哈夫曼编码的特点如下：

(1) 由于哈夫曼树不是唯一的，因此，哈夫曼编码也不是唯一的。

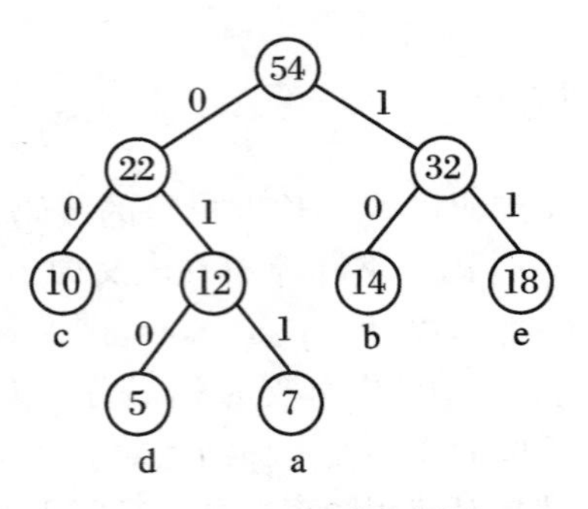


图 6.29 一棵哈夫曼树

(2) 在对字符集进行编码时,如果字符集中任一字符的编码都不是其他字符编码的前缀,我们称这样的编码为前缀编码。例如,{0, 10, 110, 1111}、{1, 01, 001, 0000}等都是前缀编码,而{1, 11, 101, 001, 0011}不是前缀编码。哈夫曼编码就是一种前缀编码。

等长编码也是一种前缀编码。在例 6.20 中,对包含 5 种不同字符的电文进行编码时,可采用码长为 3 的等长编码{000, 001, 010, 011, 100}。采用这种等长编码得到的编码文件总长为(7+14+10+5+18)×3=162 bits,采用哈夫曼编码得到的编码文件总长为(5+7)×3+(10+14+18)×2=120 bits。

平均码长或编码后文件总长最小的前缀编码称为最优前缀编码。哈夫曼编码就是最优前缀编码。

# 第 7 章　图

## 学习要求

1. 理解图的定义和常用术语。

2. 掌握图的邻接矩阵和邻接表存储结构，了解图的十字链表和邻接多重表存储结构。

3. 理解图的基本运算，包括创建图、输出图、销毁图等。

4. 掌握图的深度优先遍历和广度优先遍历操作。

5. 掌握生成树和最小生成树的概念，掌握求带权连通图的最小生成树的 Prim 算法和 Kruskal 算法。

6. 理解求单源点最短路径的 Dijkstra 算法和求顶点对最短路径的 Floyd 算法。

7. 掌握 AOV 网的拓扑排序算法。

8. 理解 AOE 网中求关键路径的过程。

## 学习重点

1. 图的基本概念。

2. 图的邻接矩阵和邻接表存储结构。

3. 图的深度优先遍历和广度优先遍历操作。

4. 求带权连通图的最小生成树的 Prim 算法和 Kruskal 算法。

5. AOV 网的拓扑排序算法。

## 知识单元

在线性表中，数据元素之间仅有线性关系，每个数据元素最多只有一个直接前驱和一个直接后继；在树形结构中，数据元素之间有着明显的层次关系，并且每一层上的数据元素可能和下一层中的多个元素（即其孩子结点）相关，但只能和上一层中的一个元素（即其双亲结点）相关。本章讨论的图是一种较线性表和树更为复杂的非线性数据结构。在图形结构中，结点之间的关系可以是任意的，图中任意两个数据元素之间都可能相关，也就是在图的数据元素之间存在多对多的关系。由此，前面介绍的线性结构和树形结构都可以看作图形结构的特例。

图的应用十分广泛，例如，在交通运输管理、市政管道铺设、工作进度安排等诸多现实问题中都常采用图来模拟各种复杂的数据对象。当前，图的应用已经渗透到计算机科学、社会科学、人文科学、工程技术等各个领域。

# 7.1 图的基本概念

## 7.1.1 图的定义

图(Graph)由顶点集合 $V$(Vertex)和边集合 $E$(Edge)组成,记为 $G=(V,E)$,其中 $V$ 是顶点的非空有限集,记为 $V(G)$,$E$ 是连接 $V$ 中两个不同顶点(顶点对)的边的有限集,记为 $E(G)$。$E(G)$可以为空集,当 $E(G)$为空集时,图 $G$ 只有顶点,没有边。

通常可以用字母或自然数来标识图中的顶点,这里约定用 $i(1\leqslant i\leqslant n)$表示第 $i$ 个顶点的编号,其中 $n$ 为图的顶点个数。在图 $G$ 中,如果表示边的顶点对是无序的,则称图 $G$ 为无向图。在无向图中,代表边的无序顶点对通常用圆括号括起来,用以表示一条无向边。显然,无向图中$(i,j)$和$(j,i)$代表同一条边。在图 $G$ 中,如果表示边的顶点对是有序的,则称图 $G$ 为有向图。在有向图中,代表边的有序顶点对通常用尖括号括起来,用以表示一条有向边。如$\langle i,j\rangle$表示从顶点 $i$ 到顶点 $j$ 的一条有向边,可见$\langle i,j\rangle$和$\langle j,i\rangle$是两条不同的边。

图 7.1(a)所示的是无向图 $G_1$,其顶点集合 $V(G_1)=\{1,2,3,4,5\}$,边集合 $E(G_1)=\{(1,2),(1,4),(2,3),(2,5),(3,4),(3,5)\}$。图 7.1(b)是有向图 $G_2$,其顶点集合 $V(G_2)=\{1,2,3,4\}$,边集合 $E(G_2)=\{\langle 1,2\rangle,\langle 1,3\rangle,\langle 3,4\rangle,\langle 4,1\rangle\}$。

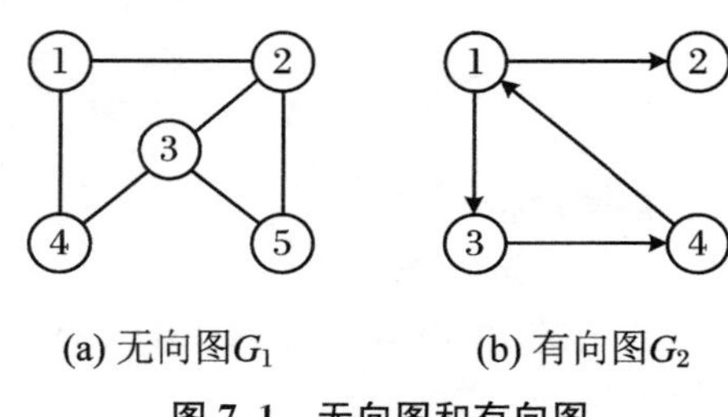


**图 7.1 无向图和有向图**

## 7.1.2 图的基本术语

为了便于图的描述,下面给出图的基本术语。

**1. 端点和邻接点**

在一个无向图中,若存在一条边$(i,j)$,则称顶点 $i$ 和顶点 $j$ 为该边的两个端点,并称 $i$ 和 $j$ 互为邻接点,即顶点 $i$ 是顶点 $j$ 的一个邻接点,顶点 $j$ 也是顶点 $i$ 的一个邻接点。

在一个有向图中,若存在一条有向边$\langle i,j\rangle$(也称为弧),则称该有向边是顶点 $i$ 的一条出边,同时也是顶点 $j$ 的一条入边,且称 $i$ 为该边的起始端点(简称起点,也称为弧尾),$j$ 为该边的终止端点(简称终点,也称为弧头),$i$ 和 $j$ 互为邻接点,其中,顶点 $j$ 是顶点 $i$ 的出边邻接点,顶点 $i$ 是顶点 $j$ 的入边邻接点。

**2. 顶点的度、入度和出度**

在无向图中，顶点 $i$ 所关联的边的数目称为该顶点 $i$ 的度，记为 $TD(v_i)$。在有向图中，顶点的度又分为入度和出度，以顶点 $i$ 为终点的入边的数目称为该顶点 $i$ 的入度，记为 $ID(v_i)$。以顶点 $i$ 为起点的出边的数目称为该顶点 $i$ 的出度，记为 $OD(v_i)$。顶点 $i$ 的入度与出度的和为该顶点 $i$ 的度，即 $TD(v_i)=ID(v_i)+OD(v_i)$。例如，在图 $G_1$ 中，$TD(v_1)=2$，$TD(v_2)=3$；在图 $G_2$ 中，$TD(v_1)=3$，$ID(v_1)=1$，$OD(v_1)=2$，$TD(v_2)=1$，$ID(v_2)=1$，$OD(v_2)=0$。

可以证明，对于具有 $n$ 个顶点和 $e$ 条边的图，顶点 $v_i$ 的度 $TD(v_i)$ 与顶点的个数 $n$ 以及边的数目 $e$ 之间满足如下关系：

$$e=\frac{1}{2}\sum_{i=1}^{n}TD(v_i)$$

**3. 完全图**

在一个无向图中，如果任意两个顶点之间都存在着一条直接相连的边，则称该图为无向完全图。图 7.2(a)所示的是一个含有 4 个顶点的无向完全图，共有 6 条边。

在一个有向图中，如果任意两个顶点之间都存在着方向互反的两条边，则称该图为有向完全图。图 7.2(b)所示的是一个含有 4 个顶点的有向完全图，共有 12 条边。

显然，$n$ 个顶点的无向完全图共有 $n(n-1)/2$ 条边，$n$ 个顶点的有向完全图共有 $n(n-1)$ 条边。

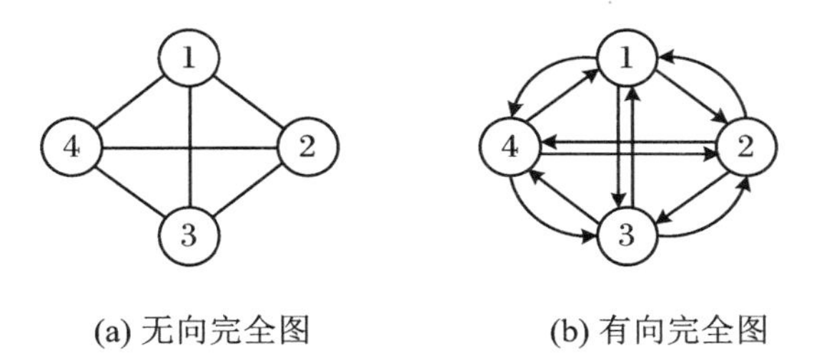


**图 7.2　含有 4 个顶点的完全图**

**4. 稠密图和稀疏图**

当一个图接近完全图时，称为稠密图。相反，当其所含边数很少，即 $e<<n(n-1)$ 时，称为稀疏图。

**5. 子图**

若有两个图 $G=(V,E)$ 和 $G'=(V',E')$，若 $V'$ 是 $V$ 的子集，即 $V'\subseteq V$，且 $E'$ 是 $E$ 的子集，即 $E'\subseteq E$，则称 $G'$ 是 $G$ 的子图。图 7.3(a)列出了无向图 $G_1$ 的部分子图，图 7.3(b)列出了有向图 $G_2$ 的部分子图。

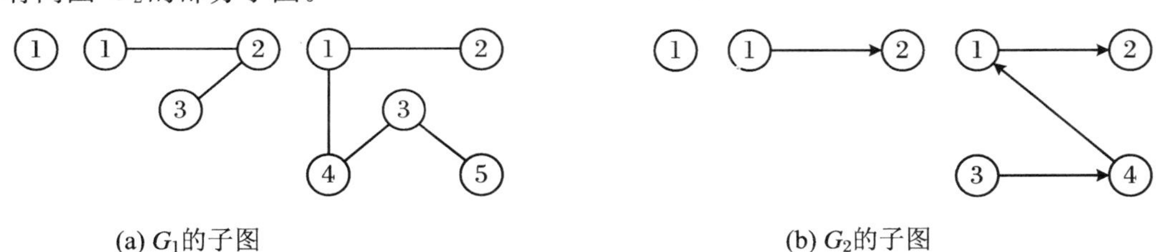


**图 7.3　子图**

注意:并非 $V$ 的任何子集 $V'$ 和 $E$ 的任何子集 $E'$ 都能构成 $G$ 的子图,因为这样的( $V'$, $E'$)并不一定能构成一个图,而图 $G$ 的子图一定是图。

**6. 路径、路径长度和简单路径**

在无向图中,从顶点 $i$ 到顶点 $j$ 的一条路径是一个顶点序列 $i, i_1, i_2, \cdots, i_m, j$。其中, $(i, i_1), (i_1, i_2), \cdots, (i_{m-1}, i_m), (i_m, j)$ 分别是图中的边,且这些边的数目称为路径长度。在有向图中,路径也是有向的,它是由若干条弧 $\langle i, i_1\rangle, \langle i_1, i_2\rangle, \cdots, \langle i_{m-1}, i_m\rangle, \langle i_m, j\rangle$ 组成的。若一条路径中,除开始点和结束点可以相同以外,其余的顶点不重复出现,则称该路径为简单路径。图 7.1(a)所示的无向图 $G_1$ 中, $v_1 \to v_4 \to v_3 \to v_5$ 和 $v_1 \to v_2 \to v_5$ 是从顶点 $v_1$ 到顶点 $v_5$ 的两条简单路径,路径长度分别为 3 和 2。图 7.1(b)所示的有向图 $G_2$ 中, $v_1 \to v_2$ 和 $v_1 \to v_3 \to v_4 \to v_1 \to v_2$ 是从顶点 $v_1$ 到顶点 $v_2$ 的两条路径,路径长度分别为 1 和 4,其中 $v_1 \to v_2$ 是一条简单路径。

**7. 回路或环、简单回路或简单环**

若一条路径上的开始点与结束点为同一个顶点,则称此路径为回路或环。除开始点与结束点相同之外,其他各个顶点均不重复出现的回路或环称为简单回路或简单环。例如,在图 7.1(b)所示的有向图 $G_2$ 中, $v_1 \to v_3 \to v_4 \to v_1$ 就是一条长度为 3 的简单回路。

**8. 连通、连通图和连通分量**

在无向图 $G$ 中,若从顶点 $i$ 到顶点 $j$ 有路径,则称顶点 $i$ 和顶点 $j$ 是连通的。若图 $G$ 中的任意两个顶点都是连通的,则称 $G$ 为连通图,否则称为非连通图。图 7.1(a)所示的无向图 $G_1$ 为连通图,图 7.4(a)所示的无向图 $G_3$ 为非连通图。

无向图 $G$ 中的极大连通子图(在满足连通的条件下,尽可能多地包含原图中的顶点和边)称为 $G$ 的连通分量。显然,连通图的连通分量只有一个(即本身),而非连通图有多个连通分量。无向非连通图 $G_3$ 有两个连通分量,如图 7.4(b)所示。

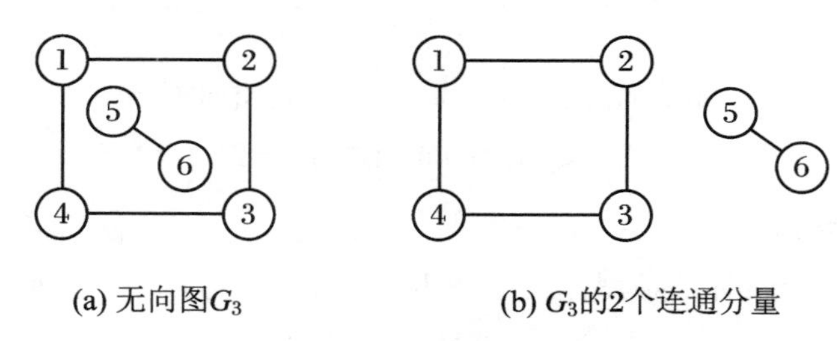


**图 7.4 无向图及其连通分量**

**9. 强连通图和强连通分量**

在有向图 $G$ 中,若从顶点 $i$ 到顶点 $j$ 有路径,则称从顶点 $i$ 到顶点 $j$ 是连通的。若图 $G$ 中的任意两个顶点 $i$ 和 $j$ 都连通,即从顶点 $i$ 到顶点 $j$ 和从顶点 $j$ 到顶点 $i$ 都存在路径,则称图 $G$ 是强连通图。有向图 $G$ 中的极大强连通子图称为 $G$ 的强连通分量。显然,强连通图只有一个强连通分量(即本身),非强连通图有多个强连通分量。

在一个非强连通图中找强连通分量的方法如下:

(1) 在图中找有向环。

(2) 扩展该有向环:如果某个顶点到该环中的任一顶点有路径,并且该环中的任一顶点到这个顶点也有路径,则加入这个顶点。

例如,图 7.5(a)所示的有向图 $G_4$ 是一个非强连通图,首先找到由顶点 1、2、3 构成的一个有向环，然后考察顶点4，可以将它加入上述有向环构成的子图中，而顶点5和顶点6不能加入，最后得到 $G_4$ 的三个强连通分量，如图7.5(b)所示。

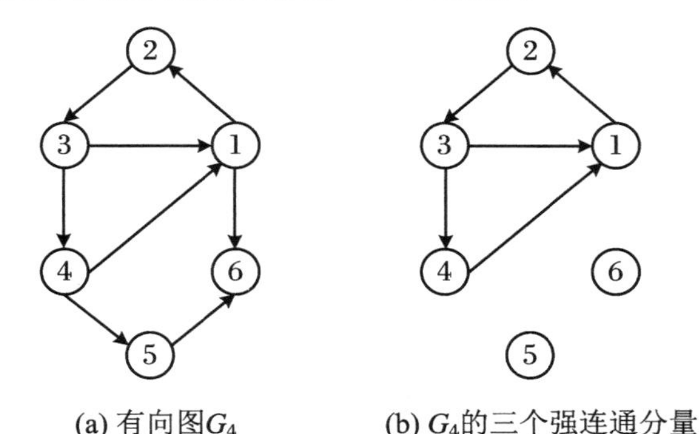


(a) 有向图$G_4$　　(b) $G_4$的三个强连通分量

**图7.5　有向图及其强连通分量**

**10．权和网**

在实际应用中，图的每一条边都可以被赋予一个具有某种含义的数值，这个数值称为该边上的权。权可以表示从一个顶点到另一个顶点的距离或花费的代价。边上带有权的图称为带权图，也称为网。图7.6(a)和7.6(b)分别是一个无向网 $G_5$ 和一个有向网 $G_6$。

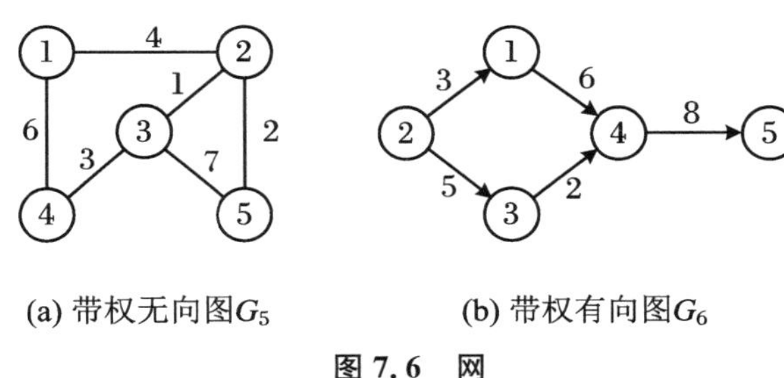


(a) 带权无向图$G_5$　　(b) 带权有向图$G_6$

**图7.6　网**

## 7.1.3　图的抽象数据类型描述

图的抽象数据类型描述如下：

```
ADT Graph{
    数据对象:
        D={ai|1≤i≤n,n≥0,ai为ElemType类型}        //ElemType是自定义类型标识符
    数据关系:
        R={<ai,aj>|ai、aj∈D,1≤i, j≤n,其中,每个元素可以有零个或多个前驱元素,可以有零
个或多个后继元素}
    基本运算:
        CreateGraph(&g):创建图,由相关数据构造一个图g。
        DestroyGraph(&g):销毁图,释放图g占用的存储空间。
        DispGraph(g):输出图,显示图g的顶点和边信息。
        DFS(g,v):从顶点v出发深度优先遍历图g。
        BFS(g,v):从顶点v出发广度优先遍历图g。
        ……
}
```

# 7.2　图的存储结构和基本运算

图是一种复杂的非线性结构,图的存储结构除了要存储图中各个顶点自身的信息外,还要存储顶点与顶点之间的所有关系(即边的信息)。而图中顶点之间存在的多对关系无法简单地通过顺序存储结构的位置关系直接表示出来,即图没有顺序存储结构,但可以借助二维数组来表示图中各顶点之间的关系,即采用邻接矩阵存储结构。另一方面,由于图的任意两个顶点之间都可能存在关系,因此,可以用链式存储结构来表示图。图的链式存储有多种形式,如邻接表、十字链表和邻接多重表等。在实际应用中,应根据具体问题的需要,选择不同的存储结构。

## 7.2.1　邻接矩阵

邻接矩阵是表示顶点之间相邻关系的矩阵。设 $G=(V,E)$是具有 $n(n>0)$个顶点的图,则 $G$ 的邻接矩阵 $\boldsymbol{A}$ 是 $n$ 阶方阵,其定义如下:

(1) 如果 $G$ 是不带权的无向图,则:

$$\boldsymbol{A}[i][j]=\begin{cases}1 & 若(i,j)\in E(G)\\ 0 & 其他\end{cases}$$

(2) 如果 $G$ 是不带权的有向图,则:

$$\boldsymbol{A}[i][j]=\begin{cases}1 & 若\langle i,j\rangle\in E(G)\\ 0 & 其他\end{cases}$$

(3) 如果 $G$ 是带权无向图,则:

$$\boldsymbol{A}[i][j]=\begin{cases}w_{ij} & 若 i\neq j 且(i,j)\in E(G)\\ 0 & i=j\\ \infty & 其他\end{cases}$$

(4) 如果 $G$ 是带权有向图,则:

$$\boldsymbol{A}[i][j]=\begin{cases}w_{ij} & 若 i\neq j 且\langle i,j\rangle\in E(G)\\ 0 & i=j\\ \infty & 其他\end{cases}$$

其中,$w_{ij}$表示顶点 $i$ 和顶点 $j$ 之间的边或弧上的权值,如果两顶点之间不存在边或弧,则用 $\infty$ 表示。

按上述定义,可以给出图 7.1(a)所示的无向图 $G_1$对应图 7.7 中的邻接矩阵数组 $\boldsymbol{A}_1$,图 7.1(b)所示的有向图 $G_2$对应的图 7.7 中的邻接矩阵数组 $\boldsymbol{A}_2$,图 7.6(a)所示的带权无向图 $G_5$对应的图 7.7 中邻接矩阵数组 $\boldsymbol{A}_3$,图 7.6(b)所示的带权有向图 $G_6$对应的图 7.7 中的邻接矩阵数组 $\boldsymbol{A}_4$。

$$
\boldsymbol{A}_1=\begin{bmatrix}0&1&0&1&0\\1&0&1&0&1\\0&1&0&1&1\\1&0&1&0&0\\0&1&1&0&0\end{bmatrix}\qquad
\boldsymbol{A}_2=\begin{bmatrix}0&1&1&0\\0&0&0&0\\0&0&0&1\\1&0&0&0\end{bmatrix}
$$

$$
\boldsymbol{A}_3=\begin{bmatrix}0&4&\infty&6&\infty\\4&0&1&\infty&2\\\infty&1&0&3&7\\6&\infty&3&0&\infty\\\infty&2&7&\infty&0\end{bmatrix}\qquad
\boldsymbol{A}_4=\begin{bmatrix}0&\infty&\infty&6&\infty\\3&0&5&\infty&\infty\\\infty&\infty&0&2&\infty\\\infty&\infty&\infty&0&8\\\infty&\infty&\infty&\infty&0\end{bmatrix}
$$

**图 7.7　邻接矩阵数组**

在图的邻接矩阵存储结构中，除了用邻接矩阵数组来存储顶点之间的邻接关系，还需要用一个一维数组来存储顶点信息。另外，可以将图中的顶点个数及边数一起存储，由此可得图的邻接矩阵类型的声明如下：

```
#define MAXV <最大顶点个数>
#define INF 32767                        /*定义∞*/
typedef struct
{   int no;                              /*顶点的编号*/
    InfoType info;                       /*顶点的其他信息*/
} VertexType;                            /*顶点的类型*/
typedef struct
{   int edges[MAXV][MAXV];               /*邻接矩阵数组*/
    int n, e;                            /*顶点数,边数*/
    VertexType vexs[MAXV];               /*存放顶点信息*/
} MatGraph;                              /*图的邻接矩阵类型*/
```

已知一个图的顶点和边，创建图的邻接矩阵存储结构比较简单，下面介绍基于邻接矩阵存储结构的图的创建、输出和销毁的算法。

**1. 创建图的邻接矩阵**

```
typedef char InfoType[4];
void CreateMat(MatGraph *&g, int n, int e)                 /*创建邻接矩阵g*/
{   int i, j, k, w;
    InfoType v1, v2;
    g=(MatGraph *)malloc(sizeof(MatGraph));
    g->n=n;  g->e=e;                                      /*确定顶点个数和边数*/
    printf("请输入%d个顶点的名称(以空格分隔)\n",n);
    for (i=0; i<n; i++)
        scanf("%s",g->vexs[i].info);                      /*读入顶点信息*/
    for (i=0; i<n; i++)                                   /*初始化edges数组*/
        for (j=0; j<n; j++)
        {   if(i==j)
                g->edges[i][j]=0;                         /*edges数组的对角线元素为0*/
```

```
                else
                    g->edges[i][j]=INF;                   /*其余位置元素初始置为∞*/
            }
        printf("请输入%d条边的起点、终点、权值(以空格分隔):\n",e);
        for (k=0; k<e; k++)
        {   scanf("%s%s%d",v1,v2,&w);                     /*读入一条边的信息*/
            i=LocateVertex(g,v1);
            j=LocateVertex(g,v2);
            g->edges[i][j]=w;                             /*有向图的邻接矩阵*/
        }
}
```

其中,LocateVertex 函数定义如下:

```
int LocateVertex(MatGraph *g, InfoType v)
{   /*按顶点名称确定其在邻接矩阵中的存储位置*/
    int i;
    for (i=0; i<g->n; i++)
        if(strcmp(g->vexs[i].info,v)==0)
            return i;
    return -1;
}
```

**2. 输出图的邻接矩阵**

```
void DispMat(MatGraph *g)                         /*输出邻接矩阵 g*/
{   int i, j;
    printf("\t  ");
    for (i=0; i<g->n; i++)                        /*输出各顶点的名称*/
        printf("%4s ",g->vexs[i].info);
    printf("\n\t----------------------------------\n");
    for (i=0; i<g->n; i++)                        /*输出邻接矩阵内容*/
    {   printf("\t%s|",g->vexs[i].info);          /*每一行先输出顶点名称*/
        for (j=0; j<g->n; j++)
            if (g->edges[i][j]==INF)
                printf("%5s","∞");
            else
                printf("%5d",g->edges[i][j]);
        printf("\n");
    }
}
```

**3. 销毁图的邻接矩阵**

```
void DestroyMat(MatGraph *&g)                     /*销毁邻接矩阵 g*/
{
    free(g);
}
```

图的邻接矩阵存储结构具有以下特点：

(1) 图的邻接矩阵表示是唯一的。

(2) 对于含有 $n$ 个顶点的图，当采用邻接矩阵存储时，无论是有向图还是无向图，也无论边的数目是多少，其存储空间均为 $O(n^2)$。这对于稀疏图而言，尤其浪费空间，所以邻接矩阵适合于存储边数较多的稠密图。

(3) 无向图的邻接矩阵数组一定是一个对称矩阵，因此可以采用压缩存储的思想，只需存储上(或下)三角部分的元素即可。

(4) 对于无向图，其邻接矩阵数组的第 $i$ 行或第 $i$ 列中的非零且非∞的元素个数正好是顶点 $i$ 的度。

(5) 对于有向图，其邻接矩阵数组的第 $i$ 行(或第 $i$ 列)中的非零且非∞的元素个数正好是顶点 $i$ 的出度(或入度)。

(6) 用邻接矩阵存储图，能够很容易确定图中任意两个顶点之间是否有边相连以及求两个顶点之间的边的权值，它们的执行时间均为 $O(1)$。但要确定图中有多少条边，则必须扫描邻接矩阵的所有元素，其执行时间为 $O(n^2)$。

## 7.2.2　邻接表

图的邻接表是一种顺序存储与链式存储相结合的存储方法。对于含有 $n$ 个顶点的图，在其邻接表中，首先为每个顶点建立一个单链表，第 $i(1\leqslant i\leqslant n)$ 个单链表中的结点表示关联于顶点 $i$ 的边(对有向图是以顶点 $i$ 为起点的边)，也就是将顶点 $i$ 的所有邻接点(对有向图是出边邻接点)链接起来，其中每个结点表示一条边的信息，这样的结点叫作边结点。然后再对每个单链表附设一个头结点，用于存放该单链表所对应的顶点的信息，并将所有头结点构成一个头结点数组 adjlist，adjlist[$i$]表示顶点 $i$ 的单链表的头结点，这样就可以通过顶点 $i$ 快速找到对应的单链表，进而确定与顶点 $i$ 相关联的边。

邻接表中的头结点包含两个域，如图 7.8(a)所示。其中，data 域用于存储顶点 $i$ 的名称或其他相关信息；firstarc 域用于指向顶点 $i$ 的单链表中的第一个边结点。邻接表中的头结点个数恰好为图中顶点的个数，所有头结点以顺序结构进行存储，以便于随机访问任一顶点的单链表。

邻接表中的边结点包含三个域，如图 7.8(b)所示。其中，adjvex 域存储与顶点 $i$ 邻接的顶点在头结点表中的存储位置编号；info 域存储与该边相关的信息，如权值等；nextarc 域用来指向与顶点 $i$ 邻接的下一个边结点。

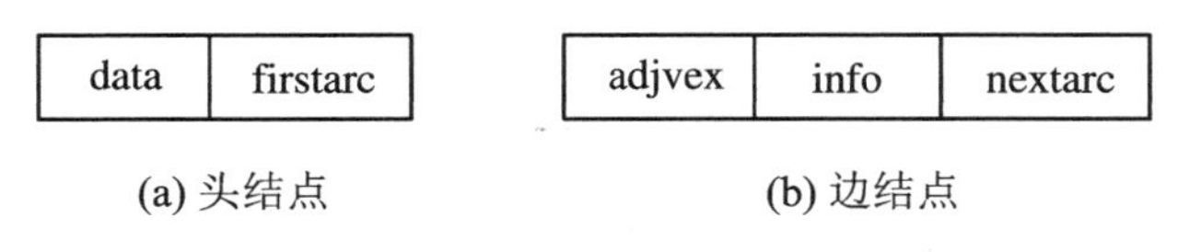


**图 7.8　邻接表中的结点结构**

例如，图 7.1 中的无向图 $G_1$ 和有向图 $G_2$ 以及图 7.6 中的带权有向图 $G_6$ 对应的邻接表如图 7.9 所示。

根据上述讨论可知，要定义一个邻接表，需要先定义存放顶点的头结点和表示边的边结点。因此，图的邻接表存储类型的声明如下：

```
typedef struct ANode
{   int adjvex;                    /* 该边的邻接点的存储位置编号 */
    int info;                      /* 该边的相关信息,这里用 int 型表示权值 */
    struct ANode *nextarc;         /* 指向下一条边的指针 */
} ArcNode;                         /* 边结点的类型 */
typedef struct VNode
{   VertexType data;               /* 顶点的信息 */
    ArcNode *firstarc;             /* 指向第一个边结点 */
}VNode;                            /* 邻接表的头结点类型 */
typedef struct
{   VNode adjlist[MAXV];           /* 邻接表的头结点数组 */
    int n, e;                      /* 图中的顶点数 n 和边数 e */
} AdjGraph;                        /* 图邻接表类型 */
```

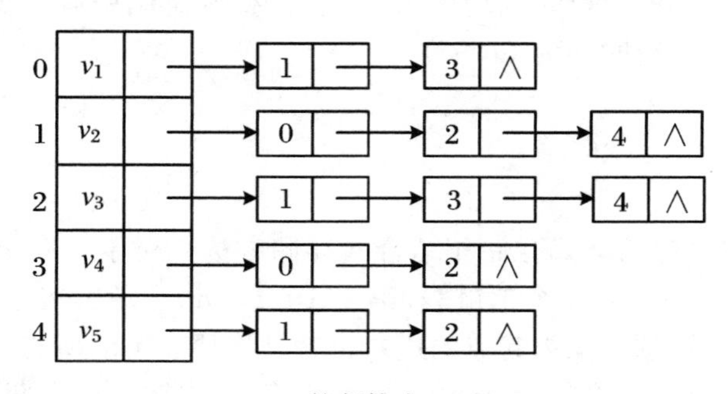

(a) $G_1$的邻接表

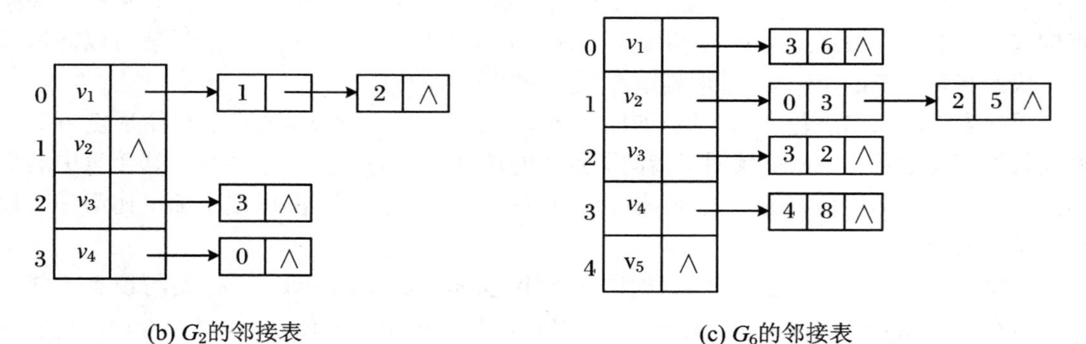

(b) $G_2$的邻接表　　　　(c) $G_6$的邻接表

**图 7.9　邻接表存储结构**

下面讨论基于邻接表存储结构的图的创建、输出和销毁的算法。

**1. 创建图的邻接表**

```
typedef char VertexType[4];
void CreateAdj(AdjGraph *&G, int n, int e)          /* 创建图的邻接表 */
{
    int i, j, k, w;
    VertexType v1, v2;
    ArcNode *p;
```

```
    G=(AdjGraph *)malloc(sizeof(AdjGraph));
    G->n=n; G->e=e;                              /*确定顶点个数和边数*/
    printf("请输入%d个顶点的名称(以空格分隔)\n",n);
    for (i=0; i<n; i++)
    {
        scanf("%s",G->adjlist[i].data);          /*读入顶点信息*/
        G->adjlist[i].firstarc=NULL;             /*所有头结点的指针域初始置NULL*/
    }
    printf("请输入%d条边的起点、终点、权值(以空格分隔):\n",e);
    for (k=0; k<e; k++)
    {   scanf("%s%s%d",v1,v2,&w);               /*读入一条边的信息*/
        i=LocateVertex(G,v1);  j=LocateVertex(G,v2);
        p=(ArcNode *)malloc(sizeof(ArcNode));   /*创建一个结点p*/
        p->adjvex=j;   p->info=w;
        p->nextarc=G->adjlist[i].firstarc;      /*采用头插法插入结点p*/
        G->adjlist[i].firstarc=p;
    }
}
int LocateVertex(AdjGraph *G, VertexType v)
{   /*按顶点名称确定其在邻接表数组中的存储位置*/
    int i;
    for (i=0; i<G->n; i++)
        if(strcmp(G->adjlist[i].data,v)==0)
            return i;
    return -1;
}
```

**2. 输出图的邻接表**

```
void DispAdj(AdjGraph *G)                        /*输出邻接表G*/
{   int i;
    ArcNode *p;
    for (i=0; i<G->n; i++)
    {   p=G->adjlist[i].firstarc;
        printf("\t%d: %s",i,G->adjlist[i].data);  /*每一行先输出顶点编号和名称*/
        while (p!=NULL)
        {   printf(" →%2d[%2d]",p->adjvex,p->info);
            p=p->nextarc;
        }
        printf("∧\n");
    }
}
```

**3. 销毁图的邻接表**

```
void DestroyAdj(AdjGraph *&G)                    /*销毁图的邻接表*/
{   int i;
    ArcNode *pre, *p;
    for (i=0; i<G->n; i++)                       /*扫描所有的单链表*/
    {   pre=G->adjlist[i].firstarc;              /*p指向第i个单链表的第一个边结点*/
        if (pre!=NULL)
        {   p=pre->nextarc;
            while (p!=NULL)                      /*释放第i个单链表的所有边结点*/
            {   free(pre);
                pre=p; p=p->nextarc;
            }
            free(pre);
        }
    }
    free(G);                                     /*释放头结点数组*/
}
```

在无向图的邻接表中,某个顶点的度正好等于该顶点对应链表中的结点个数。在有向图的邻接表中,顶点 $i$ 对应链表中的结点个数只是顶点 $i$ 的出度。为了求入度,必须遍历整个邻接表,表中所有 adjvex 域的值为 $i$ 的结点总个数是顶点 $i$ 的入度。所以,为了便于确定顶点的入度,可以建立一个有向图的逆邻接表,即对每个顶点 $i$ 建立一个链接所有进入顶点 $i$ 的边的链表。图 7.10(a)和 7.10(b)分别是有向图 $G_2$ 和带权有向图 $G_6$ 的逆邻接表。

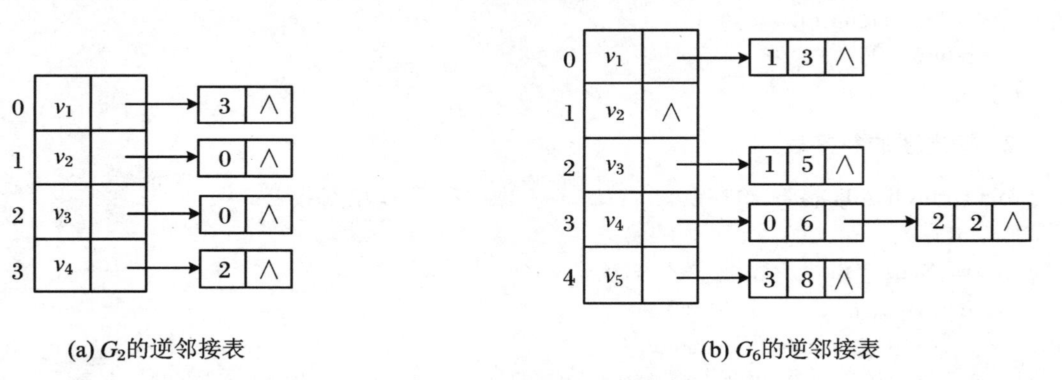


**图 7.10 逆邻接表存储结构**

图的邻接表存储结构具有以下特点:

(1) 邻接表的表示不唯一,因为在每个顶点对应的单链表中各边结点的链接次序可以是任意的,取决于建立邻接表的算法以及边的输入次序。

(2) 对于有 $n$ 个顶点和 $e$ 条边的无向图,其邻接表有 $n$ 个头结点和 $2e$ 个边结点;对于有 $n$ 个顶点和 $e$ 条边的有向图,其邻接表或逆邻接表均有 $n$ 个头结点和 $e$ 个边结点。因此,邻接表或逆邻接表占用的存储空间均为 $O(n+e)$,适合于存储边数较少的稀疏图。对于稠密图,考虑到邻接表中要附加链域,故常采用邻接矩阵存储结构。

(3) 对于无向图,邻接表中顶点 $i$ 对应的单链表的边结点数目正好是顶点 $i$ 的度。

(4) 对于有向图,邻接表中顶点 $i$ 对应的单链表的边结点数目仅仅是顶点 $i$ 的出度。顶点 $i$ 的入度为邻接表中所有 adjvex 域值为 $i$ 的边结点数目。

(5) 在邻接表中,查找顶点 $i$ 关联的所有边是非常快速的,但要判断任意两个顶点 $i$ 和 $j$ 之间是否有边,则需要扫描顶点 $i$ 或顶点 $j$ 对应的链表,不及邻接矩阵方便。

**【例 7.1】** 对于具有 $n$ 个顶点的图 $G$:

(1) 设计一个将邻接矩阵转换为邻接表的算法。

(2) 设计一个将邻接表转换为邻接矩阵的算法。

(3) 分析上述两个算法的时间复杂度。

**解** (1) 在图 $G$ 的邻接矩阵 **g** 中查找值不为 0 且不为 ∞ 的元素,若找到这样的元素,例如 g->edges[$i$][$j$],表示存在一条边,创建一个 adjvex 域为 $j$,info 域为 g->edges[$i$][$j$]的边结点,采用头插法将它插入第 $i$ 个单链表中。

算法如下:

```
void MatToList(MatGraph *g, AdjGraph *&G)                /*将邻接矩阵g转换成邻接表G*/
{   int i, j;
    ArcNode *p;
    G=(AdjGraph *)malloc(sizeof(AdjGraph));
    G->n=g->n;   G->e=g->e;
    for (i=0; i<g->n; i++)
    {   strcpy(G->adjlist[i].data,g->vexs[i].info);    /*复制邻接矩阵中各顶点的名称*/
        G->adjlist[i].firstarc=NULL;                   /*所有头结点的指针域初始置NULL*/
    }
    for (i=0; i<g->n; i++)                             /*检查邻接矩阵中每个元素*/
        for (j=g->n-1; j>=0; j--)
            if (g->edges[i][j]!=0 && g->edges[i][j]!=INF)    /*存在一条边*/
            {
                p=(ArcNode *)malloc(sizeof(ArcNode));   /*创建一个边结点p*/
                p->adjvex=j;   p->info=g->edges[i][j];
                p->nextarc=G->adjlist[i].firstarc;      /*将p结点头插到链表上*/
                G->adjlist[i].firstarc=p;
            }
}
```

(2) 初始时,将邻接矩阵 **g** 的 edges 数组中对角线元素置为 0,其余元素置为 ∞。扫描邻接表 $G$ 的所有单链表,通过第 $i$ 个单链表查找顶点 $i$ 的相邻结点 p,将邻接矩阵 **g** 中的元素 g->edges[$i$][p->adjvex]修改为该边的权 p->info。算法如下:

```
void ListToMat(AdjGraph *G, MatGraph *&g)                /*将邻接表G转换成邻接矩阵g*/
{   int i, j;
    ArcNode *p;
    g=(MatGraph *)malloc(sizeof(MatGraph));
    g->n=G->n;   g->e=G->e;                            /*确定顶点个数和边数*/
    for (i=0; i<g->n; i++)                             /*初始化edges数组*/
        for (j=0; j<g->n; j++)
```

```
    {   if (i==j)
            g->edges[i][j]=0;                    /* edges数组的对角线元素为0 */
        else
            g->edges[i][j]=INF;                  /* 其余位置元素初始置为∞ */
    }
    for (i=0; i<G->n; i++)                       /* 扫描所有的单链表 */
    {   strcpy(g->vexs[i].info,G->adjlist[i].data);    /* 复制邻接表中每个顶点的名称 */
        p=G->adjlist[i].firstarc;                /* p指向第i个单链表的第一个边结点 */
        while (p!=NULL)                          /* 扫描第i个单链表 */
        {   g->edges[i][p->adjvex]=p->info;
            p=p->nextarc;
        }
    }
}
```

(3) 算法(1)中有两重 for 循环,其时间复杂度为 $O(n^2)$。算法(2)中有两个两重循环,其中,用于初始化邻接矩阵 **g** 中 edges 数组的两重循环的执行时间为 $O(n^2)$;另一个两重循环对邻接表的所有头结点和边结点访问各一次,对于无向图,访问次数为 $n+2e$,对于有向图,访问次数为 $n+e$,所以这个两重循环的执行时间为 $O(n+e)$,其中 $e$ 为图的边数。由此可得,算法(2)的时间复杂度也为 $O(n^2)$。

## 7.2.3　十字链表

十字链表是有向图的另一种存储结构,它是邻接表和逆邻接表的结合。在十字链表中有两种结点,即弧结点和顶点结点,其结点结构如图 7.11 所示。

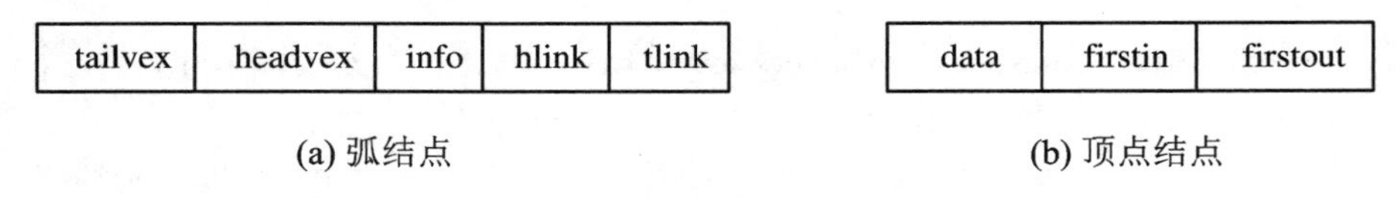


(a) 弧结点　　(b) 顶点结点

**图 7.11　十字链表中的结点结构**

在十字链表中,弧结点由 5 个域构成,其中尾域 tailvex 和头域 headvex 分别用于表示弧尾顶点和弧头顶点在图中的存储位置;info 域存储该弧的相关信息,如权值等;链域 hlink 和 tlink 分别指向弧头和弧尾相同的下一条弧。弧头相同的弧在同一链表上,弧尾相同的弧也在同一链表上,它们的头结点即为顶点结点。顶点结点由三个域构成,其中 data 域存储与顶点相关的信息,如顶点的名称等;firstin 域和 firstout 域为链域,分别指向以该顶点为弧头或弧尾的第一弧结点。

有向图 $G_7$ 的十字链表存储结构如图 7.12 所示。其中,表头结点即顶点结点之间不是链式存储,而是顺序存储。

有向图的十字链表存储类型的声明如下:

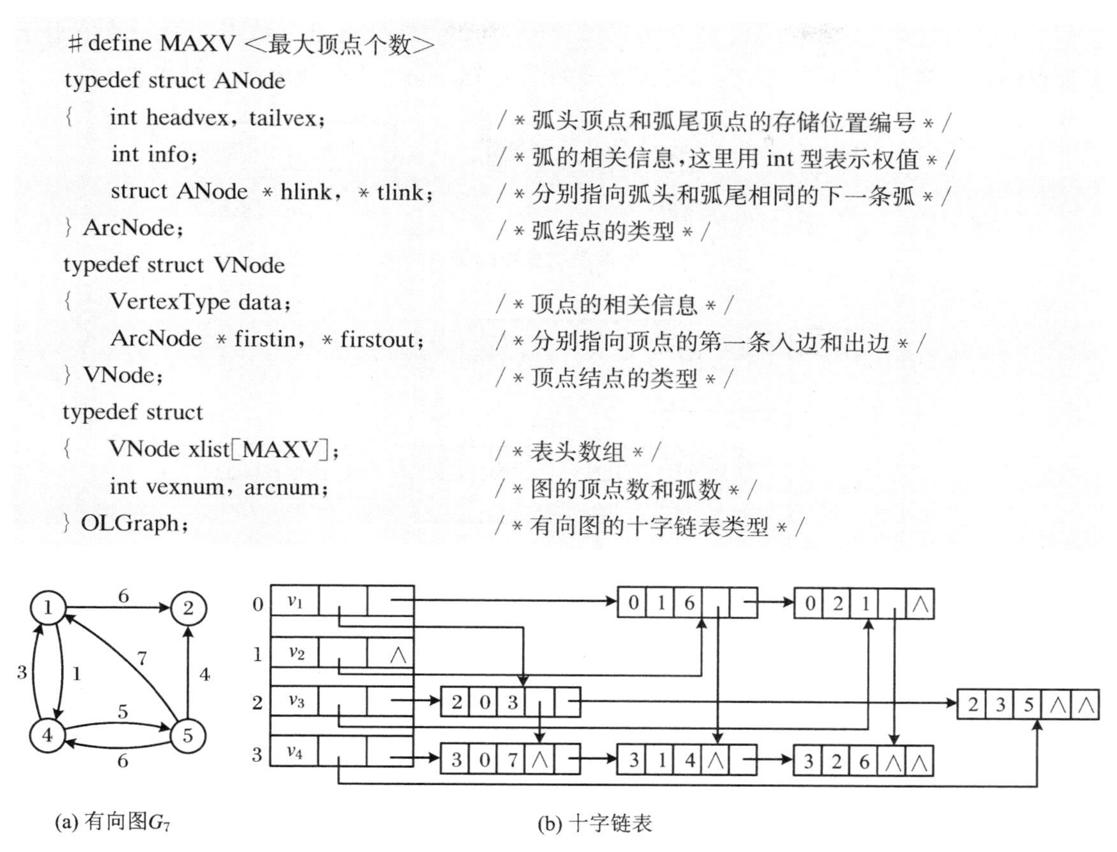

```
#define MAXV <最大顶点个数>
typedef struct ANode
{   int headvex, tailvex;                 /* 弧头顶点和弧尾顶点的存储位置编号 */
    int info;                             /* 弧的相关信息,这里用 int 型表示权值 */
    struct ANode *hlink, *tlink;          /* 分别指向弧头和弧尾相同的下一条弧 */
} ArcNode;                                /* 弧结点的类型 */
typedef struct VNode
{   VertexType data;                      /* 顶点的相关信息 */
    ArcNode *firstin, *firstout;          /* 分别指向顶点的第一条入边和出边 */
} VNode;                                  /* 顶点结点的类型 */
typedef struct
{   VNode xlist[MAXV];                    /* 表头数组 */
    int vexnum, arcnum;                   /* 图的顶点数和弧数 */
} OLGraph;                                /* 有向图的十字链表类型 */
```



(a) 有向图$G_7$　　(b) 十字链表

**图 7.12　有向图的十字链表存储结构**

对于含有 $n$ 个顶点和 $e$ 条弧的有向图,建立十字链表的时间复杂度和建立邻接表的时间复杂度是相同的。在十字链表中,既容易找到以顶点 $i$ 为弧尾的弧,也容易找到以顶点 $i$ 为弧头的弧,因而容易求得任一顶点 $i$ 的出度和入度。故在某些有向图的应用中,十字链表是很有用的工具。

## 7.2.4　邻接多重表

虽然邻接表是无向图的一种很有效的存储结构,在邻接表中很容易求得顶点和边的各种信息,但在邻接表中,无向图的每一条边$(i,j)$都对应为两个结点,一个存储在顶点 $i$ 的链表中,一个存储在顶点 $j$ 的链表中,这就会给图的某些操作带来不便。例如,要删除无向图的一条边时,就需要找到表示这条边的两个结点,分别在这两个结点所在的链表中对其进行删除。因此,在进行这一类操作的无向图的问题中,采用邻接表存储结构就不是十分适宜了。

邻接多重表是无向图的另一种存储结构。在邻接多重表中,每条边$(i,j)$只用一个边结点来表示,它可以被多个链表共享。邻接多重表中的结点结构如图 7.13 所示。

在邻接多重表中,边结点由六个域组成,其中 mark 域为标志域,用来标记该边是否被搜索过;ivex 域和 jvex 域用来表示依附于该边的两个顶点在图中的存储位置;ilink 域和 jlink 域为链域,分别指向依附于顶点 ivex 和 jvex 的下一条边;info 域表示与边相关的信息。顶点结点由两个域构成,其中 data 域存储与顶点相关的信息;firstedge 域指向第一条依附于该顶点的边。例如,无向图 $G_1$ 的邻接多重表如图 7.14 所示,其中 info 域未画出。

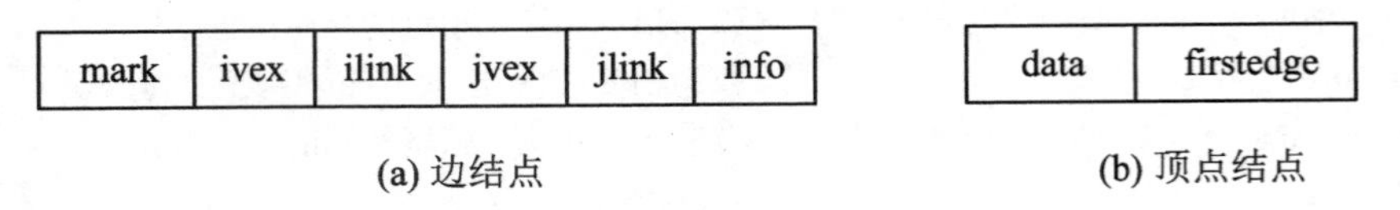


**图 7.13 邻接多重表中的结点结构**

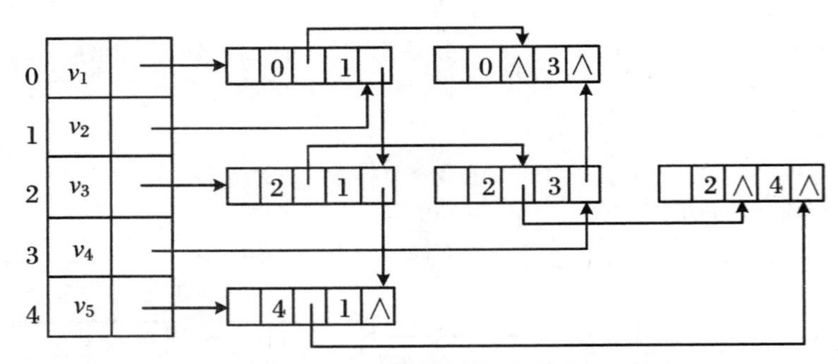


**图 7.14 无向图的邻接多重表存储结构**

在邻接多重表中,所有依附于同一顶点的边串联在同一链表中,由于每条边依附于两个顶点,因此,每个边结点同时链接在两个链表中。可见,对于无向图而言,其邻接多重表和邻接表的差别仅仅在于:同一条边在邻接表中用两个结点表示,而在邻接多重表中只有一个结点。因此,除了在边结点中增加一个标志域外,邻接多重表所需的存储量和邻接表相同。在邻接多重表上的各种基本操作的实现也和邻接表相似。

无向图的邻接多重表存储类型的声明如下:

```
#define MAXV <最大顶点个数>
typedef struct EdgeNode
{   int mark, ivex, jvex;                   /* 访问标志和边的两个顶点的存储位置 */
    InfoType *info;                         /* 指向与边相关的信息 */
    struct EdgeNode *ilink, *jlink;         /* 分别指向依附于顶点 ivex 和 jvex 的下一条边 */
}EdgeNode;                                  /* 边结点的类型 */
typedef struct VNode
{   VertexType data;                        /* 存储与顶点相关的信息 */
    EdgeNode *firstedge;                    /* 指向第一条依附于该顶点的边 */
}VNode;                                     /* 顶点结点的类型 */
typedef struct
{   VNode adjmulist[MAXV];                  /* 表头数组 */
    int vexnum, edgenum;                    /* 图的顶点数和边数 */
} AMLGraph;                                 /* 无向图的邻接多重表类型 */
```

# 7.3 图 的 遍 历

## 7.3.1 图遍历的概念

与树的遍历类似,从图中的某一顶点出发,按照某种搜索方法沿着图中的边访问图的所有顶点,且使每个顶点仅被访问一次的过程称为图的遍历。

图的遍历比树的遍历要复杂得多,因为从树根到达树中的任意结点都只有一条路径,而从图的任一顶点到达其余各顶点均可能存在着多条路径。当沿着图中的一条路径访问过某一顶点之后,可能又沿着另一条路径回到该顶点,即存在回路。为了避免同一个顶点被重复访问,必须记下每个已访问过的顶点。为此,可以设置一个访问标记数组 visited,初始将所有元素置为 0,一旦顶点 $i$ 被访问,便将数组中的元素 visited[$i$]置为 1。

图的遍历方式主要有两种:深度优先搜索和广度优先搜索,它们对有向图和无向图均适用。图的遍历算法是求解图的连通性问题、拓扑排序和求关键路径等算法的基础。

## 7.3.2 深度优先搜索

深度优先搜索(Depth First Search,DFS)遍历类似于树的先根遍历,是树的先根遍历的推广。

对于一个连通图,深度优先搜索遍历的过程如下:

① 从图中的起始顶点 $v$ 出发,访问顶点 $v$。

② 找出一个与刚访问过的顶点相邻且未被访问过的顶点进行访问,然后以该顶点为新的起始点,重复此步骤,直到刚访问过的顶点没有未被访问过的邻接点为止。

③ 返回前一个刚被访问过的顶点,如果它的所有邻接点均已被访问过,则继续向前返回,直至返回到某个曾被访问过但其仍有未被访问的邻接点的顶点,找到该顶点的下一个未被访问的邻接点,访问该邻接点。

④ 重复步骤②和③,直到图中所有与顶点 $v$ 有路径相通的顶点都被访问过为止。

以无向连通图 $G_1$ 为例,对其进行深度优先搜索遍历的过程如图 7.15(b)所示,其中带箭头的实线表示遍历时的访问路径,带箭头的虚线表示回溯的路径。

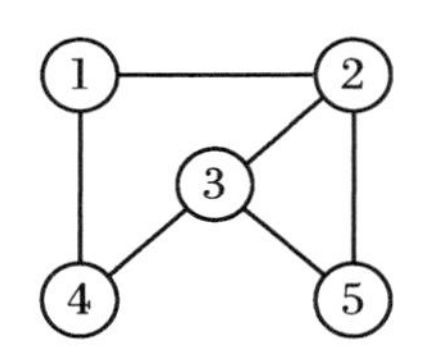


(a) 无向图$G_1$

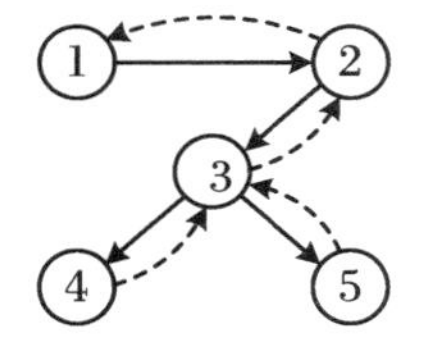


(b) 深度优先搜索过程

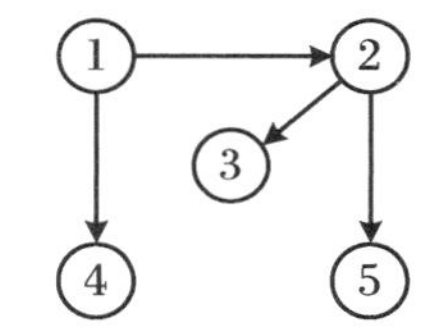


(c) 广度优先搜索过程

**图 7.15 遍历图的过程**

具体访问过程如下：

① 从顶点 1 出发，访问顶点 1。

② 选择一个与顶点 1 相邻且未被访问过的顶点 2 进行访问。以顶点 2 为新的起始点，选择一个与顶点 2 相邻且未被访问过的顶点 3 进行访问。以顶点 3 为新的起始点，选择一个与顶点 3 相邻且未被访问过的顶点 4 进行访问。在访问过顶点 4 以后，由于顶点 4 的所有邻接点都已被访问，此步骤结束。

③ 从顶点 4 回溯到刚访问过的上一个顶点 3，选择与顶点 3 相邻的下一个未被访问的顶点 5 进行访问。

④ 在访问过顶点 5 以后，由于顶点 5 的所有邻接点都已被访问，因此，从顶点 5 回溯到上一个顶点 3。顶点 3 的所有邻接点也都已被访问，因此，再从顶点 3 回溯到上一个顶点 2。顶点 2 的所有邻接点都已被访问，再从顶点 2 回溯到上一个顶点 1。至此，图中所有与顶点 1 有路径相通的顶点都被访问过，深度优先搜索遍历完成，得到的顶点访问序列(即深度优先搜索遍历序列，简称 DFS 序列)为 1、2、3、4、5。

显然，深度优先搜索遍历是一个递归的过程。为了在遍历过程中便于区分顶点是否已被访问过，需附设访问标记数组 visited，其数组元素的初始值均为 0，一旦某个顶点被访问，就将该顶点对应的数组元素置为 1。

另外，由深度优先搜索遍历的思想可知，从图中某一顶点出发的 DFS 序列不是唯一的，可能有多种结果。例如，图 $G_1$ 的 DFS 序列还可能为 1、2、3、5、4；1、2、5、3、4；1、4、3、2、5；1、4、3、5、2。但是，如果给定图的存储结构，则从某一顶点出发的 DFS 遍历结果是唯一的。

以邻接表为存储结构的连通图的深度优先搜索遍历算法如下，其中 $v$ 是起始顶点的存储位置编号，visited 是一个全局数组，初始时所有元素均为 0，表示所有顶点尚未被访问过。

```
int visited[MAXV] = {0};                        /* 定义顶点访问标记数组 */
void DFS(AdjGraph *G, int v)
{   ArcNode *p;
    int w;
    visited[v] = 1;                             /* 置已访问标记 */
    printf("%s ", G->adjlist[v].data);          /* 输出被访问顶点的名称 */
    p = G->adjlist[v].firstarc;                 /* p 指向顶点 v 的第一个邻接点 */
    while (p != NULL)
    {   w = p->adjvex;
        if (visited[w] == 0)                    /* 若顶点 w 未被访问，递归访问它 */
            DFS(G, w);
        p = p->nextarc;                         /* p 指向顶点 v 的下一个邻接点 */
    }
}
```

以邻接矩阵为存储结构的连通图的深度优先搜索遍历算法与此类似，这里不再列出。

如果给定一个连通图，则只需要调用一次 DFS($G$, $v$)就可以遍历整个图。但如果给定的是一个非连通图，调用一次 DFS($G$, $v$)后，图中一定还有某些顶点未被访问到，这时需要从图中另选一个未被访问的顶点 $v'$ 作为新的起始顶点，调用 DFS($G$, $v'$)。重复这样的操作，直到图中的所有顶点均被访问过为止。

非连通图的深度优先搜索遍历算法如下：

```
void DFS_travel(AdjGraph *G)
{   int i;
    for (i=0; i<G->n; i++)
        if (visited[i]==0)  DFS(G,i);          /* visited 数组应置为全局数组 */
}
```

上述算法在遍历图时，对图中的每个顶点至多调用一次DFS($G$，$v$)函数，因为一旦某个顶点被标志为已被访问，就不再从它出发进行搜索。因此，遍历图的过程实质上是对每个顶点查找其邻接点的过程，其耗费的时间取决于所采用的存储结构。对于具有 $n$ 个顶点和 $e$ 条边（或弧）的连通图（或强连通图），当采用邻接矩阵存储结构时，查找每个顶点的邻接点所需的时间为 $O(n^2)$；当采用邻接表时，由于查找邻接点所需的时间为 $O(e)$，因此，深度优先搜索遍历的时间复杂度为 $O(n+e)$。

## 7.3.3 广度优先搜索

广度优先搜索（Breadth First Search，BFS）遍历类似于树的层次遍历。

对于一个连通图，广度优先搜索遍历的过程如下：

① 从图中的起始顶点 $v$ 出发，访问顶点 $v$。

② 依次访问顶点 $v$ 的各个未被访问过的邻接点 $v_1, v_2, \cdots, v_t$。

③ 分别从 $v_1, v_2, \cdots, v_t$ 出发，依次访问它们的各个未被访问过的邻接点，在此过程中要保证“先被访问的顶点的邻接点”先于“后被访问的顶点的邻接点”被访问。

④ 依此类推，直至图中所有与顶点 $v$ 有路径相通的顶点都被访问过为止。

换句话说，广度优先搜索遍历就是以顶点 $v$ 为起始点，由近至远，依次访问和 $v$ 有路径相通且路径长度为1,2,…的顶点的过程。例如，对图 $G_1$ 进行广度优先搜索遍历的过程如图7.15(c)所示。顶点1为起始点，和顶点1的路径长度为1的有顶点2和顶点4；和顶点1的路径长度为2的有顶点3和顶点5。显然，从顶点1出发的广度优先搜索遍历序列可能有多种，但根据算法思想，应遵循“先被访问的顶点的邻接点先于后被访问顶点的邻接点”的原则进行遍历，这里给出3种以顶点1为起始点的广度优先搜索遍历序列（简称BFS序列）为1、2、4、3、5；1、2、4、5、3；1、4、2、3、5。

与深度优先搜索遍历类似，在图的广度优先搜索遍历过程中也需要一个访问标记数组visited。另外，为了确保先访问的顶点，其邻接点也先被访问，在搜索过程中可以使用队列来保存已访问过的顶点。这样，当访问顶点 $u$ 和 $v$ 时，就将这两个顶点相继入队，此后，当 $u$ 和 $v$ 相继出队时，分别从 $u$ 和 $v$ 出发搜索其邻接点 $u_1, u_2, \cdots, u_s$ 和 $v_1, v_2, \cdots, v_t$，对其中未被访问过的顶点进行访问并将其入队。

下面给出以邻接表为存储结构的连通图的广度优先搜索遍历算法。

```
void BFS(AdjGraph *G, int v)
{   int w, i;
    ArcNode *p;
    int visited[MAXV]={0};                    /* 定义顶点访问标记数组 */
    SqQueue *qu;                              /* 定义环形队列指针 */
```

```
    InitQueue(qu);                          /* 初始化队列 */
    printf("%s ",G->adjlist[v].data);       /* 输出被访问顶点的名称 */
    visited[v]=1;                           /* 置已访问标记 */
    enQueue(qu,v);
    while(! QueueEmpty(qu))                 /* 队不空循环 */
    {
        deQueue(qu, w);                     /* 出队一个顶点 w */
        p=G->adjlist[w].firstarc;           /* 指向 w 的第一个邻接点 */
        while (p! =NULL)                    /* 查找 w 的所有邻接点 */
        {   i=p->adjvex;
            if (visited[i]= =0)             /* 若当前邻接点未被访问 */
            {   printf("%s ",G->adjlist[i].data);    /* 访问该邻接点 */
                visited[i]=1;               /* 置已访问标记 */
                enQueue(qu,i);              /* 该顶点进队 */
            }
            p=p->nextarc;                   /* 找下一个邻接点 */
        }
    }
    DestroyQueue(qu);
    printf("\n");
}
```

以邻接矩阵为存储结构的连通图的广度优先搜索遍历算法与此类似,这里不再列出。

如果给定一个连通图,则只需要调用一次 BFS($G$, $v$)就可以遍历整个图。但如果给定的是一个非连通图,则从图中所选起始顶点 $v$ 开始不能到达所有顶点,即调用一次 BFS($G$, $v$)后,图中一定还有某些顶点未被访问到,这时需要从图中另选一个未被访问的顶点 $v'$ 作为新的起始顶点,调用 BFS($G$, $v'$)。重复这样的操作,直到图中所有顶点均被访问过为止。

非连通图的广度优先搜索遍历算法如下:

```
void BFS_travel(AdjGraph *G)
{   int i;
    for (i=0; i<G->n; i++)
        if (visited[i]= =0) BFS(G,i);
}
```

上述算法在遍历图时,每个顶点都进队一次。遍历图的过程实质上是通过边或弧找邻接点的过程。因此,广度优先搜索遍历图的时间复杂度和深度优先搜索遍历相同,两者的不同之处仅仅在于对顶点访问的顺序不同。对于具有 $n$ 个顶点和 $e$ 条边(或弧)的连通图(或强连通图),当采用邻接矩阵存储结构时,广度优先搜索遍历图的时间复杂度为 $O(n^2)$;用邻接表存储时,其时间复杂度为 $O(n+e)$。

## 7.3.4 图的遍历算法的应用

**【例 7.2】** 设计算法,求无向图 $G$ 的连通分量的个数。

**解**　图的连通分量个数即是为了遍历整个图而选择起始顶点的次数。其算法如下：

```
int Num_Comp(AdjGraph *G)
{   int i, k=0;
    for (i=0; i<G->n; i++)                    /*遍历所有未访问过的顶点*/
        if (visited[i]==0)
        {   BFS(G, i);                        /*调用DFS(G, i)算法亦可*/
            k++;                              /*调用次数*/
        }
    return k;
}
```

**【例7.3】**　无向图 $G$ 采用邻接表存储，设计算法，判断图 $G$ 是否连通。

**解**　假设图 $G$ 的连通分量个数为 $k$，若 $k=1$，则 $G$ 为连通图；若 $k>1$，则 $G$ 为非连通图。对应的算法如下：

```
int Connect (AdjGraph *G)
{   int i, flag=1;
    BFS(G,0);          /*以顶点0(或任意顶点)为起始点，进行BFS(或DFS)遍历*/
    for (i=0; i<G->n; i++)                 /*检查所有顶点的访问标记*/
        if (visited[i]==0)                 /*一次遍历后，若所有顶点的访问标记均为1，*/
        {   flag=0;                        /*则为连通图；否则为非连通图*/
            break;
        }
    return flag;                           /*flag=1为连通图；flag=0为非连通图*/
}
```

# 7.4　生成树和最小生成树

## 7.4.1　生成树的概念

对于一个无向连通图 $G=(V,E)$，设图 $G'$ 是它的一个子图，如果 $G'$ 中包含了 $G$ 的所有顶点，即 $V(G')=V(G)$，且 $G'$ 是无回路的连通图，则称 $G'$ 为 $G$ 的一棵生成树（Spanning Tree）。一个连通图的生成树是一个极小的连通子图，它含有图中全部的顶点，但只有构成一棵树的 $n-1$ 条边。

从无向连通图 $G$ 的任一顶点出发，进行一次深度优先搜索或广度优先搜索，搜索到的全部 $n$ 个顶点和搜索过程中所经过的 $n-1$ 条边组成了图 $G$ 的一个极小连通子图，它是 $G$ 的一棵生成树，称为深度优先搜索生成树（简称DFS生成树）或广度优先搜索生成树（简称BFS生成树）。连通图的生成树不唯一，从不同的顶点出发进行遍历或采用不同的遍历方法，可以得到不同的生成树。例如，无向图 $G_1$ 从顶点1出发的DFS和BFS生成树如图7.16所示。

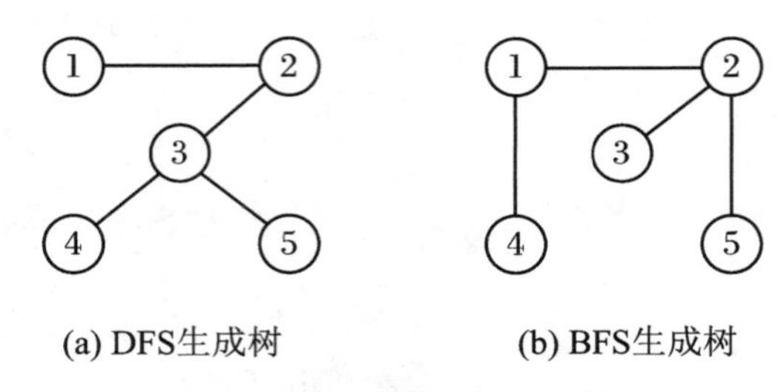


**图 7.16　无向图 $G_1$ 的生成树**

对于非连通图,其所有连通分量的生成树构成生成森林(Spanning Forest)。

对于一个带权(每条边上的权均为大于 0 的实数)的无向连通图来说,它可能有多棵不同的生成树,每棵生成树的所有边上的权值(代价)之和可能是不同的。图的所有生成树中具有边上的权值(代价)之和最小的生成树称为最小生成树(Minimum Spanning Tree, MST)。

构造最小生成树有多种算法,其中多数算法利用了最小生成树的下列一种简称为 MST 的性质:假设 $N=(V,E)$是一个连通网,$U$ 是顶点集 $V$ 的一个非空子集。若$(u,v)$是一条具有最小权值(代价)的边,其中 $u\in U, v\in V-U$,则必存在一棵包含边$(u,v)$的最小生成树。

可以用反证法来证明。假设网 $N$ 的任何一棵最小生成树都不包含$(u,v)$。设 $T$ 是连通网上的一棵最小生成树,当将边$(u,v)$加入 $T$ 中时,由生成树的定义,$T$ 中必存在一条包含$(u,v)$的回路。由于 $T$ 是生成树,则在 $T$ 上必存在另一条边$(u',v')$,其中 $u'\in U, v'\in V-U$,且 $u$ 和$u'$之间、$v$ 和 $v'$之间均有路径相通。删除边$(u',v')$,便可消除上述回路,同时得到另一棵生成树 $T'$。因为$(u,v)$的权值不高于$(u',v')$,则 $T'$的权值亦不高于$T$,$T'$是包含$(u,v)$的一棵最小生成树。由此和假设矛盾。

普里姆算法和克鲁斯卡尔算法是两个利用 MST 性质构造最小生成树的算法。

## 7.4.2　普里姆算法

普里姆(Prim)算法是一种构造性算法。假设 $G=(V,E)$是一个具有 $n$ 个顶点的带权连通图,$T=(U,TE)$是 $G$ 的最小生成树,其中 $U$ 是 $T$ 的顶点集,$TE$ 是 $T$ 的边集,则由 $G$ 构造从起始点 $u_0$ 出发的最小生成树 $T$ 的步骤如下:

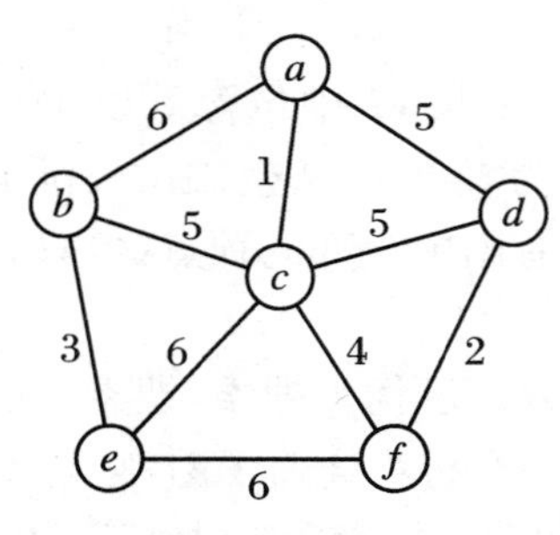


**图 7.17　带权连通图**

(1) 初始时,令 $U=\{u_0\}(u_0\in V)$,$TE=\phi$。

(2) 在所有 $u\in U, v\in V-U$ 的边$(u,v)\in E$ 中,找出一条权值(代价)最小的边$(u_0,v_0)$加入集合 $TE$ 中,同时将顶点 $v_0$加入集合 $U$ 中。

(3) 重复执行步骤(2),直到 $U=V$ 为止。

对于图 7.17 所示的带权连通图,假设起始点为 $a$,采用 Prim 算法构造最小生成树的过程如图 7.18(a)～(f)所示。初始时,集合 $U=\{a\}$,集合 $V-U=\{b,c,d,e,f\}$,$TE=\phi$。选择集合 $U$ 中的顶点 $a$ 与集合 $V-U$ 中顶点构成的权值(代价)最小的边$(a,c)$,将边$(a,c)$加入 $TE$ 中,将顶点 $c$ 加入集合$U$ 中,此时 $U=\{a,c\}$,$V-U=$

$\{b,d,e,f\}$，$TE=\{(a,c)\}$。再从集合 $U$ 与集合 $V-U$ 之间的所有边$\{(a,b),(a,d),(c,b),(c,d),(c,e),(c,f)\}$中选择权值(代价)最小的边$(c,f)$加入 $TE$ 中，并把顶点 $f$ 加入集合 $U$ 中，此时 $U=\{a,c,f\}$，$V-U=\{b,d,e\}$，$TE=\{(a,c),(c,f)\}$。依此类推，直到所有顶点都加入 $U$ 中。

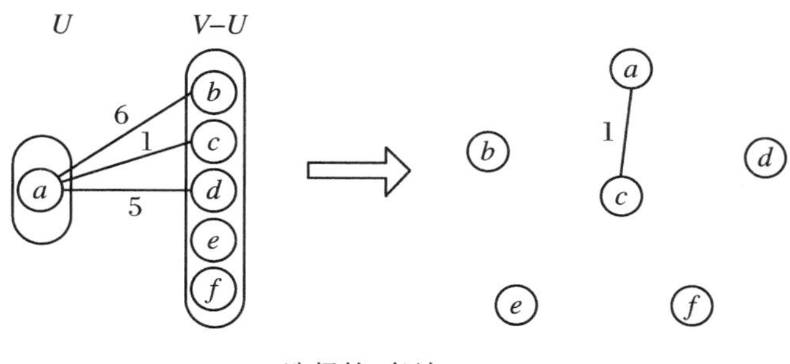


(a) 选择第1条边$(a, c)$

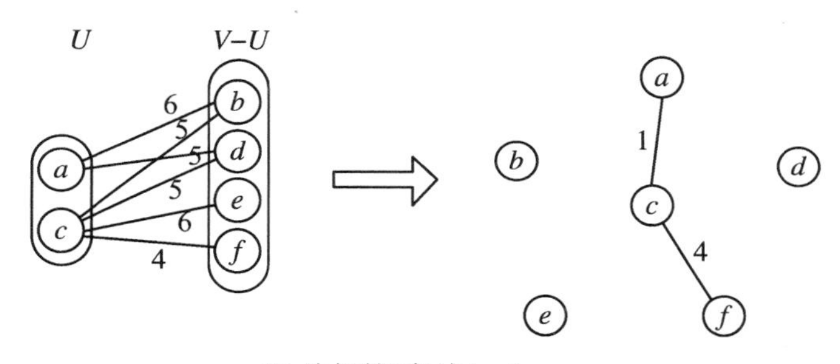


(b) 选择第2条边$(c, f)$

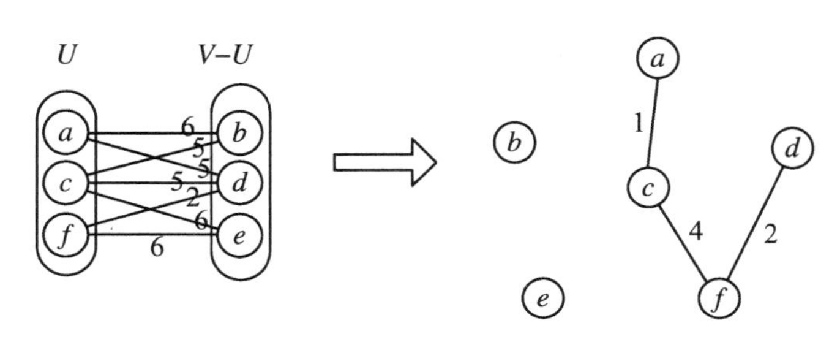


(c) 选择第3条边$(f, d)$

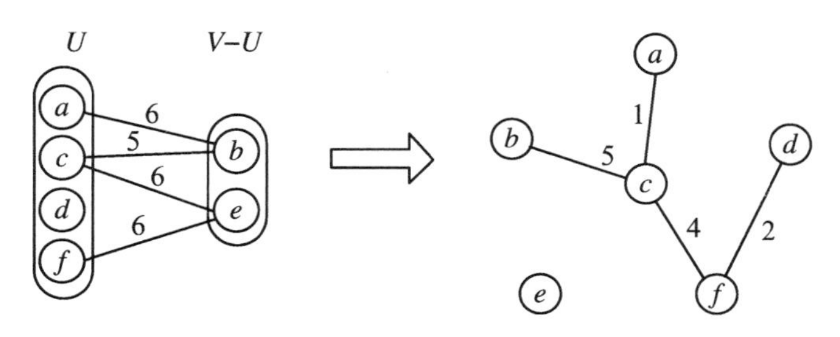


(d) 选择第4条边$(c, b)$

**图 7.18　Prim 算法构造最小生成树的过程**

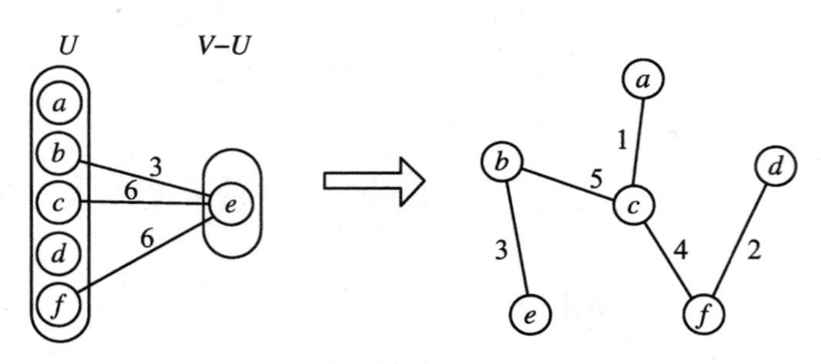


(e) 选择第5条边(b, e)

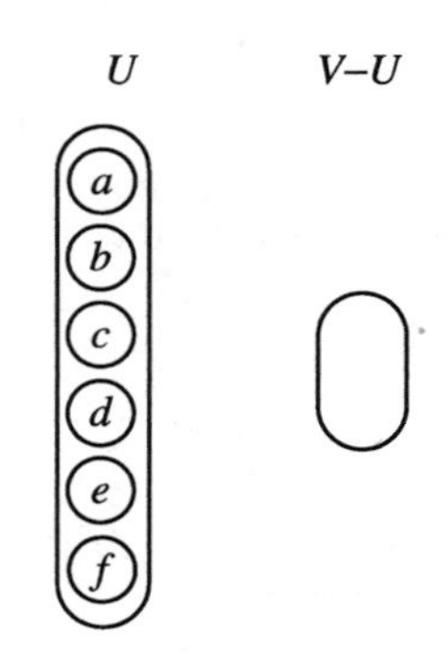


(f) 构建完毕

**图 7.18 普里姆算法构造最小生成树的过程(续)**

从上例可以看出,Prim 算法是一种增量算法,它不断地按照 MST 性质来选择边,而 MST 性质保证了上述过程求得的 $T=(U,TE)$是 $G$ 的一棵最小生成树。

为了实现这个算法,需附设一个辅助数组 closedge,用来记录集合 $U$ 与 $V-U$ 之间的权值(代价)最小的边。对于每个顶点 $i\in V-U$,在辅助数组中都存在一个相应的分量 closedge[$i$],它包括 adjvex 和 lowcost 两个域,其中 adjvex 域用来存储该边在 $U$ 中的顶点,lowcost 域存储该边对应的权值(代价)。

```
    typedef struct
{
    InfoType adjvex;                /* 存放最小边在 U 中的顶点名称 */
    int lowcost;                    /* 存放最小边上的权值 */
} closege[MAXV];                    /* 从 U 到 V-U 的最小边的数组类型 */
```

显然,closedge[$v$].lowcost = min({cost($u$, $v$) | $u\in U$, $v\in V-U$})。

在上例利用 Prim 算法构造最小生成树的过程中,辅助数组 closedge 的各参数变化情况见表 7.1。

**表 7.1　普里姆算法辅助数组中各参数的变化**

| closedge[$i$] | $i$ | | | | | | | | | |
|---|---|---|---|---|---|---|---|---|---|---|
| | 0 | 1 | 2 | 3 | 4 | 5 | $U$ | $V-U$ | $k$ | $(u,v)$ |
| adjvex<br>lowcost | 0 | $a$<br>6 | $a$<br>1 | $a$<br>5 | | | $\{a\}$ | $\{b,c,d,e,f\}$ | 2 | $(a,c)$ |
| adjvex<br>lowcost | 0 | $c$<br>5 | 0 | $a$<br>5 | $c$<br>6 | $c$<br>4 | $\{a,c\}$ | $\{b,d,e,f\}$ | 5 | $(c,f)$ |
| adjvex<br>lowcost | 0 | $c$<br>5 | 0 | $f$<br>2 | $c$<br>6 | 0 | $\{a,c,f\}$ | $\{b,d,e\}$ | 3 | $(f,d)$ |
| adjvex<br>lowcost | 0 | $c$<br>5 | 0 | 0 | $c$<br>6 | 0 | $\{a,c,d,f\}$ | $\{b,e\}$ | 1 | $(c,b)$ |
| adjvex<br>lowcost | 0 | 0 | 0 | 0 | $b$<br>3 | 0 | $\{a,b,c,d,f\}$ | $\{e\}$ | 4 | $(b,e)$ |
| adjvex<br>lowcost | 0 | 0 | 0 | 0 | 0 | 0 | $\{a,b,c,d,e,f\}$ | $\{\}$ | | |

下面的 Prim($g$,$u$)算法利用上述过程来构造最小生成树,其中的参数 $g$ 为邻接矩阵,$u$ 为起始顶点。由于算法需要频繁地取一条条边的权,所以图采用邻接矩阵更合适。

```
#define INF 32767                        /* INF表示∞ */
void Prim(MatGraph *g, InfoType u)
{
    int i, j, k, mincost;
    closege cledg;
    k=LocateVertex(g,u);                 /* k为顶点u在邻接矩阵中的存储位置 */
    for(j=0; j<g->n; j++)
    {
        strcpy(cledg[j].adjvex,u);
        cledg[j].lowcost=g->edges[k][j];
    }
    cledg[k].lowcost=0;                  /* 初始,集合U中只包含顶点u */
    printf("\t最小生成树的各边为:");
    for(i=1; i<g->n; i++)                /* 选择剩下的n-1个顶点 */
    {
        mincost=INF;
        for (j=0; j<g->n; j++)           /* 在(V-U)中找出离U最近的顶点,记为k */
            if (cledg[j].lowcost!=0 && cledg[j].lowcost<mincost)
            {
                mincost=cledg[j].lowcost;
                k=j;                     /* k记录权值最小的边依附的顶点的存储位置 */
            }
        printf("(%s-%s) ",cledg[k].adjvex,g->vexs[k].info);         /* 输出生成树的边 */
```

```
        cledg[k].lowcost=0;                    /*将顶点k并入U中*/
        for (j=0; j<g->n; j++)
            if (g->edges[k][j]<cledg[j].lowcost)
            {                                  /*新顶点加入U中后,重新将最小边存入数组*/
                strcpy(cledg[j].adjvex,g->vexs[k].info);
                cledg[j].lowcost=g->edges[k][j];
            }
    }
}
```

Prim 算法的时间复杂度为 $O(n^2)$,其中 $n$ 为图中包含的顶点个数。可以看出,Prim 算法的执行时间与图中的边数 $e$ 无关,所以它特别适合用于对稠密图求最小生成树。

### 7.4.3 克鲁斯卡尔算法

克鲁斯卡尔(Kruskal)算法是一种按权值的递增次序选择合适的边来构造最小生成树的方法。假设 $G=(V,E)$是一个具有 $n$ 个顶点的带权连通图,$T=(U,TE)$是 $G$ 的最小生成树,则 Kruskal 算法构造最小生成树的步骤如下:

(1) 置 $U$ 的初值为 $V$(即包含 $G$ 中的全部顶点),$TE$ 的初值为空集(即初始 $T$ 中的每个顶点自成一个连通分量)。

(2) 按边上的权值(代价)从小到大的顺序从图 $G$ 中依次选边,若该边未使生成树 $T$ 形成回路(即该边依附的两个顶点落在 $T$ 中不同的连通分量中),则将其加入 $TE$ 中,否则舍弃此边,直到 $TE$ 中包含 $n-1$ 条边(即 $T$ 中所有顶点都在同一个连通分量上)为止。

对于图 7.17 所示的带权连通图,采用 Kruskal 算法构造最小生成树的过程如下:

首先,将图中的所有边按权值非递减排序,并将最小生成树 $T$ 的边集 $TE$ 初始置为空,如图 7.19(a)所示。权值分别为 1、2、3、4 的 4 条边由于满足上述条件(即加入该边后,生成树 $T$ 中不会出现回路),故依次将它们加入到 $TE$ 中,如图 7.19(b)～(e)所示。权值为 5 的边$(a,d)$和$(c,d)$被舍弃,因为它们依附的两个顶点在同一个连通分量上,若将它们加入 $TE$ 中,则会产生回路,而下一条权值为 5 的边$(b,c)$连接两个不同的连通分量,故可加入 $TE$ 中。由此构造出的一棵最小生成树如图 7.19(f)所示。

对于上例,利用 Kruskal 算法和 Prim 算法的求解最小生成树的结果是相同的。但实际上,当一个图有多棵最小生成树时,这两个算法的求解结果不一定相同。

下面的 Kruskal($g$)算法利用上述过程来构造最小生成树,其中参数 $g$ 为邻接矩阵。和 Prim 算法一样,在该算法中需要频繁地取一条条边的权,所以图采用邻接矩阵更合适。

Kruskal 算法在判断选取的一条边$(i,j)$加入 $T$ 中是否会出现回路时,是通过判断顶点 $i$ 和顶点 $j$ 是否属于同一个连通分量的方法来实现的。为此,可以设置一个辅助数组 vset[0..$n-1$],vset[$i$]用于记录一个顶点 $i$ 所在的连通分量的编号。初值时,每个顶点自成一个连通分量,所以有 vset[$i$]$=i$,vset[$j$]$=j$(所有顶点的连通分量编号等于该顶点的存储位置编号)。当选中$(i,j)$边时,如果顶点 $i$ 和 $j$ 的连通分量编号相同,表示加入$(i,j)$后会出现回路,应舍弃$(i,j)$;否则表示可以加入$(i,j)$,并将$(i,j)$的两个顶点所在的连通分量中所有顶点的连通分量编号都改为相同的 vset[$i$]或者 vset[$j$]。

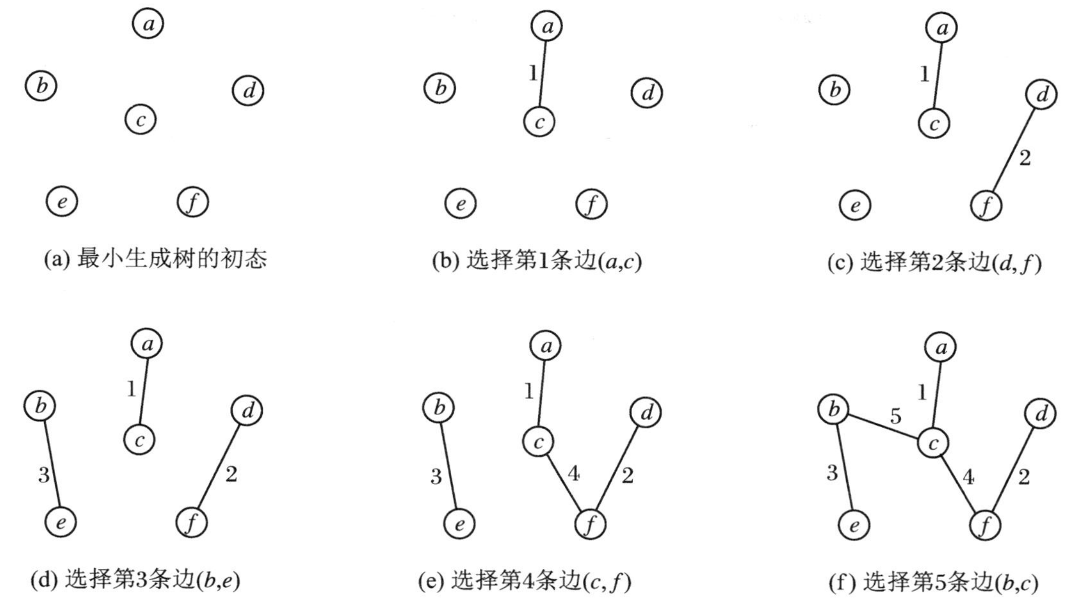


**图 7.19　Kruskal 算法构造最小生成树的过程**

另外，还需要用一个数组 $E$ 来存放图 $G$ 中的所有边，要求它们按权值从小到大的顺序排列。为此，可以先从图 $G$ 的邻接矩阵中获取所有边的集合 $E$，再采用直接插入排序法对边集 $E$ 按权值递增排序。

```
typedef struct
{    int u;              /* 边的起始顶点 */
     int v;              /* 边的终止顶点 */
     int w;              /* 边的权值 */
} Edge;
void Kruskal(MatGraph *g)
{
     int i, j, u1, v1, sn1, sn2, k;
     int vset[MAXV];                          /* 存放每个顶点的连通分量编号 */
     Edge E[MaxSize];                         /* 存放所有的边 */
     k=0;                                     /* E 数组的下标从 0 开始 */
     for (i=0; i<g->n; i++)                   /* 由 g 的邻接矩阵下三角产生边集 E */
          for (j=0; j<=i; j++)
               if (g->edges[i][j]! =0 && g->edges[i][j]! =INF)   /* 顶点 i 和 j 之间有边 */
               {    E[k].u=i;    E[k].v=j;    E[k].w=g->edges[i][j];
                    k++;
               }
     InsertSort(E,g->e);                      /* 用直接插入排序对 E 数组按权值递增排序 */
     for (i=0; i<g->n; i++)                   /* 初始化辅助数组 vset */
          vset[i]=i;                          /* 初始,各顶点自成一个连通分量 */
     printf("\t 最小生成树的各边为:");
```

```
    k=1;                                       /* k表示当前构造生成树的第几条边,初值为1 */
    j=0;                                       /* j用来从E中逐个取每条边 */
    while (k<g->n)                             /* 生成的边数小于n时循环 */
    {   u1=E[j].u;   v1=E[j].v;                /* 取一条边的两个端点 */
        sn1=vset[u1];   sn2=vset[v1];          /* 取两个端点所属的连通分量编号 */
        if (sn1!=sn2)                          /* 可加入的边 */
        {   printf("(%s-%s):%d ",g->vexs[u1].info,g->vexs[v1].info,E[j].w);
            k++;                               /* 最小生成树的边数增1 */
            for (i=0; i<g->n; i++)             /* 两个连通分量合并为一个连通分量 */
                if (vset[i]==sn2)              /* 统一连通分量编号 */
                    vset[i]=sn1;
        }
        j++;                                   /* 扫描E中的下一条边 */
    }
}
```

如果给定的带权连通图 $G$ 有 $n$ 个顶点、$e$ 条边,在上述算法中,对边集 $E$ 采用直接插入排序的时间复杂度为 $O(e^2)$。while 循环是在 $e$ 条边中选取 $n-1$ 条边,而其中的 for 循环执行 $n$ 次,因此 while 循环的时间复杂度为 $O(n^2)$,算法总体的时间复杂度为 $O(n^2+e^2)$。对于连通无向图,$e \geqslant n-1$,那么用 Kruskal 算法构造最小生成树的时间复杂度就是 $O(e^2)$。

上述算法至多对 $e$ 条边各扫描一次,假设以第 9 章将要介绍的"堆"来存放图中的边,则每次选择最小权值(代价)的边仅需 $O(\log_2 e)$ 的时间。又生成树 $T$ 的每个连通分量可看成一个等价类,则构造 $T$ 加入新的边的过程类似于求等价类的过程,可以采用"并查集"来高效的求解。这样,构造 $T$ 的过程仅需 $O(e\log_2 e)$ 的时间,即 Kruskal 算法的时间复杂度为 $O(e\log_2 e)$。

通过以上分析可以看出,Kruskal 算法的执行时间仅与图中的边数 $e$ 有关,与顶点个数 $n$ 无关,所以它特别适合用于对稀疏图求最小生成树。

# 7.5　最短路径

## 7.5.1　最短路径的概念

在一个不带权的图中,若从一个顶点到另一个顶点存在一条路径,则路径上所经过的边的数目称为该路径的长度,它等于该路径上的顶点数目减 1。由于从一个顶点到另一个顶点可能存在着多条路径,每条路径上所经过的边数可能不同,即路径长度不同,把路径长度最短(即经过的边数最少)的那一条(或几条)路径称为最短路径,其长度称为最短路径长度或最短距离。

对于带权图,考虑路径上各边的权值,则把一条路径上所经过的边的权之和称为该路径的路径长度。从源点到终点可能有不止一条路径,把路径长度最小的那一条(或几条)路径称为最短路径,其长度(即权之和)称为最短路径长度。

实际上,只要把无权图上的每条边看成权值为1的边,那么带权和不带权图的最短路径和最短距离的定义就一致了。

本节讨论带权有向图的最短路径问题,并规定图中各边的权值均大于0。图的最短路径问题包含两个方面,即求图中某一顶点到其余各顶点的最短路径和求图中每一对顶点之间的最短路径。

## 7.5.2　单源点最短路径

从某一顶点到其余各顶点的最短路径问题称为单源点最短路径问题,即给定一个带权有向图 $G$ 和源点 $v$,求从源点 $v$ 到 $G$ 中其他各顶点的最短路径。迪杰斯特拉(Dijkstra)提出了一个按路径长度递增次序产生最短路径的算法,称为 Dijkstra 算法。

Dijkstra 算法的基本思想是:设 $G=(V,E)$ 是一个带权有向图,把图中的顶点集合 $V$ 分成两组,第1组为已求出最短路径的顶点集合(用 $S$ 表示,初始时 $S$ 中只有一个源点,以后每求得一条最短路径 $\langle v,\cdots,u\rangle$,就将顶点 $u$ 加入到集合 $S$ 中,直到全部顶点都加入到 $S$ 中,算法就结束了),第2组为其余未确定最短路径的顶点集合(用 $U$ 表示),按最短路径长度的递增次序依次把第2组的顶点加入 $S$ 中。

Dijkstra 算法的具体步骤如下:

(1) 初始时 $S$ 只包含源点,即 $S=\{v\}$,源点 $v$ 到自己的距离为0。$U$ 包含除源点 $v$ 以外的其他顶点,源点 $v$ 到 $U$ 中任一顶点 $i$ 的最短路径长度为边上的权(若源点 $v$ 到 $i$ 有边 $\langle v,i\rangle$)或 $\infty$(若源点 $v$ 到 $i$ 没有边)。

(2) 从 $U$ 中选取一个顶点 $u$,使源点 $v$ 到 $u$ 的最短路径长度为最小,然后把顶点 $u$ 加入 $S$ 中。

(3) 以顶点 $u$ 为新考虑的中间点,修改源点 $v$ 到 $U$ 中所有顶点的最短路径长度,称为路径调整,其过程如图7.20所示(图中顶点之间的实线箭头表示边,虚线箭头表示路径),对于 $U$ 中的某个顶点 $j$,在没有考虑中间点 $u$ 时,假设求得从源点 $v$ 到 $j$ 的一条最短路径为 $\langle v,\cdots,a,j\rangle$,其最短路径长度为 $c_{vj}$(如果没有这样的最短路径,$c_{vj}=\infty$),而从源点 $v$ 到 $u$ 的一条最短路径为 $\langle v,\cdots,u\rangle$,其最短路径长度为 $c_{vu}$。现在考虑中间点 $u$,假设从源点 $v$ 到 $j$ 存在另一条经过顶点 $u$ 的路径(其中顶点 $u$ 到顶点 $j$ 有一条边),其路径长度为 $c_{vu}+w_{uj}$。这样在考虑中间点 $u$ 以后,从源点 $v$ 到 $j$ 有两条路径:① 经过顶点 $u$ 的路径,路径长度为 $c_{vu}+w_{uj}$。② 不经过顶点 $u$ 的原来的最短路径,路径长度为 $c_{vj}$。

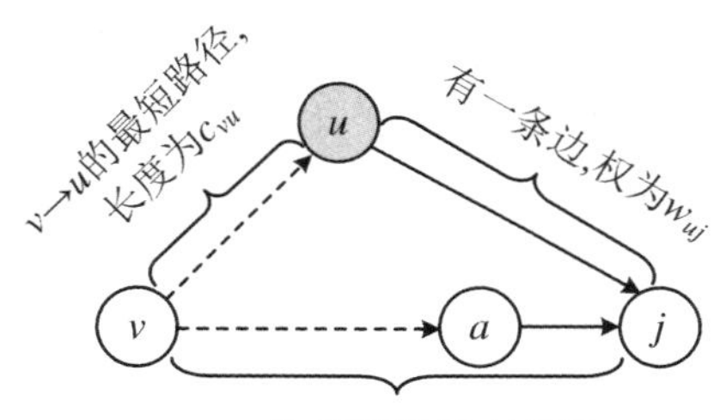


**图7.20　从源点 $v$ 到顶点 $j$ 的路径比较**

显然,在考虑中间点 $u$ 以后,从源点 $v$ 到 $j$ 的最短路径是上述两条路径中的较短者。也就是说,源点 $v$ 到 $j$ 的最短路径长度调整为 $\mathrm{Min}\{c_{vu}+w_{uj},c_{vj}\}$。

(4) 重复步骤(2)和(3),直到 $S$ 包含所有的顶点。

与求最小生成树的算法一样,Dijkstra 算法需要频繁地取一条条边及其权值,所以图采用邻接矩阵更合适。用一个一维数组 dist 存放最短路径长度,如 dist[$j$]表示源点 $v$ 到 $j$ 的最短路径长度,其中源点 $v$ 是默认的,那么如何存放最短路径呢?

从源点 $v$ 到其他顶点的最短路径有 $n-1$ 条,一条最短路径用一个一维数组表示。例如,若从源点 0 到顶点 5 的最短路径为⟨0,2,3,5⟩,则可表示为 path[5] = {0,2,3,5}。所有 $n-1$ 条最短路径可以用二维数组 path 存储。但这里是用一个一维数组 path 来存储 $n-1$ 条最短路径的,这是如何实现的呢? 先来看以下命题。

命题:若从源点 $v$ 到某个顶点 $j$ 的最短路径为 $\langle v,\cdots,a,\cdots,u,j\rangle$,也就是说,在源点 $v$ 到 $j$ 的最短路径上顶点 $j$ 的前一个顶点是 $u$,那么其中的 $\langle v,\cdots,a,\cdots,u\rangle$ 一定是源点 $v$ 到 $u$ 的最短路径。

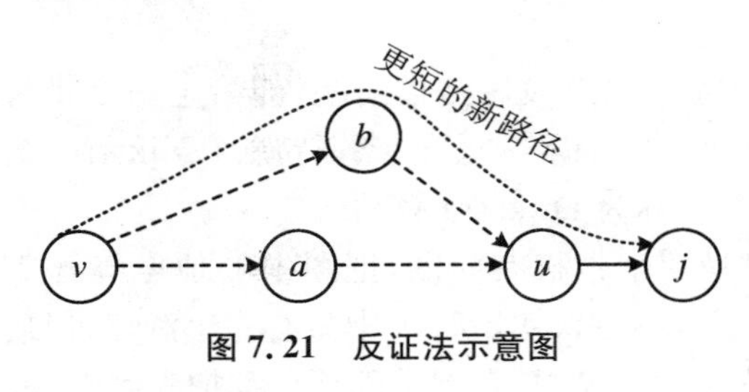

图 7.21　反证法示意图

这个命题可以采用反证法证明,假设 $\langle v,\cdots,a,\cdots,u,j\rangle$ 是源点 $v$ 到顶点 $j$ 的最短路径,但 $\langle v,\cdots,a,\cdots,u\rangle$ 不是源点 $v$ 到 $u$ 的最短路径。由于 $\langle v,\cdots,a,\cdots,u\rangle$ 不是源点 $v$ 到 $u$ 的最短路径,设源点 $v$ 到 $u$ 的最短路径为 $\langle v,\cdots,b,\cdots,u\rangle$,如图 7.21 所示,则 $\langle v,\cdots,b,\cdots,u,j\rangle$ 是一条比 $\langle v,\cdots,a,\cdots,u,j\rangle$ 更短的新路径,与前面的假设矛盾,命题得证。

借助上述命题,用 path[$j$]存放源点 $v$ 到 $j$ 的最短路径上顶点 $j$ 的前一个顶点编号,其中源点 $v$ 是默认的。例如,从源点 0 到 5 的最短路径为⟨0,2,3,5⟩,则最短路径可以表示为 path[5] = 3,path[3] = 2,path[2] = 0。当 path 求出后,通过反推求出从源点到每一个顶点的最短路径。

再看图 7.20,在求源点 $v$ 到 $j$ 的最短路径时,不经过顶点 $u$ 的原来的最短路径可表示为 path[$j$] = $a$,而经过顶点 $u$ 的路径若是最短路径,该路径表示为 path[$j$] = $u$。所以,在考虑中间点 $u$ 以后,path[$j$] = Min{dist[$u$] + $w_{uj}$,dist[$j$]},若经过顶点 $u$ 的路径更短,则修改 path[$j$] = $u$,否则不修改 path[$j$]。

**【例 7.4】**　利用迪杰斯特拉算法,求图 7.22 中顶点 0 到其余各顶点的最短路径及其长度,给出完整的计算过程。

**解**　(1) 初始化:$S$ = {0},$U$ = {1,2,3,4,5,6},dist[] = {0,4,6,6,∞,∞,∞}(源点 0 到其他各顶点的权值,直接来源于邻接矩阵),path[] = {0,0,0,0,−1,−1,−1}(若源点 0 到顶点 $i$ 有边⟨0,$i$⟩,它就是当前从源点 0 到 $i$ 的最短路径,且最短路径上顶点 $i$ 的前一个顶点是源点 0,即置 path[$i$] = 0;否则置 path[$i$] = −1,表示源点 0 到顶点 $i$ 没有路径)。

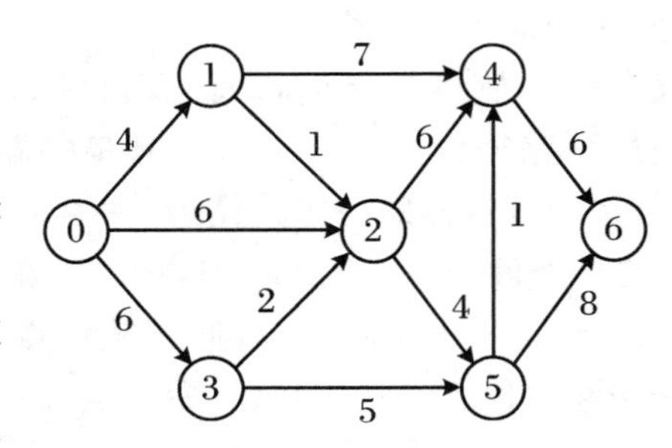

图 7.22　一个带权有向图

(2) 从 $U$ 中找 dist 值最小的顶点为顶点 1,将它添加到 $S$ 中,$S$ = {0,1},$U$ = {2,3,4,5,6},考查顶点 1,发现从顶点 1 到顶点 2 和 4 有边:

dist[2] = Min{dist[2],　dist[1] + 1} = 5(修改)

dist[4] = Min{dist[4],　dist[1] + 7} = 11(修改)

则 dist[] = {0,4,5,6,11,∞,∞},在 path 中用顶点 1 代替 dist 值发生修改的顶点,path[] = {0,0,1,0,1,−1,−1}。

(3) 从 $U$ 中找 dist 值最小的顶点为顶点 2,将它添加到 $S$ 中,$S=\{0,1,2\}$,$U=\{3,4,5,6\}$,考查顶点 2,发现从顶点 2 到顶点 4 和 5 有边:

dist[4] = Min{dist[4], dist[2]+6} = 11

dist[5] = Min{dist[5], dist[2]+4} = 9(修改)

则 dist[] = {0,4,5,6,11,9,∞},在 path 中用顶点 2 代替 dist 值发生修改的顶点,path[] = {0,0,1,0,1,2,-1}。

(4) 从 $U$ 中找 dist 值最小的顶点为顶点 3,将它添加到 $S$ 中,$S=\{0,1,2,3\}$,$U=\{4,5,6\}$,考查顶点 3,发现从顶点 3 到顶点 2 和 5 有边,由于顶点 2 已经考查过,不进行修改:

dist[5] = Min{dist[5], dist[3]+5} = 9

没有修改,dist 和 path 不变。

(5) 从 $U$ 中找 dist 值最小的顶点为顶点 5,将它添加到 $S$ 中,$S=\{0,1,2,3,5\}$,U = {4,6},考查顶点 5,发现从顶点 5 到达顶点 4 和 6 有边:

dist[4] = Min{dist[4], dist[5]+1} = 10(修改)

dist[6] = Min{dist[6], dist[5]+8} = 17(修改)

则 dist[] = {0,4,5,6,10,9,17},在 path 中用顶点 5 代替 dist 值发生修改的顶点,path[] = {0,0,1,0,5,2,5}。

(6) 从 $U$ 中找 dist 值最小的顶点为顶点 4,将它添加到 $S$ 中,$S=\{0,1,2,3,5,4\}$,$U=\{6\}$,考查顶点 4,发现从顶点 4 到达顶点 6 有边:

dist[6] = Min{dist[6], dist[4]+6} = 16(修改)

则 dist[] = {0,4,5,6,10,9,16},在 path 中用顶点 4 代替 dist 值发生修改的顶点,path[] = {0,0,1,0,5,2,4}。

(7) 从 $U$ 中找 dist 值最小的顶点为顶点 6,将它添加到 $S$ 中,$S=\{0,1,2,3,5,4,6\}$,$U=\{\}$,从顶点 6 不能到达任何顶点。$S$ 中包含所有顶点,求解过程结束,此时 dist[] = {0,4,5,6,10,9,16},path[] = {0,0,1,0,5,2,4}。

(8) 输出最短路径,这里以源点 0 到 6 的最短路径进行说明,dist[6] = 16,即该最短路径的长度为 16。path[6] = 4,path[4] = 5,path[5] = 2,path[2] = 1,path[1] = 0,反推出最短路径为 0→1→2→5→4→6。

从源点到所有其他顶点的求解结果如下:

从顶点 0 到顶点 1 的路径长度为:4　路径为:0,1
从顶点 0 到顶点 2 的路径长度为:5　路径为:0,1,2
从顶点 0 到顶点 3 的路径长度为:6　路径为:0,3
从顶点 0 到顶点 4 的路径长度为:10　路径为:0,1,2,5,4
从顶点 0 到顶点 5 的路径长度为:9　路径为:0,1,2,5
从顶点 0 到顶点 6 的路径长度为:16　路径为:0,1,2,5,4,6

下面给出带权无向图 $g$ 以顶点 $v$ 为源点的 Dijkstra 算法。

```
void Dijkstra(MatGraph g, int v)
{   int dist[MAXV], path[MAXV];
    int S[MAXV];                        /* S[i]=1 表示顶点 i 在 S 中, S[i]=0 表示顶点 i 在 U 中 */
    int mindis, i, j, u;
    for (i=0; i<g.n; i++)
    {   dist[i]=g.edges[v][i];          /* 距离初始化 */
        S[i]=0;                         /* S[]置空 */
        if (g.edges[v][i]<INF)          /* 路径初始化 */
            path[i]=v;                  /* 顶点 v→i 有边时,置顶点 i 的前一个顶点为 v */
        else
            path[i]=-1;                 /* 顶点 v→i 无边时,置顶点 i 的前一个顶点为-1 */
    }
    S[v]=1;  path[v]=v;                 /* 源点编号 v 放入 S 中 */
    for (i=0; i<g.n-1; i++)             /* 循环求出源点到所有其他顶点的最短路径 */
    {   mindis=INF;                     /* mindis 置初值 */
        for (j=0; j<g.n; j++)           /* 选取 U 中具有最小最短路径长度的顶点 u */
            if (S[j]==0 && dist[j]<mindis)
            {   u=j;
                mindis=dist[j];
            }
        S[u]=1;                         /* 顶点 u 加入 S 中 */
        for (j=0; j<g.n; j++)           /* 修改 U 中的顶点的最短路径 */
            if (S[j]==0)
                if (g.edges[u][j]<INF && dist[u]+g.edges[u][j]<dist[j])
                {   dist[j]=dist[u]+g.edges[u][j];
                    path[j]=u;
                }
    }
    Dispath(g,dist,path,S,v);           /* 输出从顶点 v 出发的所有最短路径 */
}
```

其中,输出单源点最短路径的 Dispath()函数如下:

```
void Dispath(MatGraph g, int dist[], int path[], int S[], int v)
{   int i, j, k;
    int apath[MAXV], d;                 /* 存放一条最短路径(逆向)及其顶点个数 */
    for (i=0; i<g.n; i++)               /* 循环输出从顶点 v 到 i 的路径 */
        if (S[i]==1 && i!=v)
        {   printf("  从顶点%d 到顶点%d 的路径长度为:%d\t 路径为:",v,i,dist[i]);
            d=0; apath[d]=i;            /* 添加路径上的终点 */
            k=path[i];
            if (k==-1)                  /* 没有路径的情况 */
                printf("无路径\n");
            else                        /* 存在路径时输出该路径 */
```

```
        {   while (k! =v)
            {d++; apath[d]=k;
                k=path[k];
            }
            d++; apath[d]=v;                    /*添加路径上的起点*/
            printf("%d",apath[d]);              /*先输出起点*/
            for (j=d-1;j>=0;j--)                /*再输出其他顶点*/
                printf(",%d",apath[j]);
            printf("\n");
        }
    }
}
```

不考虑路径的输出，Dijkstra 算法的时间复杂度为 $O(n^2)$，其中 $n$ 为图中顶点的个数。

## 7.5.3　顶点对最短路径

求每一对顶点之间的最短路径问题称为顶点对最短路径问题。对于一个各边权值均大于零的有向图，可以依次选取每个顶点作为源点，将Dijkstra 算法重复执行 $n$ 次（$n$ 为顶点个数），这样就可以求出每一对顶点之间的最短路径，总的时间复杂度为 $O(n^3)$。除此之外，弗洛伊德(Floyd)提出了解决此问题的另一种算法，称为弗洛伊德算法。

设有向图 $G=(V,E)$ 采用邻接矩阵 g 表示，另外设置一个二维数组 $D$ 用于存放当前顶点之间的最短路径长度，$D[i][j]$ 表示当前从顶点 $i$ 到顶点 $j$ 的最短路径长度。Floyd 算法的基本思想是：递推产生一个矩阵序列 $D_0, D_1, \cdots, D_k, \cdots, D_{n-1}$，其中 $D_k[i][j]$ 表示从顶点 $i$ 到顶点 $j$ 的路径上所经过的顶点编号不大于 $k$ 的最短路径长度。

初始时有 $D_{-1}[i][j]=\text{g.edge}[i][j]$。若 $D_{k-1}[i][j]$ 已求出，现在考查顶点 $k$，求顶点 $i$ 到顶点 $j$ 的路径上所经过的顶点编号不大于 $k$ 的最短路径长度 $D_k[i][j]$，此时顶点 $i$ 到顶点 $j$ 的路径有两条。

路径 1：在考查顶点 $k$ 之前求出的最短路径长度为 $D_{k-1}[i][j]$ 的路径（若没有这样的路径，$D_{k-1}[i][j]$ 取值为∞）。

路径 2：考查顶点 $k$，从顶点 $i$ 到顶点 $j$ 存在一条经过顶点 $k$ 的路径，如图 7.23 所示，该路径分为两段，即 $i$ 到 $k$ 和 $k$ 到 $j$，其长度为 $D_{k-1}[i][k]+D_{k-1}[k][j]$（若没有这样的路径，该长度取值为∞）。

图 7.23　Floyd 算法中路径长度的调整情况

显然，如果路径 2 的长度更短，即 $D_{k-1}[i][k]+D_{k-1}[k][j]<D_{k-1}[i][j]$，则取经过顶点 $k$ 的路径为新的最短路径。

归纳起来，Floyd 算法思想可描述如下：

$$D_{-1}[i][j]=\text{g.edge}[i][j]$$

$$D_k[i][j]=\text{Min}\{D_{k-1}[i][j], D_{k-1}[i][k]+D_{k-1}[k][j]\} \quad 0\leqslant k\leqslant n-1$$

上式是一个迭代表达式，每迭代一次，从顶点 $i$ 到顶点 $j$ 的最短路径上就多考虑了一个顶点；经过 $n$ 次迭代后所得的 $D_{n-1}[i][j]$ 值就是考虑所有顶点后，从顶点 $i$ 到顶点 $j$ 的最短路径，也就是最终解。

另外用二维数组 path 保存最短路径，它与当前迭代的次数有关。$\text{path}_k[i][j]$ 存放着考查顶点 $0,1,\cdots,k$ 之后得到的顶点 $i$ 到顶点 $j$ 的最短路径中顶点 $j$ 的前一个顶点编号，这和 Dijkstra 算法中采用的方式相似。

初始时尚未考查任何顶点，若 $i$ 到 $j$ 有边 $\langle i,j\rangle$，将该边看成 $i$ 到 $j$ 的最短路径，该路径上顶点 $j$ 的前一个顶点是 $i$，所以置 $\text{path}_{-1}[i][j]=i$，否则 $\text{path}_{-1}[i][j]=-1$(表示无路径)。

在考查顶点 $k$ 之前，$i$ 到 $j$ 的最短路径是 $\langle i,\cdots,b,j\rangle$，即 $\text{path}_{k-1}[i][j]=b$；$k$ 到 $j$ 的最短路径是 $\langle k,\cdots,a,j\rangle$，即 $\text{path}_{k-1}[k][j]=\text{a}$。

考虑顶点 $k$ 的调整情况，如图 7.24 所示(图中虚线箭头表示路径，实线箭头表示边)：若经过顶点 $k$ 的路径较长，则 $D_k[i][j]=D_{k-1}[i][j]$，不需要修改路径；若经过顶点 $k$ 的路径较短，则需要修改最短路径和路径长度，即 $D_k[i][j]=D_{k-1}[i][k]+D_{k-1}[k][j]$，$\text{path}_k[i][j]=a=\text{path}_{k-1}[k][j]$。

在算法结束时，由二维数组 path 的值追溯，可以得到从顶点 $i$ 到顶点 $j$ 的最短路径。

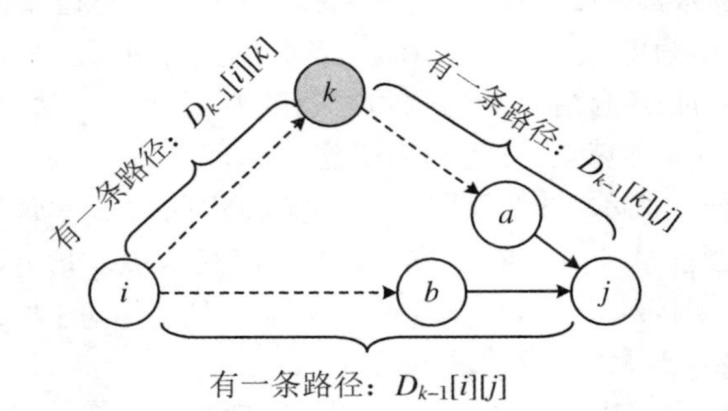
k
a
i
b
j
有一条路径：Dk-1[i][k]
有一条路径：Dk-1[k][j]
有一条路径：Dk-1[i][j]
pathk-1[i][j]=b,pathk-1[k][j]=a,
若Dk-1[i][k]+Dk-1[k][j]<Dk-1[i][j],
即经过顶点k的路径更短，
则pathk[i][j]=a=pathk-1[k][j];
否则pathk[i][j]=b=pathk-1[i][j]。

**图 7.24 Floyd 算法中路径的调整情况**

【例 7.5】 利用 Floyd 算法，求图 7.25 中每一对顶点之间的最短路径及其路径长度在求解过程中的变化。

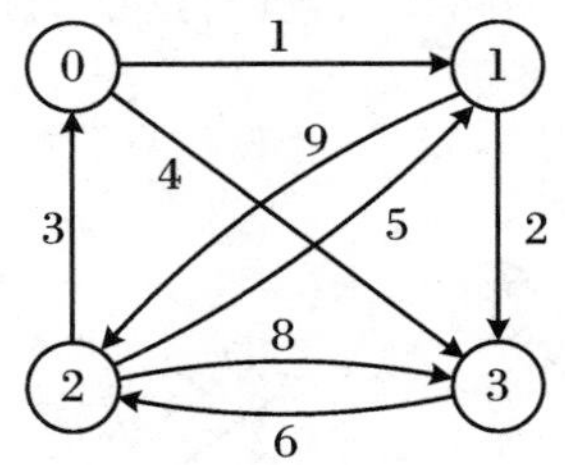
0
1
2
3
1
9
4
3
5
2
8
6

**图 7.25 带权有向图**

**解** 对于图 7.25 所示的有向图 $G$ 采用 Floyd 算法，每一对顶点 $i$ 和 $j$ 之间的最短路径 $\text{path}[i][j]$ 及其路径长度 $D[i][j]$ 在求解过程中的变化如下：

(1) 初始置 $D_{-1}$ 为图 $G$ 的邻接矩阵，然后求对应的 $\text{path}_{-1}$ 数组。$D_{-1}$ 中所有值为∞或者 $(i,i)$ 位置的元素在 $\text{path}_{-1}$ 数组中全部置为 $-1$；$D_{-1}$ 中所有的非零元素，比如 $D_{-1}[i][j]>0$，就将 $\text{path}_{-1}[i][j]$ 的值置为 $i$。这样就得到了 $\text{path}_{-1}$ 数组。

$$D_{-1}=\begin{bmatrix}0 & 1 & \infty & 4\\ \infty & 0 & 9 & 2\\ 3 & 5 & 0 & 8\\ \infty & \infty & 6 & 0\end{bmatrix},\quad \text{path}_{-1}=\begin{bmatrix}-1 & 0 & -1 & 0\\ -1 & -1 & 1 & 1\\ 2 & 2 & -1 & 2\\ -1 & -1 & 3 & -1\end{bmatrix}$$

(2) 考虑顶点 0，$D_0[i][j]$ 表示从顶点 $i$ 到顶点 $j$ 经由顶点 0 的最短路径长度。在数组

$D_0$和$path_0$中，所有的0行、0列和主对角线位置的值均与$D_{-1}$和$path_{-1}$中的值保持一致，其余位置依次进行处理。首先，$D_{-1}[1][2]=9$，即使考虑顶点0，从图中也无法得到从顶点1到顶点2的新的更短的路径，因此$D_0$和$path_0$在该位置均保持原值不变，即$D_0[1][2]=D_{-1}[1][2]=9$，$path_0[1][2]=path_{-1}[1][2]=1$。

同理可得，$D_0[1][3]=D_{-1}[1][3]=2$，$path_0[1][3]=path_{-1}[1][3]=1$。$D_{-1}[2][1]=5$，考虑顶点0，可以$2\to0\to1$，这样得到的新的路径长度为$3+1=4<5$，因此将$D_0[2][1]$更新为4，$path_0[2][1]$更新为0。$D_{-1}[2][3]=8$，考虑顶点0，可以$2\to0\to3$，这样得到的新路径长度为$3+4=7<8$，因此$D_0[2][3]$更新为7，$path_0[2][3]$更新为0。$D_{-1}[3][1]=\infty$，现在即使考虑顶点0，也无法得到从顶点3到顶点1的新的更短的路径，因此$D_0[3][1]=D_{-1}[3][1]=\infty$，$path_0[3][1]=path_{-1}[3][1]=-1$。

同理可得，$D_0[3][2]=D_{-1}[3][2]=6$，$path_0[3][2]=path_{-1}[3][2]=3$。

$$D_0=\begin{bmatrix}0&1&\infty&4\\\infty&0&9&2\\3&4&0&7\\\infty&\infty&6&0\end{bmatrix},\quad path_0=\begin{bmatrix}-1&0&-1&0\\-1&-1&1&1\\2&0&-1&0\\-1&-1&3&-1\end{bmatrix}$$

(3) 考虑顶点1，$D_1[i][j]$表示从顶点$i$到顶点$j$经由顶点1的最短路径长度。在数组$D_1$和$path_1$中，所有的1行、1列和主对角线位置的值均与$D_0$和$path_0$中的值保持一致，其余位置依次进行处理。$D_0[0][2]=\infty$，考虑顶点1，可以$0\to1\to2$，这样得到的新路径长度为$1+9=10$，因此$D_1[0][2]$更新为10，$path_1[0][2]$更新为1。$D_0[0][3]=4$，若考虑顶点1，可以$0\to1\to3$，这样得到的新路径长度为$1+2=3<4$，因此$D_1[0][3]$更新为3，$path_1[0][3]$更新为1。$D_0[2][0]=3$，现在即使考虑顶点1，也无法得到新的更短的路径，因此$D_1[2][0]=D_0[2][0]=3$，$path_1[2][0]=path_0[2][0]=2$。$D_0[2][3]=7$，考虑顶点1，则可以$2\to0\to1\to3$，这样得到新的路径长度为$3+1+2=6<7$，因此$D_1[2][3]$更新为6，$path_1[2][3]$更新为1。$D_0[3][0]=\infty$，即使考虑顶点1，也无法得到新的更短的路径，因此$D_1[3][0]=D_0[3][0]=\infty$，$path_1[3][0]=path_0[3][0]=-1$。同理，$D_1[3][2]=D_0[3][2]=6$，$path_1[3][2]=path_0[3][2]=3$。

$$D_1=\begin{bmatrix}0&1&10&3\\\infty&0&9&2\\3&4&0&6\\\infty&\infty&6&0\end{bmatrix},\quad path_1=\begin{bmatrix}-1&0&1&1\\-1&-1&1&1\\2&0&-1&1\\-1&-1&3&-1\end{bmatrix}$$

(4) 考虑顶点2，在数组$D_2$和$path_2$中，所有的2行、2列和主对角线位置的值均与$D_1$和$path_1$中的值保持一致，其余位置依次进行处理。其中，$D_1[1][0]=\infty$，若考虑顶点2，可以$1\to2\to0$，这样得到新的路径长度为$9+3=12$，因此$D_2[1][0]$更新为12，$path_2[1][0]$更新为2。$D_1[3][0]=\infty$，若考虑顶点2，可以$3\to2\to0$，这样得到新路径长度为$6+3=9$，因此$D_2[3][0]$更新为9，$path_2[3][0]$更新为2。$D_1[3][1]=\infty$，若考虑顶点2，可以$3\to2\to0\to1$，这样得到的新路径长度为$6+3+1=10$，因此$D_2[3][1]$更新为10，$path_2[3][1]$更新为0。

$$D_2=\begin{bmatrix}0&1&10&3\\12&0&9&2\\3&4&0&6\\9&10&6&0\end{bmatrix},\quad path_2=\begin{bmatrix}-1&0&1&1\\2&-1&1&1\\2&0&-1&1\\2&0&3&-1\end{bmatrix}$$

(5) 考虑顶点3,在数组 $D_3$ 和 $path_3$ 中,所有的3行、3列和主对角线位置的值均与 $D_2$ 和 $path_2$ 中的值保持一致,其余位置依次进行处理。其中,$D_2[0][2]=10$,若考虑顶点3,可以 $0\to1\to3\to2$,这样得到新的路径长度为 $1+2+6=9<10$,因此 $D_3[0][2]$ 更新为9,$path_3[0][2]$ 更新为3。$D_2[1][0]=12$,考虑顶点3,可以 $1\to3\to2\to0$,这样得到新路径长度为 $2+6+3=11<12$,因此 $D_3[1][0]$ 更新为11,$path_3[1][0]$ 更新为2。$D_2[1][2]=9$,考虑顶点3,可以 $1\to3\to2$,这样得到的新路径长度为 $2+6=8<9$,因此 $D_3[1][2]$ 更新为8,$path_3[1][2]$ 更新为3。

$$D_3=\begin{bmatrix}0 & 1 & 9 & 3\\ 11 & 0 & 8 & 2\\ 3 & 4 & 0 & 6\\ 9 & 10 & 6 & 0\end{bmatrix},\quad path_3=\begin{bmatrix}-1 & 0 & 3 & 1\\ 2 & -1 & 3 & 1\\ 2 & 0 & -1 & 1\\ 2 & 0 & 3 & -1\end{bmatrix}$$

由最终得到 $D_3$ 数组可以直接确定任意两个顶点之间的最短路径长度。例如,$D_3[1][0]=11$,表示顶点1到0的最短路径长度为11。由 $path_3$ 数组可以推导出任意两个顶点之间的最短路径。例如,求顶点1到0的最短路径时,可以由 $path_3[1][0]=2$,$path_3[1][2]=3$,$path_3[1][3]=1$ 得出顶点序列为0、2、3、1,即顶点1到0的最短路径为 $1\to3\to2\to0$。

图7.25采用Floyd算法求出的最终结果见表7.2。

**表7.2　Floyd算法求得的最短路径及其长度**

| 起点 | 终点 | 最短路径 | 路径长度 |
|---|---|---|---|
| 0 | 1 | 0→1 | 1 |
| 0 | 2 | 0→1→3→2 | 9 |
| 0 | 3 | 0→1→3 | 3 |
| 1 | 0 | 1→3→2→0 | 11 |
| 1 | 2 | 1→3→2 | 8 |
| 1 | 3 | 1→3 | 2 |
| 2 | 0 | 2→0 | 3 |
| 2 | 1 | 2→0→1 | 4 |
| 2 | 3 | 2→0→1→3 | 6 |
| 3 | 0 | 3→2→0 | 9 |
| 3 | 1 | 3→2→0→1 | 10 |
| 3 | 2 | 3→2 | 6 |

下面给出带权有向图 $g$ 求各顶点对最短路径的Floyd算法。

```
void Floyd(MatGraph g)
{   int D[MAXV][MAX], path[MAX][MAX];
    int i, j, k;
    for(i=0; i<g.n; i++)
        for(j=0; j<g.n; j++)
        {   D[i][j]=g.edges[i][j];
```

```
            if (i! =j && g.edges[i][j]<INF)            /* 顶点 i 和 j 之间有边时 */
                path[i][j]=i;
            else                                       /* 顶点 i 和 j 之间无边时 */
                path[i][j]=-1;
        }
    for(k=0; k<g.n; k++)                               /* 依次考查所有顶点 */
    {   for(i=0; i<g.n; i++)
            for(j=0; j<g.n; j++)
                if (D[i][j]>D[i][k]+D[k][j])           /* 找到更短路径 */
                {   D[i][j]=D[i][k]+D[k][j];           /* 修改最短路径长度 */
                    path[i][j]=path[k][j];             /* 修改最短路径为经过顶点 k */
                }
    }
    Dispath(g,D,path);                                 /* 输出最短路径 */
}
```

输出最短路径的 Dispath()函数如下：

```
void Dispath(MatGraph g, int A[][MAXV], int path[][MAXV])
{   int i, j, k, s;
    int apath[MAXV], d;                 /* 存放一条最短路径的中间顶点(反向)及其顶点个数 */
    for(i=0; i<g.n; i++)
        for(j=0; j<g.n; j++)
        {   if(A[i][j]! =INF && i! =j)                 /* 若顶点 i 和 j 之间存在路径 */
            {   printf("从%d到%d的路径为:",i,j);
                k=path[i][j];
                d=0; apath[d]=j;                       /* 路径上添加终点 */
                while(k! =-1 && k! =i)                 /* 路径上添加中间点 */
                {   d++; apath[d]=k;
                    k=path[i][k];
                }
                d++; apath[d]=i;                       /* 路径上添加起点 */
                printf(" %d",apath[d]);                /* 输出起点 */
                for (s=d-1; s>=0; s--)                 /* 输出路径上的中间顶点 */
                    printf(",%d",apath[s]);
                printf("\t路径长度为:%d\n",A[i][j]);
            }
        }
}
```

不考虑路径输出，Floyd 算法的时间复杂度为 $O(n^3)$，其中 $n$ 为图中顶点的个数。

# 7.6 有向无环图

不包含回路的有向图称为有向无环图(Directed Acycline Graph),简称 DAG 图。DAG 图是一类较有向树更一般的特殊有向图,如图 7.26 所示。

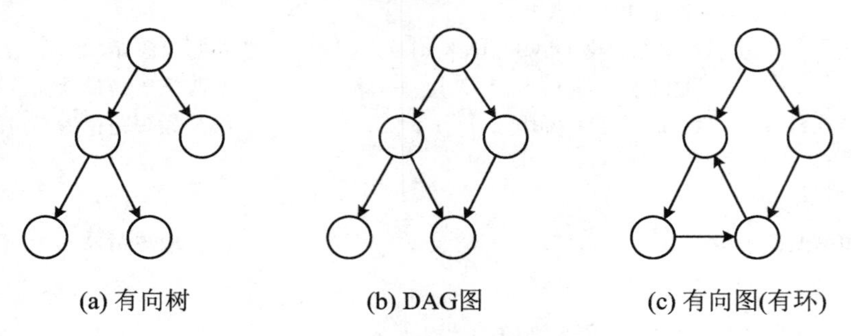


**图 7.26 有向树、DAG 图和有向图**

DAG 图可以用来描述含有公共子式的表达式。例如,表达式(a+b)×[(a+b)/a]可以用第 6 章讨论的二叉树来表示,如图 7.27 所示。

观察这个表达式可以发现,其中存在相同的子表达式(a+b),在二叉树中,+ab 子树也重复出现了 2 次。为了节省存储空间,可以对相同的子式进行共享,即只保留一棵+ab 子树,让/结点的左支共享左侧的+ab 子树,如图 7.28(a)所示。其实,它已经是一个 DAG 图了,但为了让图中使用的结点个数尽可能地少,还可以对其中重复出现的 a 结点进行共享。比如,删除右侧的 a 结点,让/结点的右支共享左侧的 a 结点。这样的 DAG 图使用的结点数量最少,即用 DAG 图描述表达式(a+b)×[(a+b)/a]时,至少需要 5 个顶点。

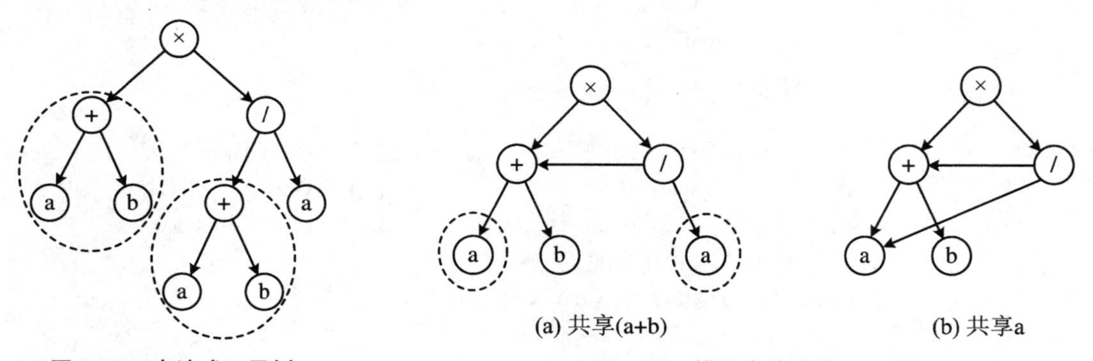


**图 7.27 表达式二叉树** **图 7.28 描述表达式的 DAG 图**

DAG 图也是描述一项工程或系统进行过程的有效工具。除了最简单的情况之外,几乎所有的工程都可以分为若干个称作活动的子工程,而这些子工程之间,通常受到一定条件的约束。比如,其中某些子工程的开始必须在另一些子工程完成之后。对整个工程和系统,人们关心的主要是两个方面的问题:一是工程能否顺利进行,二是估算整个工程完成所需花费的最短时间。这两方面问题的本质即为对有向图进行拓扑排序和求关键路径的操作。下面分别讨论这两个问题。

## 7.6.1　AOV 网与拓扑排序

用顶点表示活动，用弧表示活动之间的优先关系的有向图称为顶点表示活动的网(Activity On Vertex Network)，简称 AOV 网。在 AOV 网中，若顶点 $u$ 与顶点 $v$ 之间存在一条有向边 $\langle u,v\rangle$，则说明事件 $u$ 必须先于事件 $v$ 完成。此时，将 $u$ 称为 $v$ 的直接前驱，$v$ 称为 $u$ 的直接后继。若顶点 $u$ 与顶点 $v$ 之间存在一条路径 $\langle u,\cdots,v\rangle$，则 $u$ 称为 $v$ 的前驱，$v$ 称为 $u$ 的后继。

例如，计算机专业的学生必须修完一系列规定的课程(见表 7.3)才能毕业，其中有些是基础课，它们独立于其他课程，如“高等数学”“程序设计基础”等都不需要先修课程，而另一些课程必须在学完相应的先修课程之后才能开始学习，如通常在学完“程序设计基础”和“离散数学”之后才能开始学习“数据结构”等其他课程。这些先决条件定义了课程之间的优先(先修)关系。

**表 7.3　课程名称、代号及其关系**

| 课程代号 | 课程名称 | 先修课程 |
|---|---|---|
| $C_1$ | 高等数学 | 无 |
| $C_2$ | 程序设计基础 | 无 |
| $C_3$ | 离散数学 | $C_1$ |
| $C_4$ | 数据结构 | $C_2$，$C_3$ |
| $C_5$ | 编译原理 | $C_2$，$C_4$ |
| $C_6$ | 操作系统 | $C_4$，$C_7$ |
| $C_7$ | 计算机组成原理 | $C_2$ |

上述课程之间的优先(先修)关系可以用图 7.29 所示的有向图来表示，这个有向图就是 AOV 网。

在 AOV 网中，不应出现有向环，因为存在环就意味着某项活动以自己为先决条件。显然，这是荒谬的。若设计出这样的流程图，工程便无法进行；而对于程序的流程图来说，则表明存在一个死循环。因此，对给定的 AOV 网，应首先判定其中是否存在环，检测的方法之一是对有向图的顶点进行拓扑排序。下面介绍拓扑排序的相关内容。

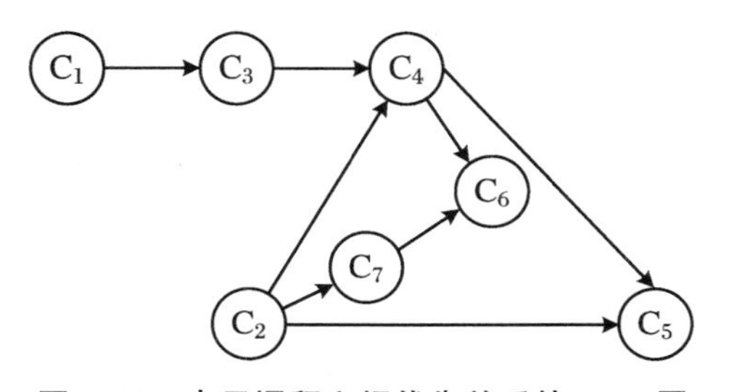


**图 7.29　表示课程之间优先关系的 AOV 网**

将 AOV 网中的所有顶点基于前驱、后继关系排成一个线性序列的过程称为拓扑排序，所得到的顶点序列称为拓扑序列。也就是说，若 AOV 网中从顶点 $i$ 到顶点 $j$ 有一条路径，则拓扑序列中的顶点 $i$ 必定排在顶点 $j$ 之前。显然，一个 AOV 网的拓扑序列是不唯一的。例如，上述课程 AOV 网有如下两个拓扑序列：$C_1\to C_3\to C_2\to C_7\to C_4\to C_6\to C_5$ 和 $C_2\to C_7\to C_1\to C_3\to C_4\to C_5\to C_6$，还可以得到其他的拓扑序列。学生可以按照任何一个拓扑序列的顺序来制定课程学习计划，并且保证在学习任一门课程时，其先修课程都已经学过。那么，如何进行拓扑排序呢?

拓扑排序方法如下:

(1) 从有向图中选择一个没有前驱(即入度为0)的顶点并且输出它。

(2) 从图中删去该顶点,并且删去从该顶点发出的全部有向边。

(3) 重复上述两步,直到剩余的图中不再存在没有前驱的顶点为止。

这样操作的结果有两种:一种是图中全部顶点都被输出,即该图中所有顶点都在其拓扑序列中,这说明图中不存在回路;另一种就是图中的顶点未被全部输出,这说明图中存在回路(以课程之间的先修关系为例,若存在回路就说明一些课程以自己为先修关系)。所以,可以通过对一个AOV网进行拓扑排序,看是否产生全部顶点的拓扑序列来确定其中是否存在回路。也就是说,不是任何AOV网的顶点都可以排成拓扑序列。

**【例7.6】** 对图7.30所示的有向图进行拓扑排序,可以得到(　　)种不同的拓扑序列。

A. 4　　B. 3　　C. 2　　D. 1

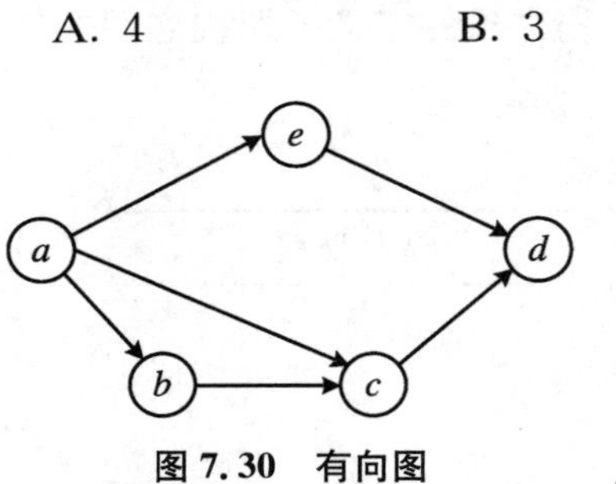

**图7.30　有向图**

**解**　顶点 $a$ 无前驱,先输出 $a$,在删除 $a$ 及弧 $\langle a,b\rangle$、$\langle a,c\rangle$、$\langle a,e\rangle$ 之后,顶点 $b$ 和 $e$ 无前驱,可以任选一个进行输出。假设先输出 $b$,在删除 $b$ 及弧 $\langle b,c\rangle$ 之后,输出 $c$ 且删去 $c$ 及弧 $\langle c,d\rangle$,输出 $e$ 且删去 $e$ 及弧 $\langle e,d\rangle$,最后输出 $d$。由此得到的拓扑序列为:$a,b,c,e,d$。按照上述方法,还可以得到两个拓扑序列:$a,b,e,c,d$ 和 $a,e,b,c,d$。所以,共有3种不同的拓扑序列。

为了实现拓扑排序的算法,对于给定的有向图,可采用邻接表作为存储结构,并且在头结点中增加一个存放顶点入度的域indegree,即将邻接表定义中的VNode类型修改如下:

```
typedef struct
{   VertexType data;              /* 顶点的信息 */
    int indegree;                 /* 存放顶点的入度 */
    ArcNode *firstarc;            /* 指向第一个边结点 */
} VNode;                          /* 邻接表的头结点类型 */
```

拓扑排序的算法思路为:① 遍历邻接表的边结点,求出各顶点的入度,分别存入邻接表对应头结点的indegree域中。② 遍历邻接表的头结点,将入度为0的顶点入栈。③ 在栈不空时,将栈顶元素出栈,输出对应的顶点,并将该顶点的邻接顶点的入度减1,如果减后邻接顶点的入度为0,则将其入栈,否则将下一个邻接顶点的入度减1并进行相同的处理,直到出栈顶点的所有邻接点都被处理过。④重复③,直至栈空为止。

对应的拓扑排序算法如下:

```
void TopSort(AdjGraph *G)                        /* 拓扑排序算法 */
{   int i, j;
    int St[MAXV], top=-1;                        /* 空栈St,栈顶指针top */
    ArcNode *p;
    for (i=0; i<G->n; i++)                       /* 将各顶点的入度置初值0 */
        G->adjlist[i].indegree=0;
    for (i=0; i<G->n; i++)                       /* 求所有顶点的入度 */
```

```
    {   p=G->adjlist[i].firstarc;
        while (p!=NULL)
        {   G->adjlist[p->adjvex].indegree++;        /*顶点的入度存入 indegree 域*/
            p=p->nextarc;
        }
    }
    for (i=0; i<G->n; i++)                            /*将入度为 0 的顶点入栈*/
        if (G->adjlist[i].indegree==0)
        {   top++;
            St[top]=i;
        }
    while (top>-1)                                    /*栈不空时循环*/
    {   i=St[top];   top--;                           /*出栈一个顶点 i*/
        printf("%s ",G->adjlist[i].data);             /*输出该顶点*/
        p=G->adjlist[i].firstarc;                     /*找到出栈顶点的第一个邻接点*/
        while (p!=NULL)                               /*该邻接点存在*/
        {   j=p->adjvex;                              /*该邻接点的存储位置编号*/
            G->adjlist[j].indegree--;                 /*该邻接点的入度减 1*/
            if (G->adjlist[j].indegree==0)            /*检查邻接点是否入度为 0*/
            {   top++;                                /*将入度为 0 的邻接点入栈*/
                St[top]=j;
            }
            p=p->nextarc;                             /*找下一个邻接点*/
        }
    }
}
```

对有 $n$ 个顶点和 $e$ 条弧的有向图来说，求各顶点入度的时间复杂度为 $O(e)$；将入度为 0 的顶点入栈的时间复杂度为 $O(n)$；在拓扑排序过程中，若有向图无环，则每个顶点入一次栈，出一次栈，入度减 1 的操作在 while 语句中共执行 $e$ 次，因此，拓扑排序总的时间复杂度为 $O(n+e)$。

## 7.6.2　AOE 网与关键路径

AOE 网(Activity On Edge Network)即边表示活动的网，它是一个带权的有向无环图。其中，顶点表示事件，弧表示活动，权表示活动持续的时间。例如，图 7.31 是一个包含 9 个事件($V_1$～$V_9$)，11 项活动($a_1$～$a_{11}$)的 AOE 网。每个事件表示在它之前的活动已经完成，在它之后的活动可以开始。比如，$V_1$表示整个工程开始，$V_9$表示整个工程结束，$V_5$表示 $a_4$和 $a_5$已经完成，$a_7$和 $a_8$可以开始。与每个活动相联系的数是执行该活动所需的时间。比如，活动 $a_1$需要 6 天，活动 $a_3$需要 5 天，等等。

AOE 网在工程计划和经营管理中有广泛的应用，对 AOE 网的研究主要包含两方面问题：

(1) 完成整个工程至少需要多少时间？

(2) 哪些活动是影响工程进度的关键?

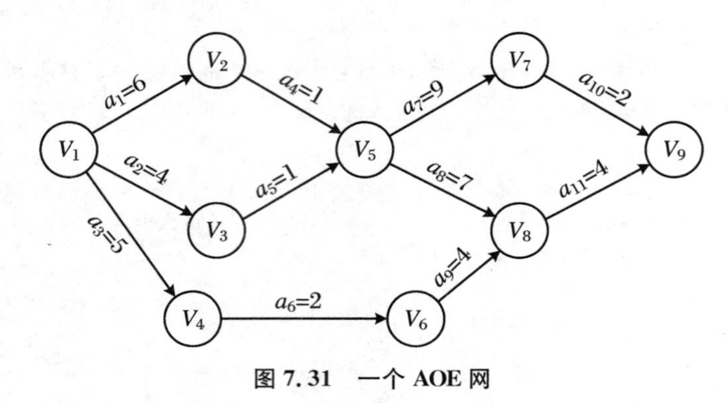


**图 7.31 一个 AOE 网**

由于整个工程只有一个开始点和一个完成点,故在正常(即无环)情况下,网中只有一个入度为 0 的顶点(称为源点)和一个出度为 0 的顶点(称为汇点)。源点表示的事件称为开工事件,汇点表示的事件称为收工事件。在 AOE 网中,有些活动可以并行进行,所以完成工程的最短时间是从源点到汇点的最长路径的长度。这里所说的路径长度是指路径上各活动的持续时间之和,不是路径上弧的数目。路径长度最长的路径叫作关键路径。

下面介绍和关键路径相关的几个概念。

(1) 事件 $v_i$ 的最早发生时间 $ve(i)$

从源点到顶点 $v_i$ 的最长路径长度称为事件 $v_i$ 的最早发生时间,记为 $ve(i)$。求解 $ve(i)$ 可以按照拓扑顺序从源点开始向汇点递推,通常将工程的开工事件 $v_1$ 的最早发生时间定义为 0,即

$$ve(i)=\begin{cases}0 & i\text{ 为源点}\\ \mathrm{Max}\{\mathrm{ve}(k)+\mathrm{dut}(\langle k,i\rangle)\mid\langle k,i\rangle\in T,2\leqslant i\leqslant n\} & \text{其他}\end{cases}$$

其中,$T$ 是所有以顶点 $v_i$ 为弧头的弧的集合,$\mathrm{dut}(\langle k,i\rangle)$ 表示弧 $\langle k,i\rangle$ 对应的活动的持续时间。

(2) 事件 $v_i$ 的最迟发生时间 $vl(i)$

事件 $v_i$ 的发生不得延误 $v_i$ 的每一个后继事件的最晚开始时间称为事件 $v_i$ 的最迟发生时间,即在不影响整个工程进度的前提下,事件 $v_i$ 必须开始的时间。为了不拖延工期,$v_i$ 的最迟发生时间不得迟于其后继事件 $v_k$ 的最迟发生时间减去活动 $\langle v_i,v_k\rangle$ 的持续时间,即根据逆拓扑顺序从汇点向源点递推:

$$vl(i)=\begin{cases}ve(i) & i\text{ 为汇点}\\ \mathrm{Min}\{vl(k)-\mathrm{dut}(\langle i,k\rangle)\mid\langle i,k\rangle\in \mathrm{S},1\leqslant i\leqslant n-1\} & \text{其他}\end{cases}$$

其中,$S$ 是所有以顶点 $v_i$ 为弧尾的弧的集合,$\mathrm{dut}(\langle i,k\rangle)$ 表示弧 $\langle i,k\rangle$ 对应的活动的持续时间。

(3) 活动 $a_i$ 的最早开始时间 $e(a_i)$

如果弧 $\langle v_k,v_j\rangle$ 表示活动 $a_i$,当事件 $v_k$ 发生之后,活动 $a_i$ 才能开始。所以活动 $a_i$ 的最早开始时间等于事件 $v_k$ 的最早发生时间 $ve(k)$,即

$$e(a_i)=ve(k)$$

(4) 活动 $a_i$ 的最迟开始时间 $l(a_i)$

在不影响整个工程进度的前提下,活动 $a_i$ 必须开始的时间称为最迟开始时间。如果弧

$\langle v_k, v_j \rangle$表示活动 $a_i$，其持续时间为 $dut(\langle k, j \rangle)$，则活动 $a_i$ 的最迟开始时间为

$$l(a_i) = vl(j) - dut(\langle k, j \rangle)$$

(5) 活动 $a_i$ 的缓冲时间

活动 $a_i$ 的最迟开始时间与最早开始时间之差[即 $l(a_i) - e(a_i)$]称为活动 $a_i$ 的缓冲时间或者松弛时间。

当 $e(a_i) = l(a_i)$ 时，对应的活动 $a_i$ 称为关键活动。显然，对关键活动来说，不存在富余时间。通常，所有的关键活动可以组成自源点到汇点的多条路径，它们都是关键路径。每条关键路径上的各关键活动持续时间之和是相等的，即为工期。提前完成非关键活动并不能加快工程的进度。而找出关键活动的意义在于可以适当地增加对关键活动的投资(人力、物力等)，相应地减少对非关键活动的投资，从而减少关键活动的持续时间，缩短整个工程的工期。

综上所述，求解关键路径的过程如下：

(1) 对 AOE 网进行拓扑排序，在排序过程中按拓扑序列求出每个事件的最早发生时间 $ve(i)$。

(2) 按逆拓扑序列求出每个时间的最迟发生时间 $vl(i)$。

(3) 求出每个活动 $a_i$ 的最早开始时间 $e(a_i)$。

(4) 求出每个活动 $a_i$ 的最迟开始时间 $l(a_i)$。

(5) 找出 $e(a_i) = l(a_i)$ 的活动 $a_i$，即为关键活动。关键活动必须如期完成，否则就会拖延完成整个工程的进度。由关键活动组成的自源点到汇点的每一条路径就是关键路径。

**【例 7.7】** 求图 7.31 所示的 AOE 网的关键路径。

**解**　对于该 AOE 网，其源点为 $V_1$，汇点为 $V_9$。

(1) 先进行拓扑排序，假设产生的拓扑序列为 $V_1, V_2, V_3, V_4, V_5, V_6, V_7, V_8, V_9$，依此顺序计算各事件的 $ve(i)$ 如下：

$ve(1) = 0$

$ve(2) = ve(1) + dut(a_1) = 6$

$ve(3) = ve(1) + dut(a_2) = 4$

$ve(4) = ve(1) + dut(a_3) = 5$

$ve(5) = Max\{ve(2) + dut(a_4),\ ve(3) + dut(a_5)\} = Max\{7, 5\} = 7$

$ve(6) = ve(4) + dut(a_6) = 7$

$ve(7) = ve(5) + dut(a_7) = 16$

$ve(8) = Max\{ve(5) + dut(a_8),\ ve(6) + dut(a_9)\} = Max\{14, 11\} = 14$

$ve(9) = Max\{ve(7) + dut(a_{10}),\ ve(8) + dut(a_{11})\} = Max\{18, 18\} = 18$

(2) 按拓扑序列逆序计算各事件的 $vl(i)$ 如下：

$vl(9) = ve(9) = 18$

$vl(8) = vl(9) - dut(a_{11}) = 14$

$vl(7) = vl(9) - dut(a_{10}) = 16$

$vl(6) = vl(8) - dut(a_9) = 10$

$vl(5) = Min\{vl(7) - dut(a_7),\ vl(8) - dut(a_8)\} = Min\{7, 7\} = 7$

$vl(4) = vl(6) - dut(a_6) = 8$

$vl(3) = vl(5) - dut(a_5) = 6$

$vl(2) = vl(5) - \mathrm{dut}(a_4) = 6$

$vl(1) = \mathrm{Min}\{vl(2) - \mathrm{dut}(a_1),\ vl(3) - \mathrm{dut}(a_2),\ vl(4) - \mathrm{dut}(a_3)\} = \mathrm{Min}\{0, 2, 3\} = 0$

(3) 计算各活动 $a_i$ 的最早开始时间 $e(i)$、最迟开始时间 $l(i)$ 和缓冲时间:

活动 $a_1$:$e(a_1) = ve(1) = 0$　　$l(a_1) = vl(2) - \mathrm{dut}(a_1) = 0$　　$d(a_1) = 0$

活动 $a_2$:$e(a_2) = ve(1) = 0$　　$l(a_2) = vl(3) - \mathrm{dut}(a_2) = 2$　　$d(a_2) = 2$

活动 $a_3$:$e(a_3) = ve(1) = 0$　　$l(a_3) = vl(4) - \mathrm{dut}(a_3) = 3$　　$d(a_3) = 3$

活动 $a_4$:$e(a_4) = ve(2) = 6$　　$l(a_4) = vl(5) - \mathrm{dut}(a_4) = 6$　　$d(a_4) = 0$

活动 $a_5$:$e(a_5) = ve(3) = 4$　　$l(a_5) = vl(5) - \mathrm{dut}(a_5) = 6$　　$d(a_5) = 2$

活动 $a_6$:$e(a_6) = ve(4) = 5$　　$l(a_6) = vl(6) - \mathrm{dut}(a_6) = 8$　　$d(a_6) = 3$

活动 $a_7$:$e(a_7) = ve(5) = 7$　　$l(a_7) = vl(7) - \mathrm{dut}(a_7) = 7$　　$d(a_7) = 0$

活动 $a_8$:$e(a_8) = ve(5) = 7$　　$l(a_8) = vl(8) - \mathrm{dut}(a_8) = 7$　　$d(a_8) = 0$

活动 $a_9$:$e(a_9) = ve(6) = 7$　　$l(a_9) = vl(8) - \mathrm{dut}(a_9) = 10$　　$d(a_9) = 3$

活动 $a_{10}$:$e(a_{10}) = ve(7) = 16$　　$l(a_{10}) = vl(9) - \mathrm{dut}(a_{10}) = 16$　　$d(a_{10}) = 0$

活动 $a_{11}$:$e(a_{11}) = ve(8) = 14$　　$l(a_{11}) = vl(9) - \mathrm{dut}(a_{11}) = 14$　　$d(a_{11}) = 0$

由此可知,关键活动有 $a_1$、$a_4$、$a_7$、$a_8$、$a_{10}$、$a_{11}$。因此,关键路径有两条,即$\langle V_1, V_2, V_5, V_7, V_9\rangle$和$\langle V_1, V_2, V_5, V_8, V_9\rangle$。

从求解结果看出以下几点:

(1) 缩短某一活动的时间,整个工期不一定会缩短。例如,在图 7.31 所示的 AOE 网中,将活动 $a_9$ 由 4 天缩短为 2 天,整个工期仍然需要 18 天,因为关键路径没有改变。

(2) 缩短某一关键活动的时间,整个工期不一定会缩短。例如,在图 7.31 所示的 AOE 网中,将关键活动 $a_7$ 由 9 天缩短为 5 天,整个工期仍然需要 18 天。因为$\langle V_1, V_2, V_5, V_7, V_9\rangle$变为非关键路径,而关键路径$\langle V_1, V_2, V_5, V_8, V_9\rangle$的长度仍然为 18。

(3) 缩短所有关键路径共享的关键活动的时间,整个工期可能会缩短。例如,在图 7.31 所示的 AOE 网中,将共享关键活动 $a_1$ 由 6 天缩短为 5 天,整个工期也缩短 1 天。

(4) 将某一共享关键活动缩短 $d$($d>0$)天,整个工期不一定也会缩短 $d$ 天。例如,在图 7.31 所示的 AOE 网中,将共享关键活动 $a_1$ 由 6 天缩短为 2 天(共缩短 4 天),整个工期也仅仅缩短了 2 天。因为关键路径变为$\langle V_1, V_3, V_5, V_7, V_9\rangle$和$\langle V_1, V_3, V_5, V_8, V_9\rangle$,其长度为 16。

# 第 8 章　查　　找

## 学习要求

1. 掌握顺序查找和折半查找的实现方法。
2. 掌握动态查找表(二叉排序树、平衡二叉树、B－树)的构造和查找方法。
3. 掌握哈希表、哈希函数、哈希冲突等有关概念和解决冲突的方法。

## 学习重点

1. 顺序查找和折半查找的基本思想、算法实现和查找效率分析。
2. 二叉排序树的插入、删除、建树和查找算法及时间性能分析。
3. 平衡因子及二叉树的平衡化。
4. 哈希查找的基本思想、哈希函数的选取原则、解决冲突的方法(线性探测法和链地址法)及哈希查找成功和失败时的平均查找长度的计算。

## 知识单元

查找又称检索,是指从一组数据元素的集合中找出满足给定条件的元素的过程。查找是非数值处理中的一种非常基本和重要的操作。在实际生活中,经常会遇到需要查找某个数据或者某类数据的情况,比如从图书馆中查找一本书;从字典中查找某个单词;在知网中检索一篇文章等。查找的方法有多种,不同查找方法的效率各不相同。特别是当涉及数据量较大时,查找的效率就显得至关重要。本章将系统地讨论各种查找方法,并通过效率分析来比较各种查找方法的优劣和适用范围。

## 8.1　查找的基本概念

**1. 查找表**

由同一类型的数据元素(或记录)构成的集合称为查找表,也就是查找对象的集合。

**2. 关键字**

关键字是查找表中“特定的”数据元素(或记录)的某个数据项的值,用来标识一个数据元素(或记录)。若该关键字可以唯一标识一个记录,则称此关键字为主关键字(对不同的记录,其主关键字均不同);若该关键字能识别若干个记录,则称其为次关键字。例如,在学生信息表中,“学号”可以看成主关键字,而“姓名”应视为次关键字,因为可能有相同名字的学生。

**3. 查找**

查找是指根据给定的某个值 $k$,在含有 $n$ 个记录的查找表中找出关键字等于给定值 $k$ 的记录的过程。若表中存在这样的记录,则查找成功,返回该记录的信息或该记录在表中的位置;否则查找失败,此时查找的结果可给出一个“空”记录或“空”指针。

**4. 动态查找表和静态查找表**

若在查找的同时对表进行修改运算(如插入和删除),则相应的表称为动态查找表,否则称为静态查找表。也就是说,动态查找表的表结构本身是在查找过程中动态生成的,即在创建表时,对于给定值,若表中存在关键字等于给定值的记录,则查找成功并返回,否则就插入关键字等于给定值的记录。

**5. 平均查找长度**

查找运算的主要操作是对关键字的比较。通常,把查找过程中对关键字需要执行的比较次数的期望值(或平均值)称为平均查找长度(Average Search Length,ASL)。平均查找长度是衡量一个查找算法效率优劣的主要标准。

对于含有 $n$ 条记录的查找表,查找成功时的平均查找长度 ASL 定义为

$$\text{ASL} = \sum_{i=1}^{n} p_i c_i$$

其中,$p_i$ 是查找表中第 $i$ 条记录的概率,通常情况下,若无特殊说明,可认为查找每条记录的概率是相等的,即 $p_i = 1/n(1 \leqslant i \leqslant n)$,$c_i$ 是找到第 $i$ 条记录所需进行的关键字比较次数。

## 8.2　线性表的查找

由于查找表本身是一种很松散的结构,因此,需要在查找表中的元素之间人为地附加某种确定的关系,即用某种确定的结构来表示查找表。在查找表的各种组织方式中,线性表是最简单的一种。本节将介绍三种在线性表上进行查找的方法,它们分别是顺序查找、折半查找和分块查找。因为不考虑在查找的同时对表做修改,故上述三种查找操作都是在静态查找表上实现的。

查找与数据的存储结构有关,线性表有顺序和链式两种存储结构。本节只介绍以顺序表作为存储结构时实现的查找算法。

被查找的顺序表类型定义如下:

```
#define MAXSIZE <表中记录的最大个数>
typedef struct
{   KeyType key;                    /* 关键字域 */
    InfoType data;                  /* 其他数据域 */
} RecType;                          /* 记录类型 */
```

```
typedef struct
{   RecType R[MAXSIZE+1];
    int length;                 /* 实际的记录个数 */
} SeqList;                      /* 顺序表类型 */
```

在此定义下，查找表的记录序列下标从 1 开始，下标为 0 的位置一般作为监视哨或空闲不用。

## 8.2.1 顺序查找

顺序查找是一种最简单的查找方法。它的基本思路是：从表的一端开始，顺序扫描线性表，依次将当前扫描记录的关键字和给定值 $k$ 进行比较，若当前记录的关键字与 $k$ 相等，则查找成功；若扫描整个表后，仍未找到关键字等于 $k$ 的记录，则查找失败。

例如，在关键字序列为{3,9,1,5,8,10,6,7,2,4}的顺序表中查找关键字为 6 的记录。由于整个记录序列是无序的，所以查找时只能从前向后或从后向前顺序进行。顺序查找算法如下：

```
int SeqSearch(SeqList ST, KeyType k)
{   int i=ST.length;
    while (i>=1 && ST.R[i].key!=k)          /* 从后向前查找 */
        i--;
    return i;
}
```

上述算法在顺序表 $R[1..n]$中从后向前查找关键字为 $k$ 的记录，成功时返回找到的记录位置，失败时返回 0。该算法在查找过程中，每次循环除了要检查当前记录的关键字是否等于 $k$ 之外，还要检测整个表是否查找完毕，即要判断循环变量 $i$ 是否满足条件$i\geq 1$。事实上，在保证查找成功的情况下，该条语句的执行只是白白浪费时间。下面给出一种改进的做法，即将查找表的 0 号单元作为“监视哨”，存放待查元素 $k$，查找从后向前进行。

设置监视哨的顺序查找算法如下：

```
int SeqSearch(SeqList ST, KeyType k)
{   int i=ST.length;
    ST.R[0].key=k;                          /* 监视哨 */
    while (ST.R[i].key!=k)                  /* 从后向前查找 */
        i--;
    return i;
}
```

通过设置监视哨，免去了查找过程中每一步都需要检测整个表是否查找完毕的操作，无论查找成功或者失败都能找到该记录在查找表中的位置，如果 $i>0$，则查找成功；如果 $i=0$，则查找失败。设置监视哨是程序设计技巧上的一个改进。实践证明，这个改进能使顺序查找在 ST.length≥1000 时，进行一次查找所需的平均时间几乎减少一半。当然，监视哨也可以设置在高下标处。

就上述算法而言,对于具有 $n$ 条记录的查找表,若给定值 $k$ 与表中的第 $i$ 条记录的关键字相等,则需要进行 $n-i+1$ 次关键字比较,即 $c_i=n-i+1$。设每条记录的查找概率相等,即 $p_i=1/n$,则顺序查找在查找成功时的平均查找长度为

$$ASL_{成功}=\sum_{i=1}^{n}p_ic_i=\frac{1}{n}\sum_{i=1}^{n}(n-i+1)=\frac{n+1}{2}$$

查找不成功时,每个关键字都要比较一次,直到监视哨的比较总次数为 $n+1$ 次。

顺序查找算法的时间复杂度为 $O(n)$。顺序查找的优点是算法简单,且对表的结构没有要求,无论是用顺序表还是用链表来存放元素,也无论元素之间是否按关键字有序,它都同样适用。顺序查找的缺点是查找效率低,因此,当 $n$ 较大时不宜采用顺序查找。

## 8.2.2 折半查找

折半查找也称为二分查找,它是一种效率较高的查找方法。但是,折半查找要求线性表必须采用顺序存储结构,而且表中的元素必须按关键字有序排列。在下面的讨论中,假设有序表是递增有序的。

折半查找的基本思路是:设 $R$[low..high]是当前的查找区间,首先确定该区间的中点位置 mid=(low+high)/2,然后将待查的 $k$ 值与 $R$[mid].key 比较:

(1) 若 $R$[mid].key=$k$,则查找成功并返回该元素的逻辑序号。

(2) 若 $R$[mid].key>$k$,则由表的有序性可知 $R$[mid..n].key 均大于 $k$,因此若表中存在关键字等于 $k$ 的元素,则该元素必定是在 mid 左边的子表 $R$[1..mid-1]中,故新的查找区间是左子表 $R$[1..mid-1]。

(3) 若 $R$[mid].key<$k$,则 $k$ 如果存在就必定在 mid 右边的子表 $R$[mid+1..$n$]中,即新的查找区间是右子表 $R$[mid+1..$n$]。

下一次的查找针对新的查找区间进行。不断重复上述过程,直到新区间中间位置记录的关键字等于给定值 $k$(即查找成功)或者查找区间为空(即查找失败)时结束。

**【例 8.1】** 一个有序顺序表的记录关键字分别为(5,16,21,27,30,36,42,50,61),用折半查找法在表中查找关键字 $k=27$ 的记录,查找过程如图 8.1 所示。

如果待查记录的关键字 $k$ 为 26,那么前 3 次查找过程同上,第 4 次查找时,($R$[mid].key=27)<($k=26$),所以第 5 次查找范围应缩至前半区,即 low=4 保持不变,high=mid-1=3,如图 8.2 所示,查找区间为空,查找失败。

对有序顺序表 ST 的记录 $R$[1..$n$]进行折半查找的算法如下:

```
int BinSearch(SeqList ST, KeyType k)
{   int low=1, high=ST.length, mid;
    while (low<=high)
    {   mid=(low+high)/2;
        if (ST.R[mid].key==k)              /*查找成功,返回元素的逻辑序号*/
            return mid;
        if (ST.R[mid].key>k)               /*继续在R[low..mid-1]中查找*/
            high=mid-1;
```

```
        else                               /* 继续在 R[mid+1..high]中查找 */
            low = mid + 1;
    }
    return 0;                              /* 查找失败,返回 0 */
}
```

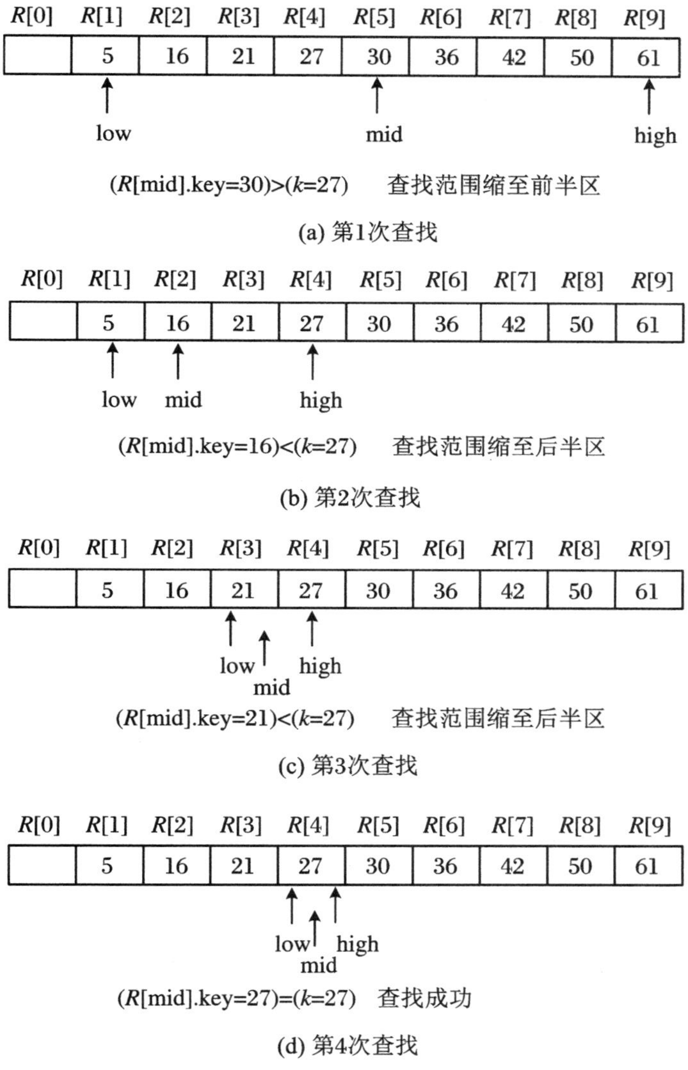

| R[0] | R[1] | R[2] | R[3] | R[4] | R[5] | R[6] | R[7] | R[8] | R[9] |
|---|---|---|---|---|---|---|---|---|---|
| | 5 | 16 | 21 | 27 | 30 | 36 | 42 | 50 | 61 |
| | low | | | | mid | | | | high |

(R[mid].key=30)>(k=27) 查找范围缩至前半区

(a) 第1次查找

| R[0] | R[1] | R[2] | R[3] | R[4] | R[5] | R[6] | R[7] | R[8] | R[9] |
|---|---|---|---|---|---|---|---|---|---|
| | 5 | 16 | 21 | 27 | 30 | 36 | 42 | 50 | 61 |
| | low | mid | | high | | | | | |

(R[mid].key=16)<(k=27) 查找范围缩至后半区

(b) 第2次查找

| R[0] | R[1] | R[2] | R[3] | R[4] | R[5] | R[6] | R[7] | R[8] | R[9] |
|---|---|---|---|---|---|---|---|---|---|
| | 5 | 16 | 21 | 27 | 30 | 36 | 42 | 50 | 61 |
| | | | low mid | high | | | | | |

(R[mid].key=21)<(k=27) 查找范围缩至后半区

(c) 第3次查找

| R[0] | R[1] | R[2] | R[3] | R[4] | R[5] | R[6] | R[7] | R[8] | R[9] |
|---|---|---|---|---|---|---|---|---|---|
| | 5 | 16 | 21 | 27 | 30 | 36 | 42 | 50 | 61 |
| | | | | low mid high | | | | | |

(R[mid].key=27)=(k=27) 查找成功

(d) 第4次查找

**图 8.1 折半查找成功的过程**

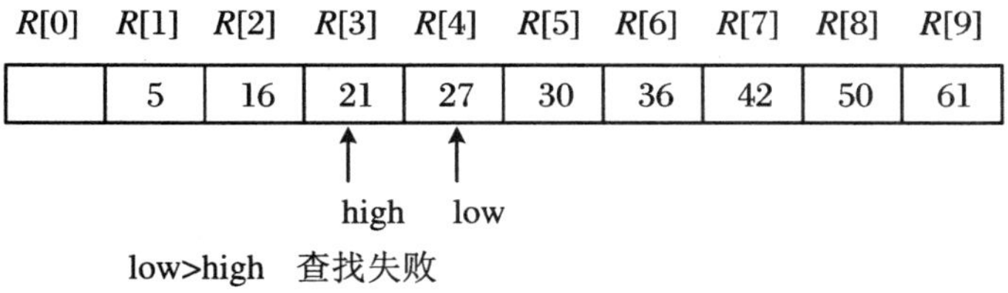

| R[0] | R[1] | R[2] | R[3] | R[4] | R[5] | R[6] | R[7] | R[8] | R[9] |
|---|---|---|---|---|---|---|---|---|---|
| | 5 | 16 | 21 | 27 | 30 | 36 | 42 | 50 | 61 |
| | | | high | low | | | | | |

low>high 查找失败

**图 8.2 折半查找失败的过程**

折半查找的过程可以用一棵二叉树来描述,把当前查找区间的中间位置上的记录作为根,左子表和右子表中的记录分别作为根的左子树和右子树,由此得到的二叉树称为描述折半查找的判定树或比较树。

例如,对具有 9 条记录 $R[1..9]$的有序表进行折半查找的判定树如图 8.3 所示。图中的圆圈表示内部结点,代表一条记录,圆圈旁边的数字表示该记录在有序表中的逻辑序号。方块表示外部结点(即空指针),外部结点旁边的两个数值 $i\sim j$ 表示查找失败时被查找的关键字 $k$ 所对应的元素序号范围,即 $k$ 的值是介于 $R[i].\mathrm{key}$ 和 $R[j].\mathrm{key}$ 之间的,也就是说,$R[i].\mathrm{key}<k<R[j].\mathrm{key}$。

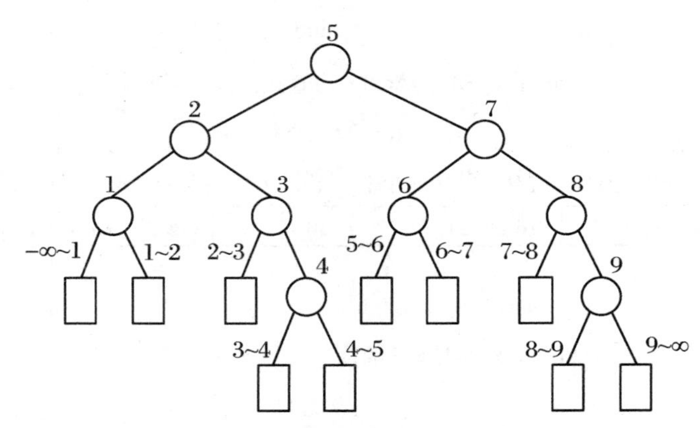


**图 8.3 折半查找的判定树($n$=9)**

显然,对包含 9 条记录的有序顺序表进行折半查找时,若查找的是表中第 5 个元素,则只需比较 1 次;若查找的是表中第 2 或第 7 个元素,需要比较 2 次;若查找第 1、3、6、8 个元素,需要比较 3 次;若查找第 4、9 个元素,需要比较 4 次。由此可见,成功的折半查找过程恰好是一条从判定树的根到被查元素的路径,关键字的比较次数恰为所查元素在树中的层数。若查找失败,则比较过程是一条从判定树的根到某个外部结点的路径,所需的关键字比较次数是该路径上内部结点的个数。

**【例 8.2】** 一个有序顺序表的记录关键字分别为(5,16,21,27,30,36,42,50,61),采用折半查找,试问:

(1) 若查找给定值为 27 的元素,将依次与表中哪些元素比较?

(2) 若查找给定值为 46 的元素,将依次与表中哪些元素比较?

(3) 假设查找表中每个元素的概率相同,求查找成功和查找失败时的平均查找长度。

**解** 折半查找的判定树如图 8.4 所示。

(1) 若查找给定值为 27 的元素,依次与表中的元素 30,16,21,27 进行比较,共比较 4 次,查找成功。

(2) 若查找给定值为 46 的元素,依次与表中的元素 30,42,50 进行比较,共比较 3 次,查找失败。

(3) 在查找成功时,会找到图中某个圆形结点(共 9 个),则成功时的平均查找长度:

$$\mathrm{ASL}_{成功} = \frac{1\times 1+2\times 2+3\times 4+4\times 2}{9}=\frac{25}{9}$$

在查找失败时,会找到图中某个方形结点(共 10 个),则失败时的平均查找长度:

$$ASL_{失败} = \frac{6 \times 3 + 4 \times 4}{10} = 3.4$$

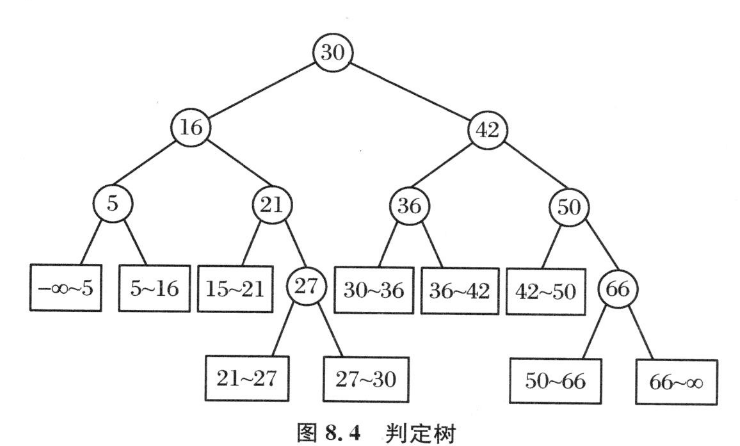


**图 8.4 判定树**

由上例可以看出，借助二叉判定树，很容易求得折半查找的平均查找长度。为讨论方便起见，不妨设判定树中的内部结点总个数 $n = 2^h - 1$，即判定树是高度为 $h = \log_2(n+1)$ 的满二叉树(高度 $h$ 不计外部结点)。树中第 $i$ 层上的元素个数为 $2^{i-1}$，查找该层上的每个元素需要进行 $i$ 次比较。因此，在等概率假设下，折半查找成功时的平均查找长度为

$$ASL = \sum_{i=1}^{n} p_i c_i = \frac{1}{n}\sum_{j=1}^{h}(2^{j-1} \times j) = \frac{n+1}{n}\log_2(n+1) - 1 \approx \log_2(n+1) - 1$$

折半查找失败时所需的关键字比较次数不会超过判定树的高度，在最坏的情况下查找成功时的比较次数也不会超过判定树的高度。因为判定树中度数小于 2 的结点只可能在最下面的两层上(不计外部结点)，所以 $n$ 个结点的判定树与 $n$ 个结点的完全二叉树的高度相同，即为 $\lceil \log_2(n+1) \rceil$ 或者 $\lfloor \log_2 n \rfloor + 1$。由此可见，折半查找的最坏性能和平均性能接近。

虽然折半查找的效率高，但它要求表中的记录按关键字有序，而排序本身是一种很费时的运算，即使采用高效率的排序方法也要花费 $O(\log_2 n)$ 的时间。另外，折半查找需确定查找的区间，因此只适用于顺序存储结构，不适用于链式存储结构。且为了保持表的有序性，在顺序结构里插入和删除都必须移动大量的元素，因此，折半查找特别适合用于一经建立就很少改动而又经常需要进行查找的线性表。

### 8.2.3 分块查找

当顺序表中的数据量非常大时，无论使用前面的哪种查找算法都需要很长的时间，此时提高查找效率的一个常用方法就是按索引方式来存储线性表，并对该线性表进行分块查找。

索引存储结构就是在存储数据的同时还要建立附加的索引表，即将表 $R[1..n]$ 均分为 $b$ 块，前 $b-1$ 块中的记录个数均为 $s = \lceil n/b \rceil$，最后一块即第 $b$ 块的记录数小于等于 $s$；每一块中的关键字不一定有序，但前一块中的最大关键字必须小于后一块中的最小关键字，即要求表是“分块有序”的；抽取各块中的最大关键字及其起始位置构成一个索引表 IDX$[1..b]$，即 IDX$[i]$$(1 \leqslant i \leqslant b)$ 中存放着第 $i$ 块的最大关键字及该块在表 $R$ 中的起始位置。由于表 $R$ 是分块有序的，所以索引表是一个递增有序表。

索引表的数据类型定义如下：

```
#define MAXI <索引表的最大长度>
typedef struct
{   KeyType key;                /* KeyType 为关键字的类型 */
    int link;                   /* 指向对应块的起始下标 */
} IdxType;
typedef IdxType IDX[MAXI];      /* 索引表类型 */
```

例如,一个包含 14 条记录的线性表,其关键字序列为{14,31,8,22,18,43,62,49,35,52,88,78,71,83}。假设将该表分为 3 块($b=3$),则每块中有 5 个元素($s=5$),该线性表的索引存储结构如图 8.5 所示。第 1 块中的最大关键字 31 小于第 2 块中的最小关键字 35,第 2 块中的最大关键字 62 小于第 3 块中的最小关键字 71。

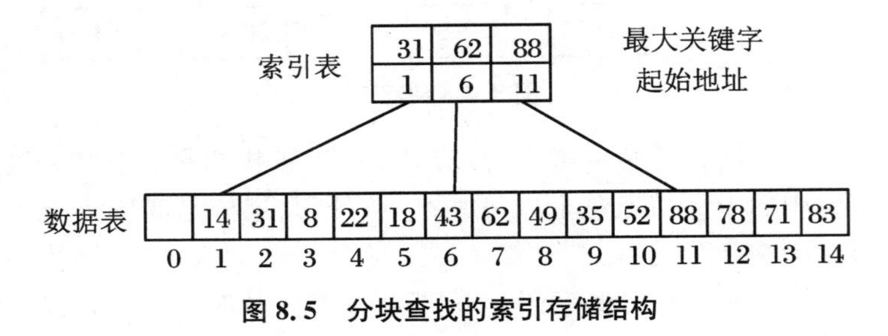


**图 8.5　分块查找的索引存储结构**

分块查找的基本思想是:首先查找索引表,因索引表是有序表,故可进行折半查找或顺序查找,以确定待查元素在哪一个分块。然后在已确定的分块中进行顺序查找(因块内元素是无序的,所以只能顺序查找)。

例如,在图 8.5 所示的索引顺序表中查找关键字等于给定值 $k=49$ 的元素,因为索引表较小,不妨用顺序查找法查找索引表。即首先将 $k$ 依次和索引表中的各关键字比较,直到 $k<62$,说明关键字为 49 的元素若存在,则必定在第 2 分块中。然后由 IDX[2].link 找到第 2 分块的起始地址 6,从该地址开始在 $R[6..10]$中进行顺序查找,直到找到 $R[8]$.key $=k$ 为止。假如此分块中没有关键字等于 $k$ 的元素(如 $k=36$),则整个表中也一定不存在关键字为 $k$ 的元素,此时查找失败。

采用折半查找索引表的分块查找算法如下(索引表 I 的长度为 $b$):

```
int IdxSearch(IDX I, int b, SeqList ST, int n, KeyType k)
{   int low=1, high=b, mid, i;
    int s=(n+b-1)/b;              /* s 为每块的元素个数,s=⌈n/b⌉ */
    while (low<high)              /* 在索引表中折半查找 */
    {   mid=(low+high)/2;
        if (I[mid].key>=k)
            high=mid;
        else
            low=mid+1;
    }                             /* 循环退出时,low=high */
    i=I[low].link;                /* 关键字 k 若存在,则必在 low(=high)所指分块 */
    while (i<=I[low].link+s-1 && ST.R[i].key!=k)
        i++;
```

```
    if (i<=I[low].link+s-1)
        return i;
    else
        return -1;
}
```

由于分块查找实际上是两次查找过程的组合，故分块查找的平均查找长度是两次查找的平均查找长度之和。若将长度为 $n$ 的索引顺序表均匀地分成 $b$ 块，每块含有 $s$ 个元素，即 $b=\lceil n/s\rceil$，又假定表中每个记录的查找概率相等，则每块查找的概率均为 $1/b$，块中每个元素的查找概率均为 $1/s$。

若以折半查找来确定元素所在的块，则分块查找成功时的平均查找长度为

$$\mathrm{ASL_{blk}}=\mathrm{ASL_{bn}}+\mathrm{ASL_{sq}}=\log_2(b+1)-1+\frac{s+1}{2}\approx\log_2\left(\frac{n}{s}+1\right)+\frac{s}{2}$$

若以顺序查找来确定元素所在的块，则分块查找成功时的平均查找长度为

$$\mathrm{ASL'_{blk}}=\mathrm{ASL_{bn}}+\mathrm{ASL_{sq}}=\frac{b+1}{2}+\frac{s+1}{2}=\frac{1}{2}\left(\frac{n}{s}+s\right)+1$$

容易证明，当 $s$ 取$\sqrt{n}$时，$\mathrm{ASL'_{blk}}$取极小值$\sqrt{n}+1$，即当采用顺序查找确定块时，各块中的元素个数选定为$\sqrt{n}$的效果最佳。

分块查找的优点是：在表中插入和删除元素时，只要找到该元素对应的块就可以在该块内进行插入和删除运算。由于块内元素是无序的，故插入和删除比较容易，无需进行大量移动。如果线性表既要快速查找又经常动态变化，则可采用分块查找。分块查找的缺点是：要增加一个索引表的存储空间并对初始索引表进行排序运算。

# 8.3　树表的查找

第 8.2 节介绍的三种查找方法都是以线性表作为查找表的组织形式，其中折半查找的效率最高。但由于折半查找要求表中的记录按关键字有序排列，且不适宜采用链表作为存储结构，因此，当表的插入或删除操作频繁时，为维护表的有序性，需要移动表中很多记录。这种由移动记录引起的额外时间开销，就会抵消折半查找的优点。也就是说，折半查找更适用于静态查找表，若要对动态查找表进行高效率的查找，可采用下面介绍的几种特殊的二叉树或树作为查找表的组织形式，在此将它们统称为树表。下面将分别讨论在这些树表上进行查找和修改操作的方法。

## 8.3.1　二叉排序树

二叉排序树（Binary Sort Tree，BST）又称二叉查找树，它或者是空树，或者是满足如下性质（BST 性质）的二叉树：① 若根结点的左子树非空，则左子树上所有结点的关键字均小于根结点的关键字。② 若根结点的右子树非空，则右子树上所有结点的关键字均大于根结

点的关键字。③ 根结点的左、右子树本身又各是一棵二叉排序树。

二叉排序树是递归定义的。由定义可以得出二叉排序树的一个重要性质：中序遍历一棵二叉排序树可以得到一个按结点的关键字递增排列的有序序列。

例如，对图 8.6 所示的两棵二叉排序树分别进行中序遍历，得到的中序序列分别为：按数值大小递增排列的 20，36，41，45，52，63，74，80 和按字符大小顺序递增排列的 CAO，CHEN，DING，DU，LI，MA，WAN，XIA，ZHAO。

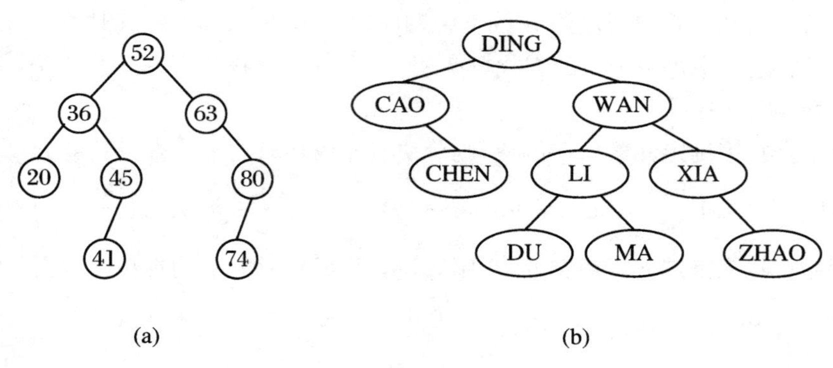


**图 8.6　两棵二叉排序树**

下面讨论二叉排序树上的运算，若二叉排序树采用二叉链表存储结构，则可对其结点类型进行如下定义：

```
typedef struct node                     /* 二叉排序树的结点类型 */
{   KeyType key;                        /* 关键字项 */
    InfoType data;                      /* 其他数据域 */
    struct node *lchild, *rchild;       /* 左右孩子指针 */
} BSTNode;
```

**1. 在二叉排序树中插入结点**

在二叉排序树中插入一个新结点，要保证插入后仍满足 BST 性质，其插入过程为：若二叉排序树 bt 为空，则创建一个 key 域为 $k$ 的结点，将它作为根结点即可；否则，将 $k$ 和根结点的关键字比较，若二者相等，则说明树中已有此关键字 $k$，无须插入；若 $k$<bt->key，则将创建的 key 域为 $k$ 的结点插入到根结点的左子树中，否则将它插入右子树中。

对应的递归算法如下：

```
int InsertBST(BSTNode *&bt, KeyType k)
{   if (bt==NULL)                                   /* 原树为空 */
    {   bt=(BSTNode *)malloc(sizeof(BSTNode));
        bt->key=k;
        bt->lchild=bt->rchild=NULL;                 /* 创建的新结点作为根 */
        return 1;
    }
    else if (k==bt->key)                            /* 存在相同关键字的结点 */
            return 0;                               /* 无须插入 */
        else if (k<bt->key)
```

```
            return InsertBST(bt->lchild,k);      /* 插到左子树中 */
        else
            return InsertBST(bt->rchild,k);      /* 插到右子树中 */
}
```

**2. 二叉排序树的创建**

通过上面的二叉排序树结点的插入算法，很容易在空树的基础上创建一棵二叉排序树。即从空树开始，每读入一个关键字，就调用一次插入算法将该关键字对应的结点插入当前已生成的二叉排序树的适当位置。下面给出由关键字数组 $A[0..n-1]$创建二叉排序树的算法。

```
BSTNode *CreateBST(KeyType A[], int n)        /* 创建二叉排序树 */
{   BSTNode *bt=NULL;                          /* 初始时 bt 为空树 */
    int i=0;
    while (i<n)
    {   InsertBST(bt,A[i]);                    /* 将 A[i]插入二叉排序树 T 中 */
        i++;
    }
    return bt;                                 /* 返回建立的二叉排序树的根指针 */
}
```

对于同一组关键字集合，若关键字序列不同，则按上述算法生成的二叉排序树也不相同。例如，关键字序列为(5,6,2,1,8,4,7,9,3)，生成的二叉排序树如图 8.7(a)所示；关键字序列为(1,2,3,4,5,6,7,8,9)，生成的二叉排序树如图 8.7(b)所示。显然，图 8.7(a)所示的二叉排序树的查找效率比图 8.7(b)的查找效率要高。

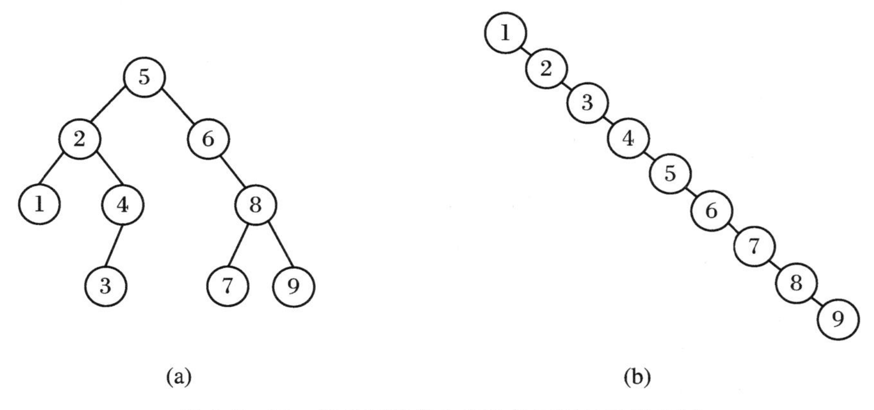


**图 8.7 同一组关键字集合产生的两棵二叉排序树**

**3. 二叉排序树的查找**

因二叉排序树可看作一个有序表，所以在二叉排序树上进行的查找和折半查找类似，也是一个逐步缩小查找范围的过程。

在二叉排序树 bt 上查找关键字为 $k$ 的记录的算法如下：

```
BSTNode * SearchBST(BSTNode * bt, KeyType k)
{   BSTNode * p=bt;
    while(p!=NULL)
        if (k==p->key)  return p;
        else if (k<p->key)  p=p->lchild;
            else  p=p->rchild;
    return p;
}
```

对应的递归算法如下：

```
BSTNode * SearchBST1(BSTNode * bt, KeyType k)
{   if (bt==NULL || bt->key==k)                  /*递归终结条件*/
        return bt;
    if (k<bt->key)
        return SearchBST(bt->lchild,k);          /*在左子树中递归查找*/
    else
        return SearchBST(bt->rchild,k);          /*在右子树中递归查找*/
}
```

例如,在图8.6(a)所示的二叉排序树上查找关键字为74的记录时,首先以 $k=74$ 和根结点的关键字52做比较,因 $k>52$,故查找52结点的右子树。其右子树根结点的关键字为63,$k>63$,继续查找63结点的右子树。其右子树根结点的关键字为80,$k<80$,所以接下来查找80结点的左子树。而左子树根结点的关键字恰好等于待查关键字 $k$,故查找成功,返回指向结点74的指针。又如,查找关键字为49的记录与上述过程类似,在将给定值 $k$ 与关键字52、36、45相继比较之后,继续查找以45为根的右子树,此时右子树为空,说明该树中没有关键字为49的记录,查找失败,返回NULL。

从上述两个查找示例可以看出,在二叉排序树上查找关键字等于给定值 $k$ 的记录时,若查找成功,则查找过程恰好是走了一条从根结点到关键字为 $k$ 的内部结点的路径,和给定值 $k$ 比较的关键字个数等于路径长度加1(或结点所在的层数);若查找失败,则是从根结点出发走了一条从根结点到某个外部结点的路径。因此,二叉排序树上的查找与折半查找类似,与给定值比较的关键字个数不超过树的深度。然而,折半查找长度为 $n$ 的顺序表的判定树是唯一的,而含有 $n$ 个结点的二叉排序树却是不唯一的。

例如,对于图8.7所示的两棵二叉排序树,假设各记录的查找概率相等,则查找成功时的平均查找长度分别为

$$ASL_{(a)} = \frac{1}{9}(1\times1+2\times2+3\times3+4\times3) = \frac{26}{9}$$

$$ASL_{(b)} = \frac{1}{9}(1\times1+2\times1+3\times1+4\times1+5\times1+6\times1+7\times1+8\times1+9\times1) = 5$$

因此,含有 $n$ 个结点的二叉排序树的平均查找长度和二叉排序树的形态有关。当先后插入的关键字有序时,构成的二叉排序树蜕变为一棵高度为 $n$ 的单枝树,它的平均查找长度和顺序查找相同,均为 $(n+1)/2$,这是最坏情况。最好情况下,二叉排序树的形态比较匀称,和折半查找的判定树相似,其平均查找长度与 $\log_2 n$ 成正比。若考虑把 $n$ 个结点按各种可能的次序插入到二叉排序树中,则共有 $n!$ 棵二叉排序树(其中有的形态相同)。可以证

明，综合所有可能的情况，就平均而言，二叉排序树的平均查找长度与 $\log_2 n$ 是同数量级的。

可见，二叉排序树上的查找和折半查找的平均时间性能相差不大。但就维护表的有序性而言，二叉排序树更加有效，因为无需移动记录，只需修改指针即可完成对结点的插入和删除操作。因此，对于需要经常进行插入、删除和查找运算的表，采用二叉排序树比较好。

**【例 8.3】** 已知一组关键字{43,29,85,12,46,91,68,11,57,96,33,25}。按表中的关键字顺序依次插入一棵初始为空的二叉排序树中，画出该二叉排序树，并求在等概率的情况下查找成功和查找失败的平均查找长度。

**解** 生成的二叉排序树如图 8.8(a)所示。

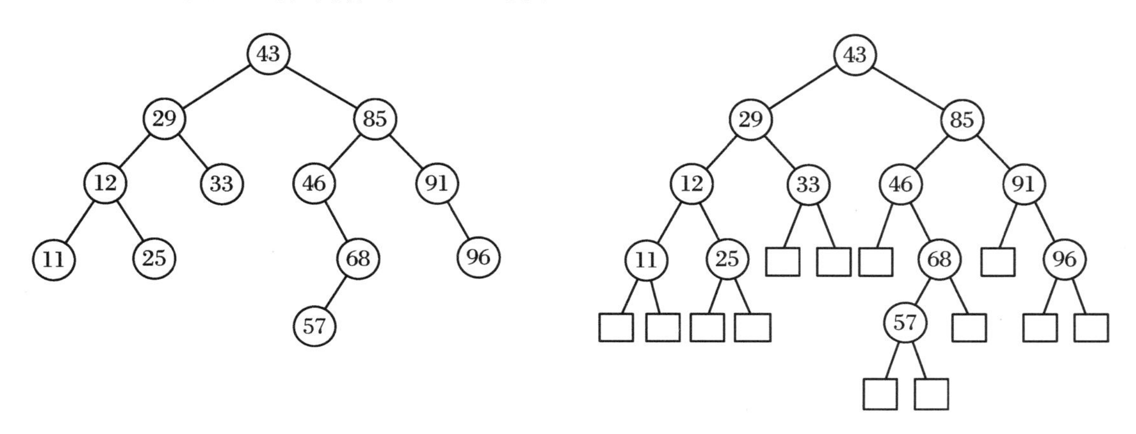


(a) 一棵二叉排序树　　(b) 加上外部结点的二叉排序树

**图 8.8　二叉排序树**

因此，查找成功时的平均查找长度为

$$ASL_{成功} = \frac{1\times 1 + 2\times 2 + 3\times 4 + 4\times 4 + 5\times 1}{12} = \frac{19}{6}$$

加上外部结点的二叉排序树如图 8.8(b)所示，查找失败时的平均查找长度为

$$ASL_{失败} = \frac{3\times 4 + 4\times 7 + 5\times 2}{13} = \frac{50}{13}$$

**4. 在二叉排序树中删除结点**

在二叉排序树上删除一个结点相当于删除有序序列中的一个记录，只要在删除某个结点后使其依旧保持二叉排序树的特性即可。

假设在二叉排序树上被删结点为 *p(指向结点的指针为 p)，其双亲为 *f(结点指针为 f)，且不失一般性，可设 *p 为 *f 的左孩子，如图 8.9(a)所示。

下面分三种情况进行讨论：

(1) 若 *p 结点为叶子结点，即 $P_L$ 和 $P_R$ 均为空树。由于删除叶子结点不破坏整棵树的结构，则只需修改其双亲结点的指针即可。

(2) 若 *p 结点只有左子树 $P_L$ 或者只有右子树 $P_R$，此时只要令 $P_L$ 或 $P_R$ 直接成为其双亲结点 *f 的左子树即可。显然，做此修改也不破坏二叉排序树的特性。

(3) 若 *p 结点的左子树和右子树均不空，显然，此时不能如上简单处理。从图 8.9(b)可知，在删去 *p 结点之前，中序遍历该二叉树得到的序列为{$\cdots C_L C \cdots Q_L Q S_L S P P_R F \cdots$}，在删去 *p 之后，为保持其他元素之间的相对位置不变，可以有两种做法：其一是令 *p 的左子

树为 * f 的左子树，而 * p 的右子树为 * s 的右子树，如图 8.9(c)所示；其二是令 * p 的直接前驱(或直接后继)替代 * p，然后再从二叉排序树中删去它的直接前驱(或直接后继)。如图 8.9(d)所示，当以直接前驱 * s 替代 * p 时，由于 * s 只有左子树 $S_L$，则在删去 * s 之后，只要令 $S_L$ 为 * s 的双亲 * q 的右子树即可。

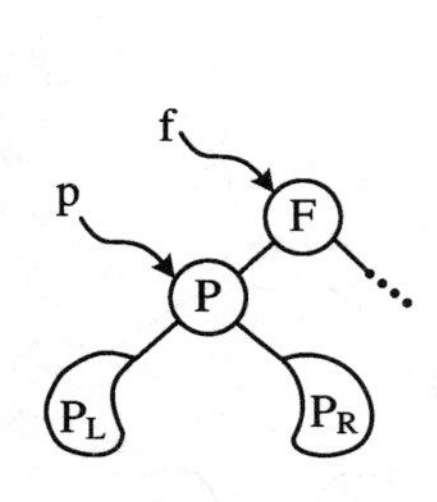


(a) 以*f为根的子树

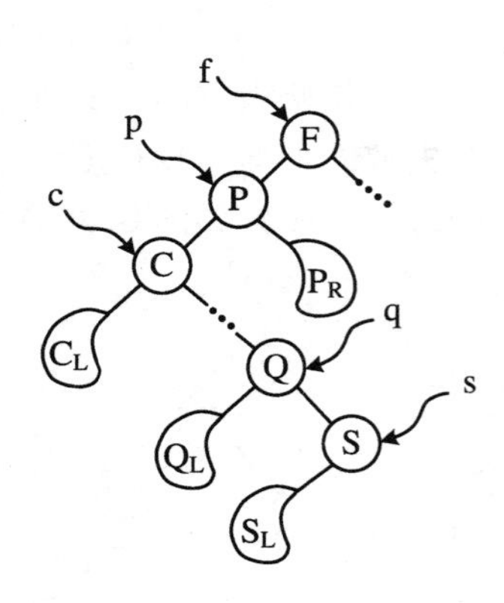


(b) 删除*p之前

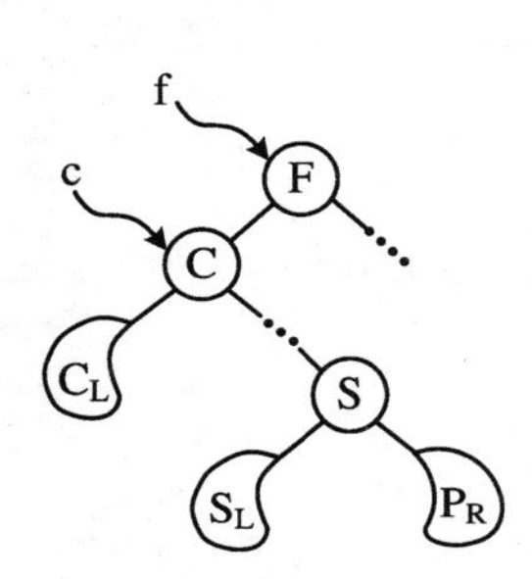


(a) 删除*p之后，以$P_R$作为*s的右子树的情形

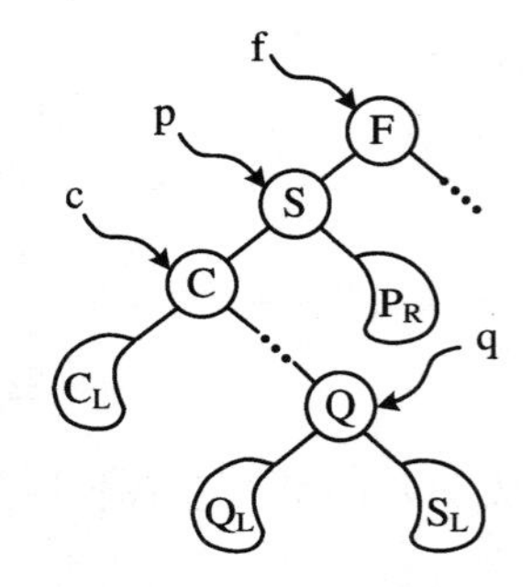


(a) 删除*p之后，以*s替代*p的情形

**图 8.9 在二叉排序树中删除 * p**

删除二叉排序树 bt 中关键字为 *k* 的结点的算法 DeleteBST(bt,k)如下：

```
int DeleteBST(BSTNode *&bt, KeyType k)
{   if (bt==NULL)
        return 0;                                  /* 空树无法删除,返回 0 */
    else
    {   if (k<bt->key)
            return DeleteBST(bt->lchild,k);        /* 递归在左子树中删除 */
        else if (k>bt->key)
                return DeleteBST(bt->rchild,k);    /* 递归在右子树中删除 */
            else
            {   Delete(bt);                        /* 调用 Delete(bt)函数删除 * bt 结点 */
                return 1;                          /* 删除成功,返回 1 */
            }
    }
}
```

其中，描述删除操作过程的算法如下：

```
void Delete(BSTNode *&p)
{   /* 删除二叉排序树中的结点p,并重接它的左或右子树 */
    BSTNode *q, *s;
    if (p->rchild==NULL)                    /* 结点p无右子树的情况 */
    {   q=p;
        p=p->lchild;                        /* 用结点p的左孩子替代它 */
        free(q);
    }
    else if (p->lchild==NULL)               /* 结点p无左子树的情况 */
        {   q=p;
            p=p->rchild;                    /* 用结点p的右孩子替代它 */
            free(q);
        }
        else                                /* 结点p既有左子树又有右子树的情况 */
        {   q=p;  s=p->lchild;
            while(s->rchild!=NULL)          /* 找到左子树最右下的结点s */
            {
                q=s; s=s->rchild;
            }
            p->key=s->key;                  /* 用结点s替代被删结点p */
            if (q!=p)
                q->rchild=s->lchild;        /* 重接*q的右子树 */
            else
                q->lchild=s->lchild;        /* 重接*q的左子树 */
            free(s);
        }
}
```

## 8.3.2 平衡二叉树

二叉排序树查找算法的性能取决于二叉排序树的结构，而二叉排序树的形状则取决于其数据集。如果数据是有序排列的，则构造的二叉排序树就是线性的，其查找的时间复杂度为 $O(n)$；反之，如果二叉排序树的结构合理，则查找速度较快，时间复杂度为 $O(\log_2 n)$。为了减少二叉排序树的查找次数，提高查找速度，本节将讨论一种特殊类型的二叉排序树，称为平衡二叉树（Balanced Binary Tree 或 Height-Balanced Tree），因其是由苏联数学家 Adelson-Velskii 和 Landis 于 1962 年提出的，所以又称为 AVL 树。

平衡二叉树或者是空树，或者是具有如下特征的二叉排序树：它的左右子树都是平衡二叉树，且左子树和右子树的深度之差的绝对值不超过 1。

若将二叉树上结点的平衡因子（Balance Factor，BF）定义为该结点的左子树和右子树的深度之差，则平衡二叉树上所有结点的平衡因子只可能是 −1、0 和 1。也就是说，只要二叉树上有一个结点的平衡因子的绝对值大于 1，则该二叉树就是不平衡的。如图 8.10(a)所示为一棵平衡二叉树,图 8.10(b)为一棵不平衡二叉树,图中每个结点旁边标注的数字为该结点的平衡因子。

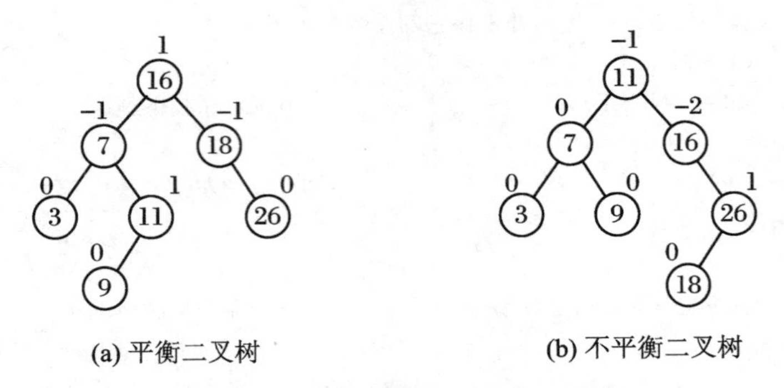


**图 8.10 平衡二叉树和不平衡二叉树**

**1. 在平衡二叉树中插入结点**

在平衡二叉树中插入结点的过程与在二叉排序树中插入结点的过程类似,不同的是:若在平衡二叉树中插入一个新结点(总是作为叶子结点插入的)后破坏了平衡性,即使得某些结点的平衡因子的绝对值超过 1,则应从新插入的结点开始向根结点方向查找第一个失去平衡的结点,然后以该失衡结点和它相邻的刚查找过的两个结点构成调整子树,使之成为新的平衡子树。当失衡的最小子树被调整为平衡子树后,整个树就又成了一棵平衡二叉树。

失衡的最小子树是指以离插入结点最近,且平衡因子的绝对值大于 1 的结点作为根的子树。假设用 A 表示失衡的最小子树的根结点,根据新插入的结点与 A 结点的位置关系,可将失衡的最小子树分为 LL 型、RR 型、LR 型和 RL 型,每种失衡最小子树的调整方法如下。

(1) LL 型调整

这是因在 A 结点的左孩子(设为 B 结点)的左子树上插入结点,使得 A 结点的平衡因子由 1 变为 2 而引起的不平衡。

LL 型调整的一般情况如图 8.11 所示。在图中,用长方框表示子树,用长方框的高度(并在长方框旁标有高度值 $h$ 或 $h+1$)表示子树的高度,用带阴影的小方框表示被插入的结点。调整的方法是将 B 结点向上升替代 A 结点成为根结点,A 结点作为 B 结点的右孩子,而 B 结点的原右子树 β 作为 A 结点的左子树。因调整前后对应的中序序列相同,所以调整后仍保持了二叉排序树的性质不变,但变为平衡二叉树了。

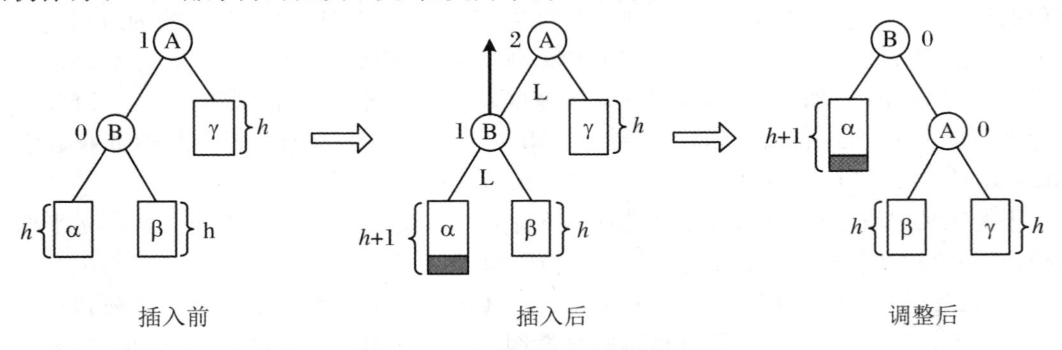


**图 8.11 LL 型不平衡的调整过程**

(2) RR 型调整

这是因为在 A 结点的右孩子(设为 B 结点)的右子树上插入结点,使得 A 结点的平衡因子由 -1 变为 -2 而引起的不平衡。

RR 型调整的一般情况如图 8.12 所示。调整的方法是将 B 结点向上升替代 A 结点成为根结点,A 结点作为 B 结点的左孩子,而 B 结点的原左子树 β 作为 A 结点的右子树。实际上,RR 型调整和 LL 型调整是对称的。

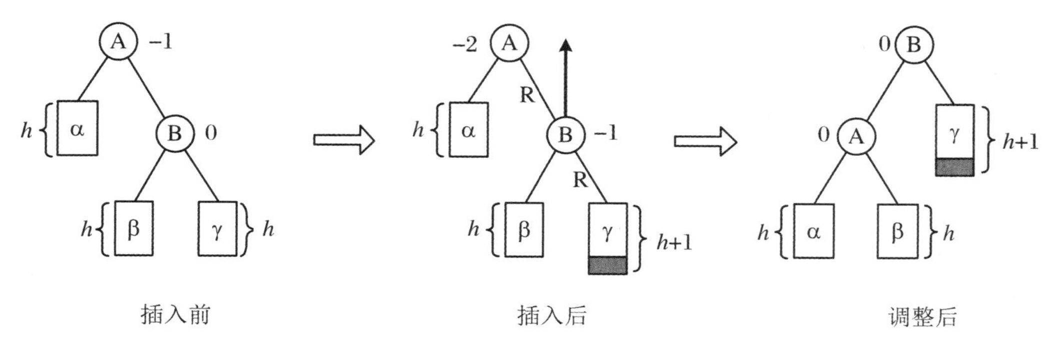


**图 8.12 RR 型不平衡的调整过程**

(3) LR 型调整

这是因为在 A 结点的左孩子(设为 B 结点)的右子树上插入结点,使得 A 结点的平衡因子由 1 变为 2 而引起的不平衡。

LR 型调整的一般情况如图 8.13 所示。调整的方法是将 C 结点上升作为根结点,B 结点作为 C 结点的左孩子,A 结点作为 C 结点的右孩子,C 结点的原左子树 β 作为 B 结点的右子树,C 结点的原右子树 γ 作为 A 结点的左子树。

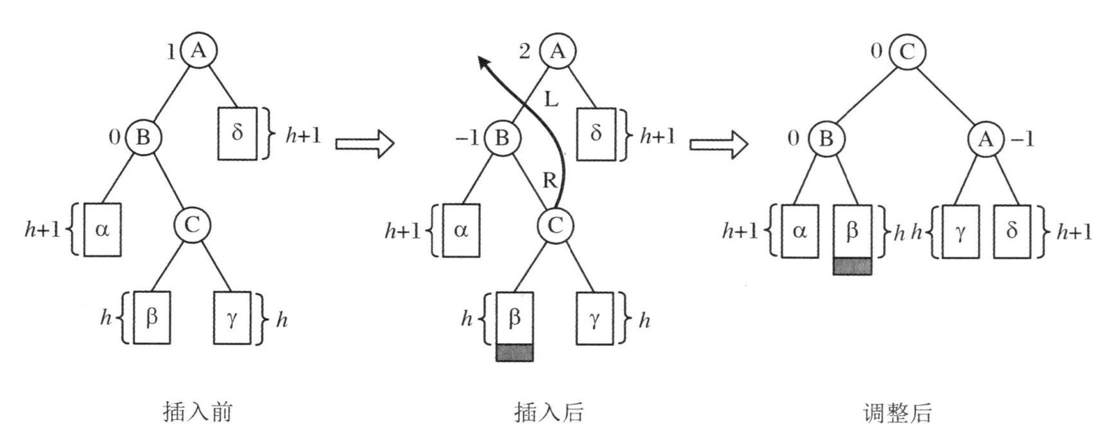


**图 8.13 LR 型不平衡的调整过程**

(4) RL 型调整

这是因在 A 结点的右孩子(设为 B 结点)的左子树上插入结点,使得 A 结点的平衡因子由 -1 变为 -2 而引起的不平衡。

RL 型调整的一般情况如图 8.14 所示。调整的方法是将 C 结点上升作为根结点,A 结点作为 C 结点的左孩子,B 结点作为 C 结点的右孩子,C 结点的原左子树 β 作为 A 结点的右子树,C 结点的原右子树 γ 作为 B 结点的左子树。同样,RL 型调整和 LR 型调整是对称的。

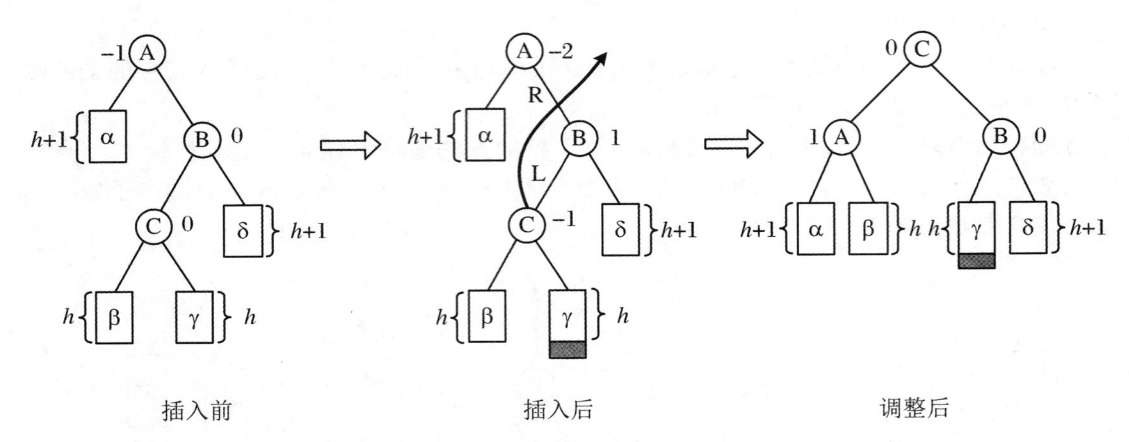


**图 8.14 RL 型不平衡的调整过程**

【例 8.4】 输入关键字序列(29,12,18,25,20,37,32),给出构造一棵平衡二叉树的过程。

**解** 建立平衡二叉树的过程如图 8.15 所示。

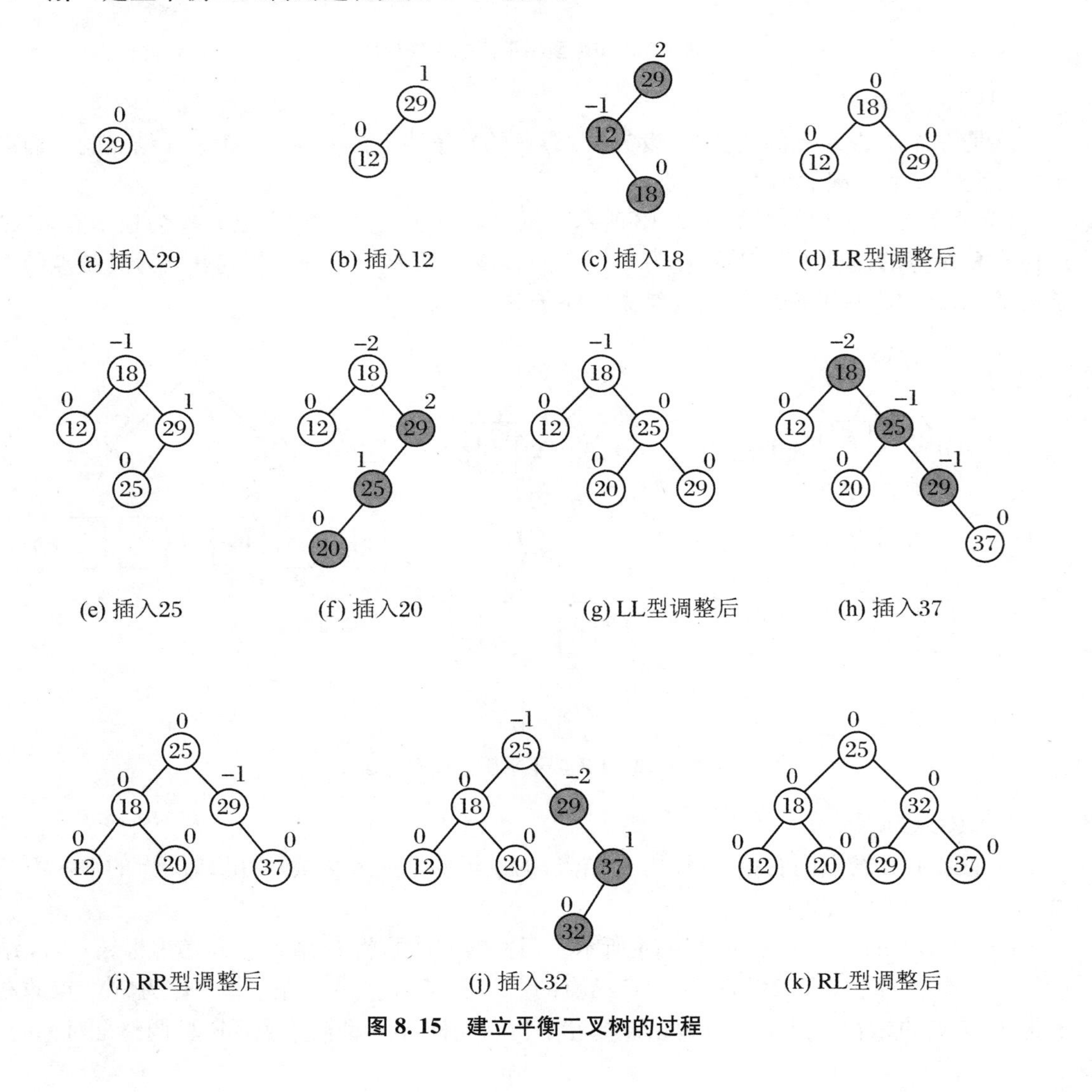


**图 8.15 建立平衡二叉树的过程**

**2. 在平衡二叉树中删除结点**

在平衡二叉树中删除一个结点与二叉排序树中删除结点类似，其过程如下：

(1) 查找：先在平衡二叉树中查找到关键字为 $k$ 的 p 结点。

(2) 删除：删除 p 结点分以下几种情况：

① 若 p 结点为叶子结点，则直接删除该结点；

② 若 p 结点为单分支结点，则用 p 结点的左或右孩子结点替代 p 结点(结点替换)；

③ 若 p 结点为双分支结点，则用 p 结点的中序前驱(或中序后继)q 结点的值替换 p 结点的值，再删除 q 结点。

(3) 调整：若被删除的是 q 结点，则从 q 结点向根结点方向查找第一个失去平衡的结点：

① 若所有结点都是平衡的，则不需要调整；

② 假设找到某个结点的平衡因子为 −2：如果其右孩子的平衡因子是 −1，则做 RR 型调整；如果其右孩子的平衡因子是 1，则做 RL 型调整；如果其右孩子的平衡因子是 0，则做 RR 型或 RL 型调整均可。

③ 假设找到某个结点的平衡因子为 2：如果其左孩子的平衡因子是 −1，则做 LR 型调整；如果其左孩子的平衡因子是 1，则做 LL 型调整；如果其左孩子的平衡因子是 0，则做 LR 型或 LL 型调整均可。

**【例 8.5】** 给出从图 8.16(a)所示的平衡二叉树中依次删除结点 25，37 和 18 的过程。

**解**

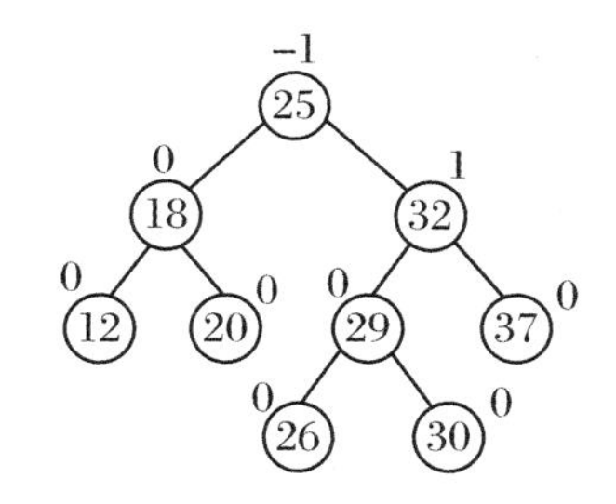


(a) 初始的AVL

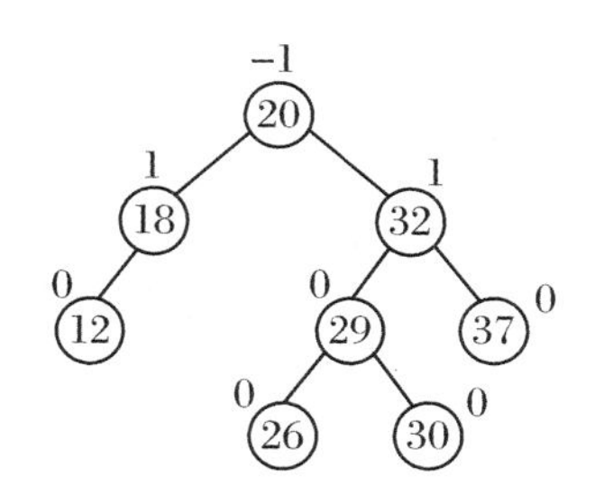


(b) 删除25(双分支结点)

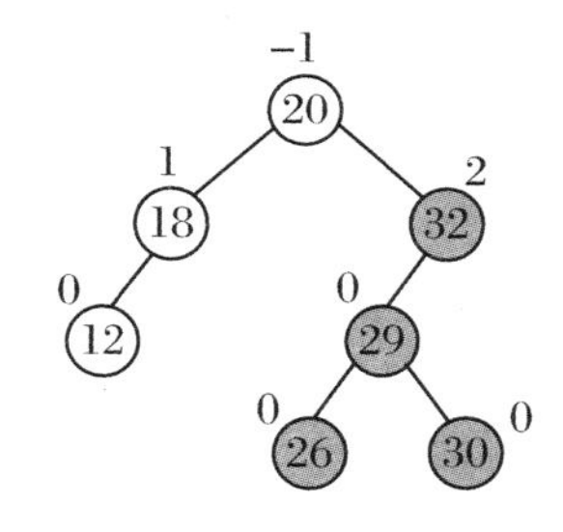


(c) 删除37(叶子结点)

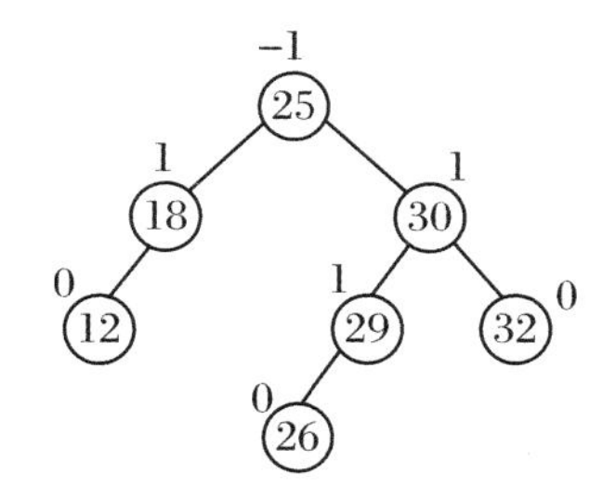


(d) LR型调整后

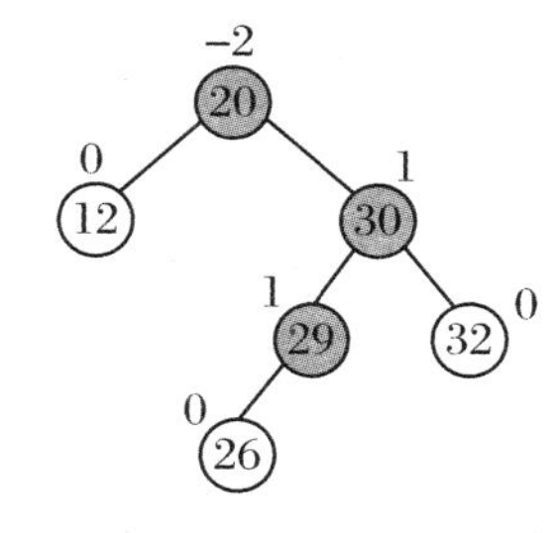


(e) 删除18(单分支结点)

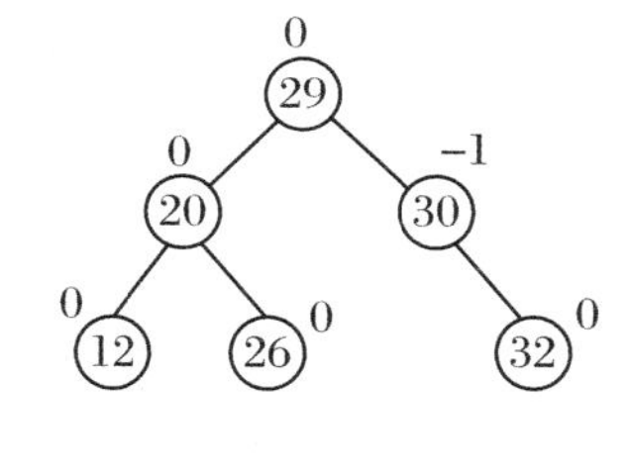


(f) RL型调整后

**图 8.16　删除平衡二叉树中结点的过程**

### 8.3.3 B－树

前面介绍的查找方法均适用于存储在计算机内存中的较小的文件,因此称为内查找法。内查找法都以结点为单位进行查找,这样需要反复进行内、外存的交换,是很费时的。若文件很大且存放于外存中进行查找时,这些查找方法就不适用了。1970 年,R. Bayer 和 E. Mccreight 提出了一种适用于外查找的多路平衡查找树——B－树。磁盘管理系统中的目录管理,以及数据库系统中的索引组织多数都采用 B－树这种数据结构。

一棵 $m$ 阶(从查找效率考虑,通常取 $m \geqslant 3$)的 B－树,或者为空树,或者为满足下列特性的 $m$ 叉树:

① 树中每个结点至多有 $m$ 棵子树;

② 若根结点不是叶子结点,则至少有两棵子树;

③ 除根之外的所有非终端结点至少有 $m/2$ 棵子树;

④ 所有的叶子结点都出现在同一层次上,并且不带信息。(可以看作外部结点或查找失败的结点,它们实际上并不存在,指向这些结点的指针为空。引入外部结点是为了便于分析 B－树的查找性能)

⑤ 所有非终端结点最多有 $m-1$ 个关键字,结点结构如图 8.17 所示。

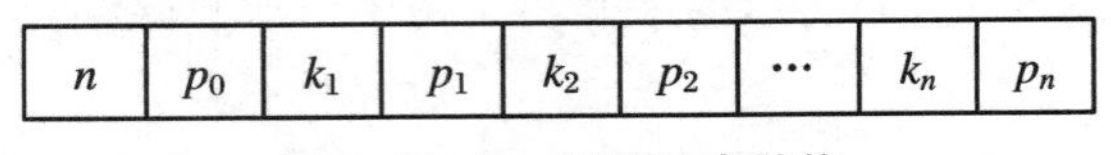


**图 8.17 B－树的结点结构**

其中,$n$ 为该结点所含关键字的个数,除根结点外,其他所有结点的关键字个数 $n$ 都满足 $\lceil m/2 \rceil - 1 \leqslant n \leqslant m-1$;$k_i(1 \leqslant i \leqslant n)$为该结点的关键字,且满足 $k_i < k_{i+1}$;$p_i(0 \leqslant i \leqslant n)$为该结点的孩子结点指针,满足 $p_i(0 \leqslant i \leqslant n-1)$所指子树上结点的关键字均大于 $k_i$ 且小于 $k_{i+1}$;$p_n$所指子树上结点的关键字均大于 $k_n$。

例如,图 8.18 是一棵 3 阶 B－树,$m=3$。它满足:

① 每个结点的孩子个数小于等于 3;

② 根结点有 2 个孩子;

③ 除根之外的所有非终端结点至少有$\lceil m/2 \rceil = 2$ 个孩子;

④ 所有叶子结点都在同一层,树中共有 10 个关键字,11 个外部结点。

⑤ 除根结点外,所有结点的关键字个数 $n$ 大于等于$\lceil m/2 \rceil - 1 = 1$,小于等于 $m-1=2$。

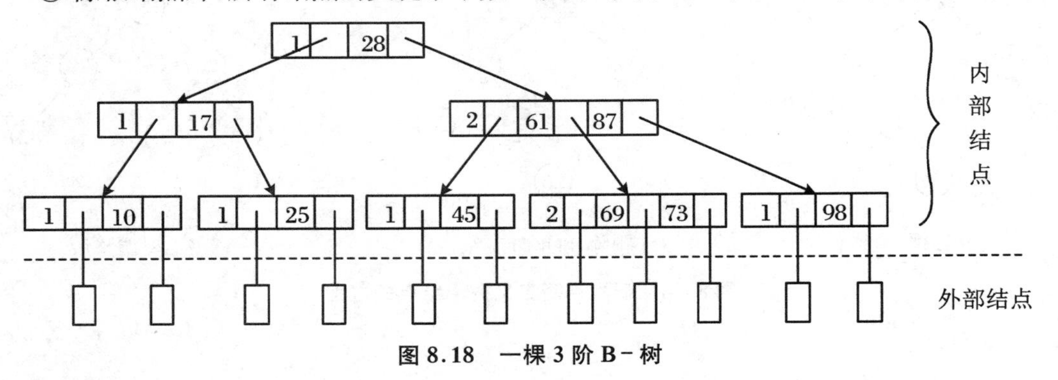


**图 8.18 一棵 3 阶 B－树**

在具体实现时，为记录其双亲结点，在B－树结点的存储结构中通常增加一个parent指针指向其双亲结点。由此，B－树各结点的类型定义如下：

```
#define MAXM 10                    /*定义B－树的最大的阶数*/
typedef int KeyType;               /*KeyType为关键字类型*/
typedef struct node                /*B－树结点类型定义*/
{   int keynum;                    /*结点当前拥有的关键字的个数*/
    KeyType key[MAXM];             /*key[1..keynum]存放关键字,key[0]不用*/
    struct node *parent;           /*双亲结点指针*/
    struct node *ptr[MAXM];        /*孩子结点指针数组ptr[0..keynum]*/
} BTNode;
```

**1．B－树的查找**

在B－树中查找给定关键字的方法类似于在二叉排序树上的查找，不同之处是在每个结点上确定向下查找的路径不一定是二路的，而是 $n+1$ 路的。因为结点内的关键字序列key[1..$n$]是有序的，故既可以用顺序查找，也可以用折半查找。在一棵B－树上查找关键字为 $k$ 的方法为：将 $k$ 与根结点中的key[$i$]($1\leqslant i\leqslant n$)进行比较：

① 若 $k<$key[1]，则沿着指针ptr[0]所指的子树继续查找；

② 若 $k=$key[$i$]，则查找成功；

③ 若key[$i$]$<k<$key[$i+1$]，则沿着指针ptr[$i$]所指的子树继续查找；

④ 若 $k>$key[$n$]，则沿着指针ptr[$n$]所指的子树继续查找。

重复上述过程，直到找到含有关键字 $k$ 的某个结点；如果一直比较到了某个外部结点，表示查找失败。

在B－树中进行查找时，其查找时间主要花费在搜索结点上，即主要取决于B－树的高度。那么总共含有 $n$ 个关键字的 $m$ 阶B－树可能达到的最大高度是多少呢？或者说，高度为 $h+1$(第 $h+1$ 层为外部结点层)的B－树中最少含有多少个结点呢？

第1层最少结点数为1个；

第2层最少结点数为2个；

第3层最少结点数为 $2\lceil m/2\rceil$ 个；

第4层最少结点数为 $2\lceil m/2\rceil^2$ 个；

……

第 $h+1$ 层最少结点数为 $2\lceil m/2\rceil^{h-1}$ 个。

假设 $m$ 阶B－树的高度为 $h+1$，由于第 $h+1$ 层为外部结点，而当前树中含有 $n$ 个关键字，则外部结点为 $n+1$ 个，由此可推得下列结果：

$$n+1\geqslant 2\lceil m/2\rceil^{h-1}$$

即

$$h-1\leqslant \log_{(m/2)}[(n+1)/2]$$

所以，$h\leqslant\log_{\lceil m/2\rceil}[(n+1)/2]+1$。因此，在含有 $n$ 个关键字的B－树上进行查找需访问的结点个数不超过 $\log_{\lceil m/2\rceil}[(n+1)/2]+1$ 个，即B－树的查找算法的时间复杂度为 $O(\log_m n)$。

**2．B－树的插入**

将关键字 $k$ 插入B－树的过程分两步完成：

(1) 利用前述的B-树的查找算法找出该关键字的插入结点(注意B-树的插入结点一定是最下层的某个非终端结点)。

(2) 判断该结点是否还有空位置,即判断该结点的关键字个数 $n$ 是否小于 $\mathrm{Max}=m-1$:

① 若满足 $n<m-1$,说明该结点还有空位置,则直接把关键字 $k$ 插到该结点的合适位置上(即满足插入后结点上的关键字仍保持有序);

② 若有 $n=m-1$,说明该结点已没有空位置,需要把结点"分裂"成2个。"分裂"的做法是,创建一个新结点,把原结点上的关键字和 $k$ 按升序排列后从中间位置(即 $\lceil m/2 \rceil$ 之处)把关键字(不包括中间位置的关键字)分成两部分,左部分所含关键字放在原结点中,右部分所含关键字放在新结点中,中间位置的关键字连同新结点的存储位置插入到双亲结点中。如果双亲结点的关键字个数超过Max,则要再"分裂",再往上插,直到整个过程传递到根结点为止。如果根结点需要"分裂",则树的高度将增加一层。

**【例8.6】** 按给定的关键字序列(1,2,6,7,11,4,8,13,10,5,17,9,16,20,3,12,14,18,19,15),创建一棵5阶B-树,给出创建过程。

**解** 创建B-树的过程如图8.19所示。

由于 $m=5$,所以每个结点的关键字个数在2到4之间。以图8.19(e)~(f)为例说明插入过程,在图8.19(e)中插入关键字20时,查找到其插入位置应在最右边的(11,13,16,17)结点中,先将其有序插入,即该结点变成(11,13,16,17,20)。此时,结点的关键字个数超界,需进行"分裂",即该结点变成两个结点,分别包含关键字(11,13)和(17,20),并将中间关键字16移至双亲结点中,双亲结点变为(6,10,16)。

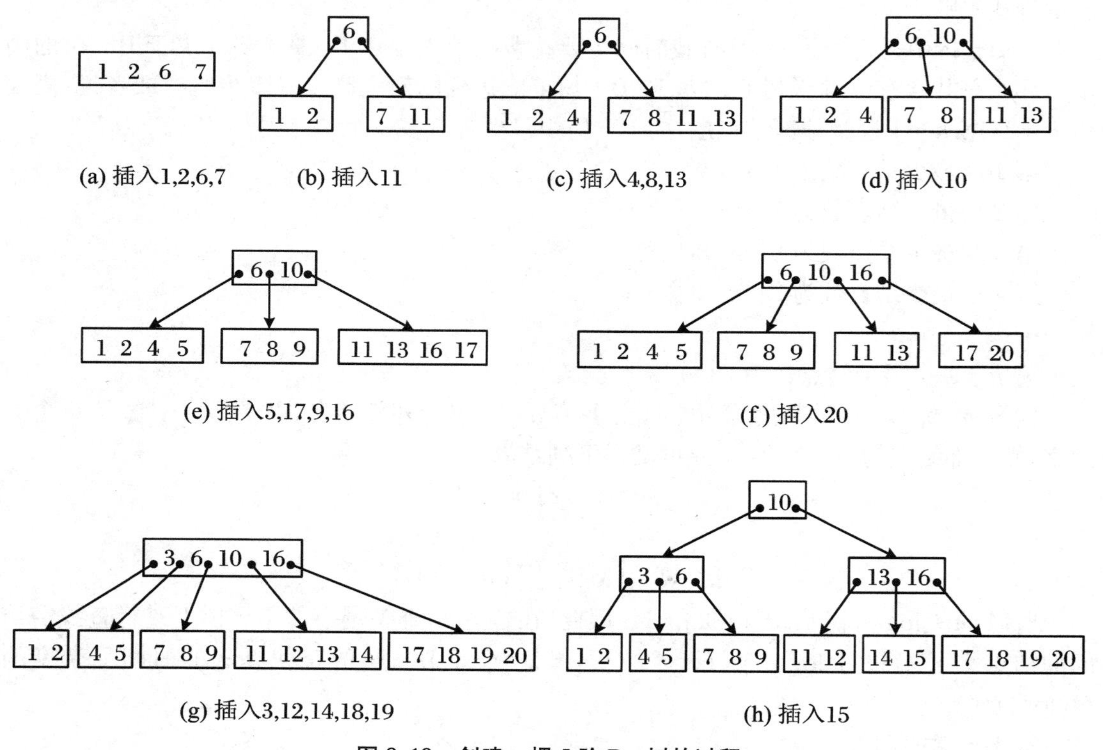


(a) 插入1,2,6,7　(b) 插入11　(c) 插入4,8,13　(d) 插入10

(e) 插入5,17,9,16　(f) 插入20

(g) 插入3,12,14,18,19　(h) 插入15

**图8.19 创建一棵5阶B-树的过程**

再看在图 8.19(g)中插入关键字 15 的过程,插入位置应为结点(11,12,13,14),先将 15 有序插入,该结点变成(11,12,13,14,15)。这时,结点的关键字个数超界,需进行“分裂”,变为两个结点(11,12)和(14,15),将中间关键字 13 移至双亲结点中,双亲结点变为(3,6,10,13,16)。此时该结点的关键字个数也超界,将其“分裂”为两个结点(3,6)和(13,16),并将中间关键字 10 移至双亲结点中。由于“分裂”前的结点就是根结点,所以需要新建一个根结点,树的高度增加一层。最终创建的 5 阶 B－树如图 8.19(h)所示。

**3. B－树的删除**

$m$ 阶 B－树的删除操作是在 B－树的某个结点中删除指定关键字及其邻近的一个指针,删除后应进行调整使该树仍然满足 B－树的定义,也就是保证每个结点的关键字个数 $n$ 满足$\lceil m/2 \rceil-1 \leqslant n \leqslant m-1$。若被删关键字所在结点为最下层的非终端结点,且其中的关键字个数不少于$\lceil m/2 \rceil$,则直接删除,否则要进行“合并”结点的操作。假若所删关键字为非终端结点中的 $k_i$,则可以用指针 $p_i$ 所指子树中的最小关键字 $y$ 来替代 $k_i$,然后在相应的结点中删去 $y$。例如,在图 8.20(a)所示的 B－树上删去 45,可以用 * f 结点中的 50 替代 45,然后在 * f 结点中删去 50。因此,下面只需讨论删除最下层非终端结点中的关键字的情形,有下列三种可能:

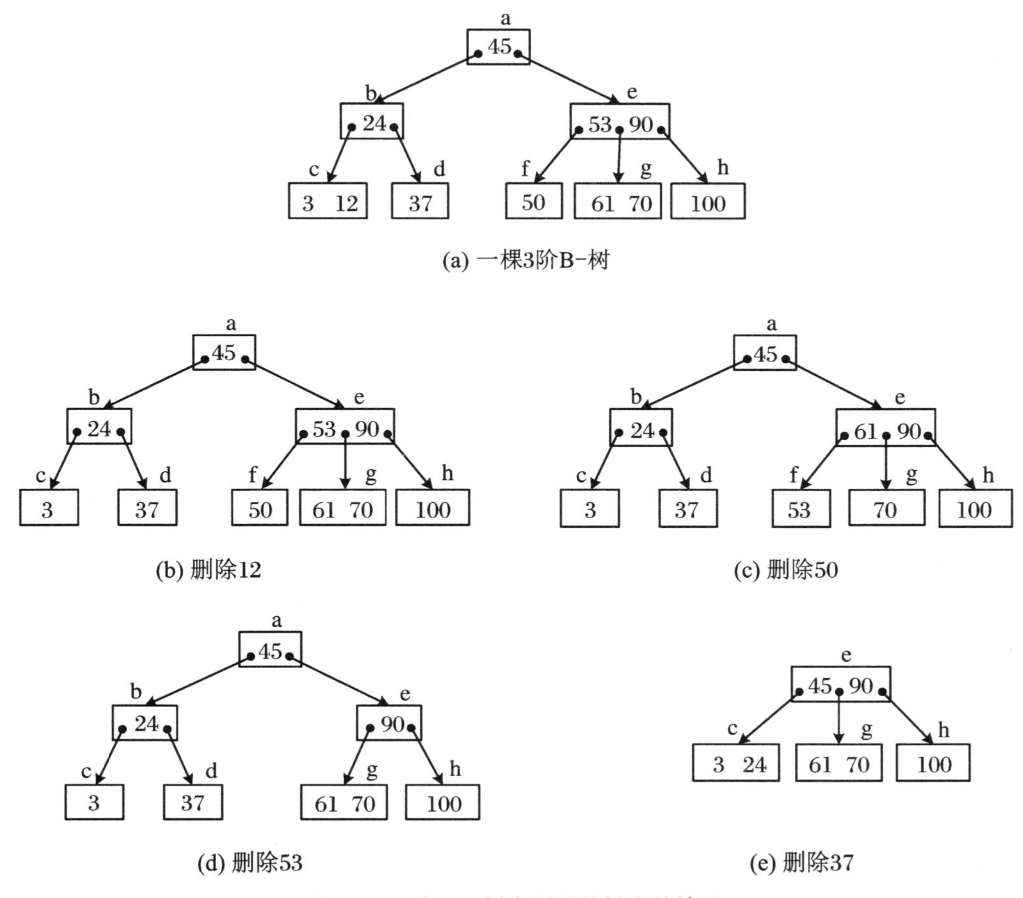


**图 8.20 在 B－树中删除关键字的情形**

(1) 被删关键字所在结点中的关键字个数不少于$\lceil m/2 \rceil$,则只需从该结点中删去该关

键字 $k_i$ 和相应的指针 $p_i$，树的其他部分不变，例如，从图 8.20(a)所示的 B－树中删去关键字 12，删除后的 B－树如图 8.20(b)所示。

(2) 被删关键字所在结点中的关键字个数等于$\lceil m/2 \rceil-1$，而与该结点相邻的右兄弟(或左兄弟)结点中的关键字个数大于$\lceil m/2 \rceil-1$，则需将其兄弟结点中的最小(或大)的关键字上移至双亲结点中，而将双亲结点中小于(或大于)且紧靠该上移关键字的关键字下移至被删关键字所在的结点中。例如，从图 8.20(b)中删去 50，需将其右兄弟结点中的 61 上移至 * e 结点中，而将 * e 结点中的 53 移至 * f 中，从而使 * f 和 * g 中关键字个数均不小于$\lceil m/2 \rceil-1$，而双亲结点中的关键字个数不变，如图 8.20(c)所示。

(3) 被删关键字所在结点和其相邻的兄弟结点中的关键字个数均为$\lceil m/2 \rceil-1$。假设该结点有右兄弟，且其右兄弟结点地址由双亲结点中的指针 $p_i$ 所指，则在删去关键字之后，它所在结点中剩余的关键字和指针，加上双亲结点中的关键字 $k_i$ 一起，合并到 $p_i$ 所指兄弟结点中(若没有右兄弟，则合并到左兄弟结点中)。例如，从图 8.20(c)所示 B－树中删去 53，则应删去 * f 结点，并将 * f 中的剩余信息(指针“空”)和双亲 * e 结点中的 61 一起合并到右兄弟结点 * g 中。删除后的 B－树如图 8.20(d)所示。如果因此使双亲结点中的关键字个数小于$\lceil m/2 \rceil-1$，则依此类推做相应处理。例如，在图 8.20(d)所示 B－树中删去关键字 37 之后，双亲结点 * b 中剩余信息(“指针 c”)应和其双亲 * a 结点中的关键字 45 一起合并至右兄弟结点 * e 中，删除后的 B－树如图 8.20(e)所示。

## 8.3.4 B＋树

在索引文件组织中，经常使用 B－树的一些变形，其中 B＋树是一种应用广泛的变形。一棵 $m$ 阶 B＋树满足下列条件：

(1) 每个分支结点至多有 $m$ 棵子树。

(3) 根结点或者没有子树，或者至少有两棵子树。

(2) 除根结点外，其他每个分支结点至少有$\lceil m/2 \rceil$棵子树。

(4) 有 $n$ 棵子树的结点有 $n$ 个关键字。

(5) 所有叶子结点包含全部关键字及指向相应记录的指针，而且叶子结点按关键字大小顺序链接(可以把每个叶子结点看成一个基本索引块，它的指针不再指向另一级索引块，而是直接指向数据文件中的记录)。

(6) 所有分支结点(可看成索引的索引)中仅包含它的各个子结点(即下级索引的索引块)中的最大关键字及指向子结点的指针。

例如，图 8.21 所示为一棵 3 阶的 B＋树，其中叶子结点的每个关键字下面的指针表示指向对应记录的存储位置。通常在 B＋树中有两个头指针，一个指向根结点，这里为 root，另一个指向关键字最小的叶子结点，这里为 sqt。因此，可以对 B＋树进行两种查找运算：一种是从最小关键字起顺序查找，另一种是从根结点开始，进行随机查找。

在 B＋树上进行随机查找、插入和删除的过程与 B－树类似。只是在查找时，若非终端结点上的关键字等于给定值，并不终止，而是继续向下直到叶子结点。因此，在 B＋树，不管查找成功与否，每次查找都是走了一条从根到叶子结点的路径。B＋树查找的分析类似于 B－树。B＋树的插入仅在叶子结点上进行，当结点中的关键字个数大于 $m$ 时，要分裂成两个结点，它们所含关键字的个数分别为$\lceil (m+1)/2 \rceil$和$\lfloor (m+1)/2 \rfloor$。并且，它们的双亲结点中应同时包含这两个结点中的最大关键字。B+树的删除也仅在叶子结点进行，当叶子结点中的最大关键字被删除时，其在非终端结点中的值可以作为一个“分界关键字”存在。若因删除而使结点中关键字的个数少于$\lceil m/2 \rceil$时，其和兄弟结点的合并过程亦和B-树类似。

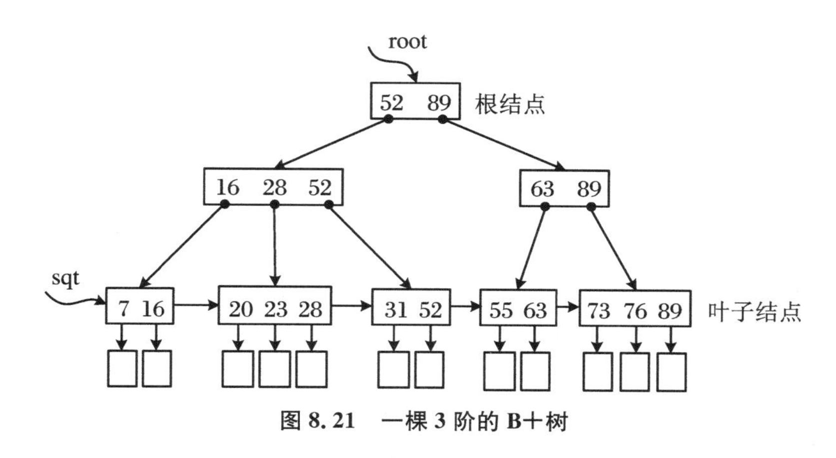


**图8.21 一棵3阶的B+树**

## 8.4 哈希表的查找

前面介绍的各种查找方法的共同特点在于：由于记录在结构中的存储位置与其关键字之间不存在确定的关系，因而查找时需通过关键字的一系列比较，最终确定记录的存储位置或确定查找失败。查找的效率依赖于查找过程中所进行的关键字比较次数。

如果在记录的存储位置和其关键字之间建立某种直接关系，那么在进行查找时，就无需做比较或只做很少次的比较就能按照这种关系直接由关键字找到相应的记录。哈希表的查找方法正是基于这种思想。哈希查找法(Hash Search)又称为散列查找法或杂凑法，它通过对元素的关键字值进行某种运算，直接求出元素的地址，即使用关键字到地址的直接转换方法，而不需要反复进行关键字比较。

### 8.4.1 哈希表的基本概念

哈希表(Hash Table)又称散列表，是除顺序存储结构、链式存储结构和索引存储结构之外的又一种存储结构。哈希表存储的基本思路是：若要存储的记录个数为$n$，则设置一个长度为$m(m \geqslant n)$的连续内存单元，以每条记录的关键字$k_i(0 \leqslant i \leqslant n-1)$为自变量，通过一个称为哈希函数的函数$h(k_i)$，把$k_i$映射为内存单元的地址(或下标)$h(k_i)$，并把该记录存储在这个内存单元中。其中，$h(k_i)$也称为哈希地址(或散列地址)，以如此方法构造的线性表存储结构称为哈希表。

在构造哈希表时可能存在这样的问题：对于两个关键字$key_1$和$key_2$，$key_1 \neq key_2$，但有$h(key_1)=h(key_2)$，即对不同的关键字可能得到同一哈希地址，这种现象称为冲突。具有相同函数值的关键字对该哈希函数来说称为同义词，$key_1$和$key_2$互称为同义词。

冲突的发生与哈希表的装填因子 $\alpha$ 密切相关。装填因子是指哈希表中的元素个数 $n$ 与哈希表的长度 $m$ 的比值,即 $\alpha = n/m$,$\alpha$ 描述了哈希表的装满程度。显然,$\alpha$ 越小,发生冲突的可能性越小,但表中空闲地址空间的比例就越大;而 $\alpha$ 越大(最大可取 1),发生冲突的可能性越大,表中空闲地址空间的比例越小,存储空间的利用率也就越高。为了既兼顾减少冲突的发生,又兼顾提高存储空间的利用率这两个方面,通常可将 $\alpha$ 控制在 0.6～0.9 内。

在哈希表存储结构中,同义词冲突是很难避免的。冲突的发生除了与装填因子 $\alpha$ 有关外,只能通过选择一个"好"的哈希函数使得在一定程度上减少冲突,而一旦发生冲突,就必须采取相应的措施及时予以解决。

综上所述,哈希表的查找主要研究以下两方面问题:

(1) 如何构造哈希函数;

(2) 如何处理冲突。

## 8.4.2 哈希函数的构造方法

构造哈希函数的方法有很多,下面介绍几种常用的方法。

**1. 直接定址法**

取关键字或关键字的某个线性函数值作为哈希地址,即

$$H(\text{key}) = \text{key} \quad \text{或} \quad H(\text{key}) = a \times \text{key} + b$$

其中,$a$ 和 $b$ 为常数(这种哈希函数也称为自身函数)。

这种哈希函数计算简单,并且不可能有冲突发生。当关键字的分布基本连续时,可用直接定址法的哈希函数;否则,若关键字分布不连续将造成内存单元的大量浪费。

**2. 数字分析法**

该方法提取关键字中取值较均匀的数字位作为哈希地址。它适合于所有关键字值都已知的情况,并需要对关键字中每一位的取值分布情况进行分析。

| 位数: | 1 | 2 | 3 | 4 | 5 | 6 | 7 | 8 |
|---|---|---|---|---|---|---|---|---|
| 关键字: | 5 | 1 | 6 | 7 | 1 | 9 | 4 | 3 |
| | 5 | 1 | 6 | 2 | 3 | 4 | 3 | 0 |
| | 5 | 1 | 6 | 0 | 2 | 3 | 5 | 8 |
| | 5 | 1 | 6 | 1 | 5 | 0 | 7 | 9 |
| | 5 | 1 | 6 | 7 | 4 | 1 | 4 | 3 |
| | 5 | 1 | 6 | 0 | 2 | 4 | 5 | 1 |
| | 5 | 1 | 6 | 9 | 3 | 2 | 4 | 0 |

**图 8.22 数字分析法**

例如,通过对图 8.22 所示的一组关键字(8 位的十进制整数)进行分析发现,各关键字中第 5～6 位的取值比较均匀。若取这两位作为哈希地址,则哈希地址集合为(19,34,23,50,41,24,32)。

**3. 平方取中法**

通常在选定哈希函数时,不一定能知道关键字的全部情况,取其中哪几位也不一定合适,而一个数平方后的中间几位数和数的每一位都相关,因此,可以先通过求关键字的平方值来扩大相近数的差别,然后再根据表长,取关键字平方后的中间几位数作为哈希地址,由此产生的哈希地址比较均匀。

**4. 折叠法**

如果关键字所含位数较多,采用平方取中法的计算就会太复杂,此时可以将关键字分割成位数相同的几部分(最后一部分的位数可以不同),然后取这几部分的叠加和(舍去进位)作为哈希地址,这就是折叠法。根据数位叠加的方式,可以把折叠法分为移位叠加和边界叠加两种。移位叠加是将分割后每一部分的最低位对齐,然后相加;边界叠加是将两个相邻的

部分沿边界来回折叠，然后对齐相加。

例如，当哈希表长为 1000 时，将关键字 key = 61282378114 从左向右每 3 位进行一次分割，可以得到 4 个部分：612、823、781 和 14。分别采用移位叠加和边界叠加，求得的哈希地址为 230 和 762，如图 8.23 所示。

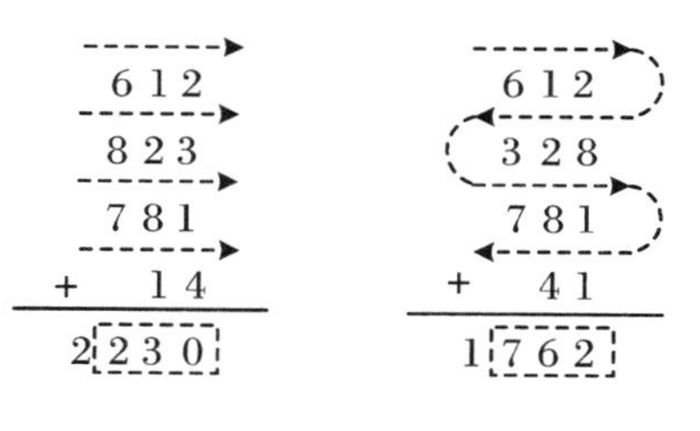


(a) 移位叠加　　(b) 边界叠加

**图 8.23　折叠法**

**5. 除留余数法**

除留余数法是用关键字 key 除以某个不大于哈希表长度 $m$ 的数 $p$ 所得的余数作为哈希地址的方法，即

$$\mathrm{H(key) = key}\ \%\ p$$

该方法的关键是选取适当的 $p$，一般情况下，可以取 $p$ 为不大于表长 $m$ 的最大素数。例如，若将关键字序列(7,8,30,11,18,9,14)存储到长度为 10 的哈希表中时，若哈希函数为 $H(\mathrm{key}) = (\mathrm{key} \times 3)\%7$，则各关键字的哈希函数值分别为 $H(7)=0, H(8)=3, H(30)=6, H(11)=5, H(18)=5, H(9)=6, H(14)=0$。

除留余数法计算简单，适用范围非常广，是最常用的构造哈希函数的方法。它不仅可以对关键字直接取模，也可以在折叠、平方取中等运算之后取模，这样能够保证哈希地址一定落在哈希表的地址空间中。

尽管性能良好的哈希函数可以减少冲突，但实际上冲突是不可避免的。如上例所示，关键字 7 和 14 的哈希地址都是 0，关键字 30 和 9 的哈希地址都是 6，关键字 11 和 18 的关键字都是 5。创建哈希表和查找哈希表时都会遇到冲突，下面介绍处理冲突的方法。

### 8.4.3 处理冲突的方法

处理冲突的含义是为产生冲突的关键字寻找另一个“空”的哈希地址。处理冲突的方法可分为两大类：开放定址法和链地址法。

**1. 开放定址法**

开放定址法也称为再散列法，其基本思想是：把记录都存储在哈希表数组中，当某一记录关键字 key 的初始哈希地址 $H_0 = H(\mathrm{key})$ 发生冲突时，以 $H_0$ 为基础，采取合适方法计算得到另一个地址 $H_1$，如果 $H_1$ 仍然发生冲突，以 $H_1$ 为基础再求下一个地址 $H_2$，若 $H_2$ 仍然冲突，再求得 $H_3$。依此类推，直至 $H_k$ 不发生冲突为止，$H_k$ 为该记录在表中的哈希地址。

这种方法在寻找“下一个”空的哈希地址时，原来的数组空间对所有的元素都是开放的，所以称为开放定址法。通常把寻找“下一个”空位的过程称为探测，上述方法可用如下公式表示：

$$H_i = (\mathrm{H(key)} + d_i)\%m \quad i=1,2,\cdots,k \quad (k \leqslant m-1)$$

其中，$H(\mathrm{key})$ 为哈希函数；$m$ 为哈希表表长；$d_i$ 为增量序列。增量序列有下列三种取值方式：

（1）线性探测

$$d_i = 1,\ 2,\ 3,\cdots,\ m-1$$

这种方法的特点是：冲突发生时，依次查看表中的下一个单元，直到找出一个空单元或查遍全表。

（2）二次探测

$$d_i = 1^2, -1^2, 2^2, -2^2, 3^2, \cdots, k^2, -k^2 \quad (k \leqslant m/2)$$

这种方法的特点是：冲突发生时，分别在表的右、左进行跳跃式探测，较为灵活，但不能探测到哈希表的所有单元。

(3) 伪随机探测

$$d_i = \text{伪随机数序列}$$

具体实现时，应建立一个伪随机数发生器[如 $i = (i + p)\% m$]，并给定一个随机数做起点。

**【例 8.7】** 若要将关键字序列(7,8,30,11,18,9,14)存储到长度为 10 的哈希表中，设哈希函数为 $H(\text{key}) = (\text{key} \times 3)\%7$，使用线性探测法解决冲突，给出构造所得的哈希表。

**解** 按哈希函数求得的各关键字的哈希函数值分别为 $H(7)=0$，$H(8)=3$，$H(30)=6$，$H(11)=5$，$H(18)=5$，$H(9)=6$，$H(14)=0$。关键字 7,8,30,11 在哈希表中的存储情况如图 8.24(a)所示。当存入元素 18 时，哈希函数 $H(18)=5$，而 5 号单元已经存入元素 11，此时发生了冲突。利用线性探测法解决冲突，得到下一个地址 $H_1 = (5+1)\%10 = 6$，仍冲突；再求下一个地址 $H_2 = (5+2)\%10 = 7$，7 号单元空闲，因此将 18 存入到 7 号单元，如图 8.24(b)所示。当存入元素 9 时，哈希函数 $H(9)=6$，6 号单元已经存入元素 30，发生了冲突。利用线性探测法解决冲突，得到下一个地址 $H_1 = (6+1)\%10 = 7$，仍冲突；再求下一个地址 $H_2 = (6+2)\%10 = 8$，8 号单元空闲，因此将 9 存入 8 号单元，如图 8.24(c)所示。同理，元素 14 应存入 1 号单元，最终构造的哈希表如图 8.24(d)所示。

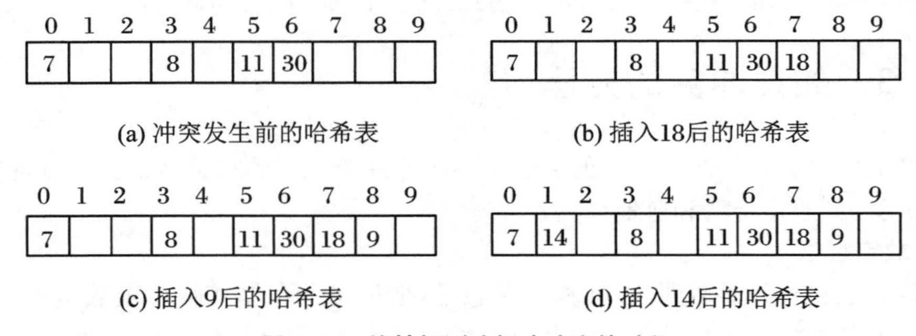


**图 8.24 线性探测法解决冲突的过程**

从上述线性探测法处理冲突的过程中可以看到一个现象：当表中 $i$、$i+1$、$i+2$ 位置上已填有记录时，下一个哈希地址为 $i$、$i+1$、$i+2$ 和 $i+3$ 的记录都将填入 $i+3$ 位置，这种在处理冲突过程中发生的两个第一个哈希地址不同的记录争夺同一个后继哈希地址的现象称作“二次聚集”(或“堆积”)，即在处理同义词的冲突过程中又添加了非同义词的冲突。

当然，也可以使用二次探测法和伪随机探测法处理冲突。上述三种处理方法各有优缺点。线性探测法的优点是：只要哈希表未填满，总能找到一个不发生冲突的地址；缺点是：会产生“二次聚集”现象。二次探测法和伪随机探测法的优点是：可以避免“二次聚集”现象；缺点是：不能保证一定找到不发生冲突的地址。

**2. 链地址法**

链地址法也称为拉链法，其做法是将所有关键字为同义词的结点都链接在同一个单链表中。若选定的哈希表长度为 $m$，则可将哈希表定义为一个由 $m$ 个头指针组成的指针数组 $T[0..m-1]$，凡是哈希地址为 $i$ 的结点，均插入到以 $T[i]$ 为头指针的单链表中。

**【例 8.8】** 若要将关键字序列(7,8,30,11,18,9,14)存储到长度为10的哈希表中,设哈希函数为H(key)=(key×3)%7,使用链地址法解决冲突,给出构造所得的哈希表。

**解** 按哈希函数求得的各关键字的哈希函数值分别为 $H(7)=0$,$H(8)=3$,$H(30)=6$,$H(11)=5$,$H(18)=5$,$H(9)=6$,$H(14)=0$。使用链地址法解决冲突构造所得的哈希表如图8.25所示。

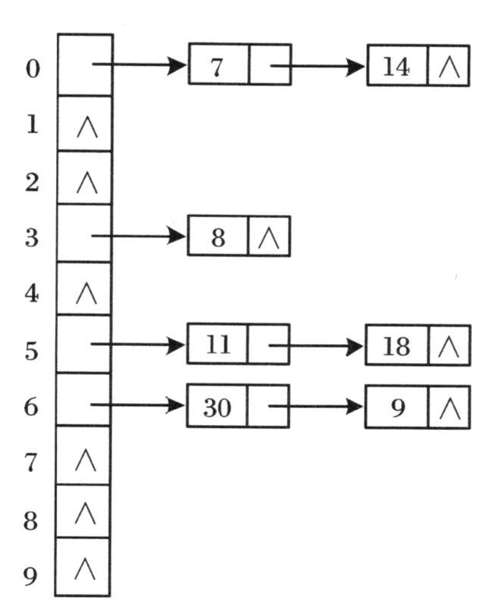

**图 8.25 链地址法解决冲突时的哈希表**

与开放定址法相比,链地址法有如下明显优点:

(1) 链地址法处理冲突简单,且无"二次聚集"现象,即非同义词不会发生冲突,因此平均查找长度较短。

(2) 在用链地址法构造的哈希表中,删除结点的操作易于实现,只要简单地删去链表上相应的结点即可。

(3) 链地址法中各链表上的结点空间是动态申请的,故它更适合于事前无法确定表长的情况。

链地址法也有缺点:指针需要额外的空间,故当元素规模较小时,开放定址法较为节省空间,若将节省的指针空间用来扩大哈希表的规模,可使装填因子变小,这又减少了开放定址法中的冲突,从而提高了平均查找速度。

## 8.4.4 哈希表的查找及其分析

在哈希表上进行查找的过程和构造哈希表的过程基本一致。给定要查找的关键字 $k$,根据构造哈希表时设定的哈希函数求得哈希地址,若表中此位置上没有记录,则查找失败;否则,比较关键字,若和给定的关键字 $k$ 相等,则查找成功;否则,根据构造哈希表时设定的解决冲突的方法查找"下一地址",直至哈希表中某个位置为"空"(此时,查找失败)或者表中所填记录的关键字等于 $k$(此时,查找成功)为止。

**1. 用线性探测法解决冲突构造的哈希表的查找**

下面给出有关的数据类型说明:

```
#define MaxSize 100             /* 定义哈希表的最大长度 */
#define NULLKEY  -1             /* 定义空记录的关键字值 */
#define DELKEY  -2              /* 定义被删记录的关键字值 */
typedef int KeyType;            /* 关键字类型 */
typedef struct
{   KeyType key;                /* 关键字域 */
    int count;                  /* 探测次数域 */
} HashTable;                    /* 哈希表的记录类型 */
```

这里将关键字类型定义整型,将哈希表中空闲单元的关键字设置为特殊值-1,被删元素的关键字设置为-2,以示区别。

(1) 插入及建立哈希表的算法

在建表时,首先要将表中各元素的关键字清空,使其地址为开放的,然后调用插入算法将给定关键字序列依次插入表中。在插入算法中,求出关键字 k 的哈希函数值 adr,若该位置可以直接放置(即 adr 位置的关键字为 NULLKEY 或 DELKEY),则将其放入;否则出现冲突,采用线性探测法在表中找到一个开放地址,将 $k$ 插入。对应的算法如下:

```
void InsertHT(HashTable ha[], int &n, int m, int p, KeyType k)
{   /*将关键字 k 插入哈希表中*/
    int i, adr;
    adr=k%p;                                    /*计算哈希函数值*/
    if (ha[adr].key==NULLKEY || ha[adr].key==DELKEY)
    {   /*k 可以直接放在哈希表中*/
        ha[adr].key=k;
        ha[adr].count=1;
    }
    else                                        /*发生冲突时采用线性探测法解决冲突*/
    {   i=1;                                    /*i 用来记录 k 发生冲突的次数*/
        do
        {   adr=(adr+1) % m;                    /*线性探测*/
            i++;
        }while (ha[adr].key!=NULLKEY && ha[adr].key!=DELKEY);
        ha[adr].key=k;                          /*在 adr 处放置 k*/
        ha[adr].count=i;                        /*设置探测次数*/
    }
    n++;                                        /*关键字总个数增 1*/
}
void CreateHT(HashTable ha[], int &n, int m, int p, KeyType keys[], int n1)
{                                               /*创建哈希表*/
    int i;
    for (i=0; i<m; i++)                         /*哈希表初始置空*/
    {   ha[i].key=NULLKEY;
        ha[i].count=0;
    }
    n=0;
    for (i=0; i<n1; i++)
        InsertHT(ha, n, m, p, keys[i]);         /*插入 n 个关键字*/
}
```

(2) 删除算法

在采用开放定址法处理冲突的哈希表上执行删除操作时,不能简单地将被删元素的空间置为空,否则将截断在它之后填入哈希表的同义词元素的查找路径,这是因为在各种开放定址法中,空地址单元都是查找失败的条件。因此只能在被删元素上做删除标记 DELKEY,而不能真正地删除元素。对应的算法如下:

```
int DeleteHT(HashTable ha[], int &n, int m, int p, KeyType k)
{   /* 删除哈希表中关键字 k */
    int adr;
    adr = k%p;                                      /* 计算哈希函数值 */
    while (ha[adr].key! = NULLKEY && ha[adr].key! = k)
        adr = (adr + 1)%m;                          /* 线性探测 */
    if (ha[adr].key = = k)                          /* 查找成功 */
    {   ha[adr].key = DELKEY;                       /* 删除关键字 k */
        n - - ;                                     /* 关键字总个数减 1 */
        return 1;
    }
    else
        return 0;                                   /* 查找失败 */
}
```

（3）查找算法

哈希表的查找过程与建表过程相似。假设查找关键字 $k$，根据建表时采用的哈希函数 $h$ 计算出哈希地址 $h(k)$，若表中该地址单元不为空（即关键字值不为 NULLKEY）且该地址的关键字不等于 $k$，则按建表时采用的处理冲突的方法（这里采用线性探测法）找下一个地址，如此反复下去，直到某个地址单元为空（查找失败）或者关键字比较结果相等（查找成功）为止，显示相应的查找结果。对应的算法如下：

```
void SearchHT(HashTable ha[], int m, int p, KeyType k)
{   /* 在哈希表中查找关键字 k */
    int i = 1, adr;
    adr = k%p;                                      /* 计算哈希函数值 */
    while (ha[adr].key! = NULLKEY && ha[adr].key! = k)
    {   i + + ;                                     /* 累计关键字比较次数 */
        adr = (adr + 1) % m;                        /* 线性探测 */
    }
    if (ha[adr].key = = k)                          /* 查找成功 */
        printf("    查找成功，共比较%d 次。\n",i);
    else                                            /* 查找失败 */
        printf("    查找失败，共比较%d 次。\n",i);
}
```

**2. 用链地址法解决冲突构造的哈希表的查找**

用链地址法构造的哈希表是一种顺序和链式相结合的存储结构，哈希表的地址空间为 $0 \sim m-1$。设计哈希表的类型如下：

```
#define MaxSize 100                                 /* 定义哈希表的最大长度 */
typedef int KeyType;                                /* 关键字类型 */
typedef struct node
{   KeyType key;                                    /* 关键字域 */
    struct node * next;                             /* 下一个结点指针 */
```

```
} NodeType;                              /* 单链表结点类型 */
typedef struct
{   NodeType *firstp;                    /* 首结点指针 */
} HashTable;                             /* 哈希表的记录类型 */
```

(1) 插入及建立哈希表的算法

建表的过程是首先将 $ha[i](0\leqslant i\leqslant m-1)$的 firstp 指针设置为空,然后调用插入算法插入 $n$ 个关键字。算法如下:

```
void InsertHT(HashTable ha[], int &n, int p, KeyType k)
{   /* 将关键字 k 插入到哈希表中 */
    int adr = k%p;                       /* 计算哈希函数值 */
    NodeType *q;
    q = (NodeType *)malloc(sizeof(NodeType));
    q->key = k;                          /* 创建一个结点 q,存放关键字 k */
    q->next = NULL;
    if (ha[adr].firstp == NULL)          /* 若单链表 adr 为空 */
        ha[adr].firstp = q;
    else                                 /* 若单链表 adr 不空 */
    {
        q->next = ha[adr].firstp;        /* 采用头插法插入到 ha[adr]的单链表中 */
        ha[adr].firstp = q;
    }
    n++;                                 /* 结点总个数增 1 */
}
void CreateHT(HashTable ha[], int &n, int m, int p, KeyType keys[], int n1)
{   /* 创建哈希表 */
    for (int i = 0; i<m; i++)            /* 哈希表初始置空 */
        ha[i].firstp = NULL;
    n = 0;
    for (i = 0; i<n1; i++)
        InsertHT(ha, n, p, keys[i]);     /* 插入 n 个关键字 */
}
```

(2) 删除算法

在哈希表中删除关键字为 $k$ 的结点时,应先在单链表 $ha[h(k)]$中找到对应的结点 q,然后通过前驱结点 preq 来删除它。不同于用开放定址法构建的哈希表,在这里可以直接删除。算法如下:

```
int DeleteHT(HashTable ha[], int &n, int m, int p, KeyType k)
{   /* 删除哈希表中关键字 k */
    int adr = k%p;                       /* 计算哈希函数值 */
    NodeType *q, *preq;
    q = ha[adr].firstp;                  /* q 指向对应单链表的首结点 */
    if (q == NULL)
```

```
        return 0;                        /* 对应单链表为空 */
    if (q->key==k)                       /* 首结点为k */
    {   ha[adr].firstp=q->next;          /* 删除结点q */
        free(q);
        n--;                             /* 结点总个数减1 */
        return 1;                        /* 返回真 */
    }
    preq=q;   q=q->next;                 /* 首结点不为k时 */
    while (q!=NULL)
    {   if (q->key==k)                   /* 查找成功 */
            break;                       /* 退出循环 */
        q=q->next;
    }
    if (q!=NULL)                         /* 查找成功 */
    {   preq->next=q->next;              /* 删除结点q */
        free(q);
        n--;                             /* 结点总个数减1 */
        return 1;                        /* 返回1 */
    }
    else  return 0;                      /* 未找到k,返回0 */
}
```

(3) 查找算法

在哈希表中查找关键字为 $k$ 的结点，只需要在单链表 $ha[h(k)]$ 中找到对应的结点 q，并累计关键字的比较次数。当 q 为空时，表示查找失败。算法如下：

```
int SearchHT(HashTable ha[], int &n, int p, KeyType k)
{   /* 在哈希表中查找关键字k */
    int i=0, adr;
    adr=k%p;
    NodeType *q;
    q=ha[adr].firstp;
    while(q!=NULL)
    {   i++;
        if (q->key==k)
            break;
        q=q->next;
    }
    if (q!=NULL)
        printf("成功:关键字%d,比较%d次\n",k,i);
    else
        printf("失败:关键字%d,比较%d次\n",k,i);
}
```

### 3. 哈希表的查找性能分析

**【例 8.9】** 同样是将关键字序列(7,8,30,11,18,9,14)存储到长度为 10 的哈希表中，哈希函数均为 $H(\text{key})=(\text{key}\times 3)\%7$，分别对例 8.7(线性探测法解决冲突)和例 8.8(链地址法解决冲突)中构造的哈希表进行查找，分析在等概率情况下，查找成功和失败时的平均查找长度。

**解** 例 8.7 使用线性探测法解决冲突构建的哈希表如图 8.26 所示。

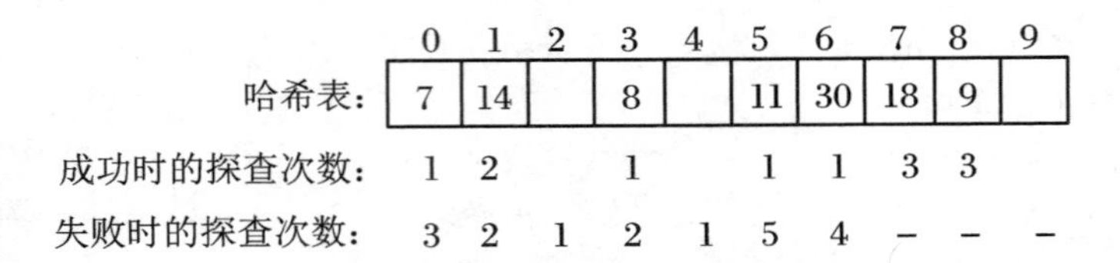

0 1 2 3 4 5 6 7 8 9
哈希表：
7 14 8 11 30 18 9
成功时的探查次数：
1 2 1 1 1 3 3
失败时的探查次数：
3 2 1 2 1 5 4 - - -


**图 8.26　线性探测法解决冲突构建的哈希表**

在此哈希表上进行查找，等概率情况下查找成功时的平均查找长度：

$$\text{ASL}_{\text{成功}}=\frac{1+2+1+1+1+3+3}{7}=\frac{12}{7}$$

查找失败时，对任一关键字 $k$，其哈希地址 $H(k)$ 只可能是 0～6。当 $\text{H}(\text{k})=0$ 时，需要探查 0 号、1 号和 2 号共 3 个单元才能确定查找失败；当 $H(k)=1$ 时，探查 1 号和 2 号共 2 个单元可以确定查找失败；当 $H(k)=2$ 时，探查 2 号单元即可确定查找失败；当 $H(k)=3$ 时，探查 3 号和 4 号共 2 个单元可以确定查找失败；当 $H(k)=4$ 时，探查 4 号即可确定查找失败；当 $H(k)=5$ 时，需探查 5 号～9 号共 5 个单元才可以确定查找失败；当 $H(k)=6$ 时，需探查 6 号～9 号共 4 个单元才可以确定查找失败。因此，等概率情况下查找失败时的平均查找长度为

$$\text{ASL}_{\text{失败}}=\frac{3+2+1+2+1+5+4}{7}=\frac{18}{7}$$

例 8.8 使用链地址法解决冲突构建的哈希表如图 8.25 所示。对于哈希表中存在的某个关键字 $k$，对应的结点在单链表 $h[k]$ 中，它属于该单链表的第几个结点，成功找到它恰好就需要几次关键字的比较。即：对 7、8、11 和 30 这 4 个关键字，各需比较 1 次即可查找成功，对 14、18 和 19 这 3 个关键字，各需比较 2 次才可查找成功，所以有

$$\text{ASL}_{\text{成功}}=\frac{1\times 4+2\times 3}{7}=\frac{10}{7}$$

若待查关键字 $k$ 的哈希地址 $h(k)=d$(这里 $0\leqslant d\leqslant 6$)，且 $d$ 号单链表中有 $i$ 个结点，则当 $k$ 不在该单链表中出现时需进行 $i$ 次关键字的比较(不包括空指针判定)才能确定查找失败，因此

$$\text{ASL}_{\text{失败}}=\frac{2+0+0+1+0+2+2}{7}=1$$

由此可见，用同一个哈希函数、不同的解决冲突方法构造的哈希表，其平均查找长度可能不同。表 8.1 列出了用几种不同的方法解决冲突时哈希表的平均查找长度。从中可以看出，哈希表的平均查找长度不是元素个数 $n$ 的函数，而是装填因子 $\alpha$ 的函数。因此，在设计哈希表时，可以选择合适的 $\alpha$ 以控制哈希表的平均查找长度。

**表 8.1　哈希表的平均查找长度**

| 解决冲突的方法 | 平均查找长度 | |
|---|---|---|
| | 成功的查找 | 失败的查找 |
| 线性探测法 | $\frac{1}{2}\left(1+\frac{1}{1-\alpha}\right)$ | $\frac{1}{2}\left[1+\frac{1}{(1-\alpha)^2}\right]$ |
| 二次探测法 | $-\frac{1}{\alpha}\log_e(1-\alpha)$ | $\frac{1}{1-\alpha}$ |
| 链地址法 | $1+\frac{\alpha}{2}$ | $\alpha+e^{-\alpha}\approx\alpha$ |

# 第9章　内　排　序

## 学习要求

1. 理解排序的基本概念和术语。

2. 掌握各种内排序方法的基本思想、算法特点、排序过程以及时间复杂度分析。

3. 能够对各种内排序方法进行比较，并灵活地选择合适的排序算法来解决一些实际问题。

## 学习重点

1. 各种内排序方法的基本思想和算法描述。

2. 各种内排序方法的性能分析和比较。

## 知识单元

排序是数据处理和程序设计中经常使用的一种重要操作，在很多领域中都有着广泛的应用。例如，各种升学考试的录取工作、日常生活的各类竞赛活动、网络上的各种排行榜等都离不开排序。排序的一个主要目的是便于查找，从上一章的讨论中可以看出，如果待处理的数据能够按照关键字值有序排列，将会大大提高查找的效率。例如，谷歌、百度等搜索引擎都是先对文件进行排序处理，然后再进行文件检索的。

排序的方法有很多种，本章主要介绍几种经典且常用的排序方法，包括插入排序、交换排序、选择排序、归并排序和基数排序，每一类排序方法在具体实施时又可以有多种不同的实现算法。

## 9.1　排序的基本概念

### 9.1.1　排序

排序(Sorting)是将待排序文件中的记录按关键字非递增(或非递减)顺序进行排列的操作，即将一组“无序”的记录序列调整为“有序”的记录序列。其中，记录是进行排序的基本单位，每个记录由若干个数据项（或域）组成，其中有一项可用来唯一标识一条记录，称为关键字项，该数据项的值称为关键字（Key）。关键字的选取应根据实际问题的需求而定。通常，为了进行排序，记录的关键字应为可比较大小的类型。

### 9.1.2 排序的稳定性

若待排序的一组记录中存在多个关键字相同的记录，在使用某种排序算法进行排序后，相同关键字的多个记录的相对次序与排序之前相比没有改变，则称此排序算法是稳定的；反之，若具有相同关键字的多个记录的相对次序发生改变，则称此排序算法是不稳定的。

排序算法的稳定性是针对所有输入实例而言的。也就是说，在所有可能的输入实例中，只要有一组关键字的实例不满足稳定性要求，则该排序算法就是不稳定的。因此，证明一种排序方法是稳定的，要从算法本身的步骤中加以证明，而要证明其不稳定，只需要给出一个反例即可。

在处理复杂排序问题时，算法的稳定性是选择排序算法的重要衡量因素，但也不能说不稳定的排序算法就不好，只是各有各的使用场合。

### 9.1.3 内排序和外排序

根据排序时数据占用存储器的不同，可将排序分为两大类：内部排序和外部排序。如果待排序的数据量较少，整个排序过程可以完全在内存中进行，则称之为内部排序；如果待排序的数据量太大，内存无法容纳全部数据，整个排序过程需要借助外存才能完成，即排序过程中要进行数据的内、外存交换，则称之为外部排序。本章仅讨论内排序。

内排序的方法有许多，按照排序过程中采用的策略可以将内排序方法分为插入排序、交换排序、选择排序、归并排序和基数排序五大类。

为了讨论方便，在本章中对所有待排序记录均采用顺序存储结构，并假设关键字类型为整型。因此，待排序记录的类型声明如下：

```
typedef int KeyType;                /* 定义关键字类型为 int */
typedef struct
{
    KeyType key;                    /* 关键字项 */
    InfoType data;                  /* 其他数据项，即非关键字项 */
}RecType;                           /* 待排序记录的类型 */
RecType R[MaxSize];                 /* 存储待排序记录的顺序表 */
```

## 9.2 插 入 排 序

插入排序的基本思想是：每一趟将一个待排序的记录按其关键字大小插入已经排好序的一组记录的适当位置，直到所有待排序记录全部插入完成为止。

在将一个待排序记录向一组已经排好序的记录中插入时，可以选择不同的方法来确定插入位置，因此就有多种插入排序算法，本节主要介绍其中的三种算法：直接插入排序、折半插入排序和希尔排序。

## 9.2.1 直接插入排序

**1. 基本思想**

直接插入排序(Straight Insertion Sort)是一种最简单的排序方法。它是将整个待排序记录序列 $R[0]\sim R[n-1]$($n$ 个记录)看成由有序区和无序区两部分组成。初始状态时，有序区中仅有一个记录 $R[0]$，排序共需进行 $n-1$ 趟，每趟排序时将无序区中的第一个记录插入到有序区中的适当位置，最终使整个数据表有序排列。其中，在进行第 $i$ 趟排序时，为了将 $R[i]$正确插入有序区 $R[0]\sim R[i-1]$中，需要先将 $R[i]$暂存到某一变量 tmp 中，然后用 $j$(初值为 $i-1$)在有序区中从后向前扫描，凡是扫描到关键字大于 tmp.key 的记录均后移一个位置。若找到某个 $R[j]$，其关键字小于或等于 tmp.key，则将 tmp 放在它的后面，即置 $R[j+1]=$ tmp。

**【例 9.1】** 设待排序记录的关键字序列为{5,7,3,9,6,3*}，说明采用直接插入排序方法对其进行非递减排序的过程。

**解** 其直接插入排序过程如图 9.1 所示。图中方框内的部分表示当前的有序区，每趟都向有序区中插入一个元素，并保持其有序性。

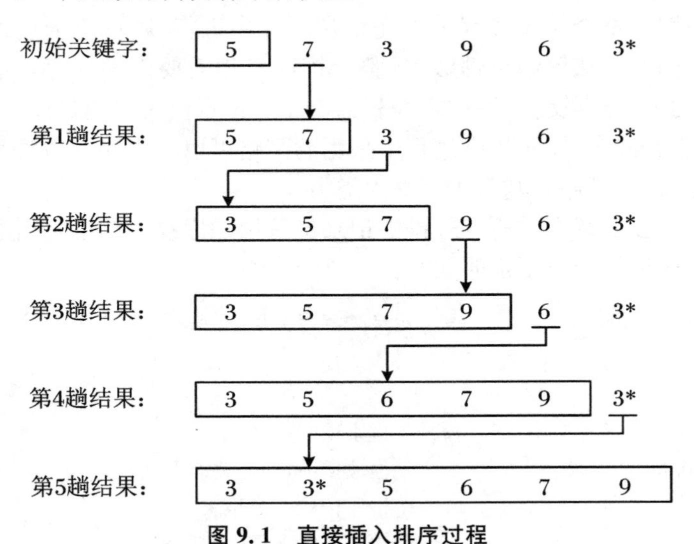


**图 9.1 直接插入排序过程**

**2. 算法描述**

直接插入排序算法如下：

```
void InsertSort(RecType R[], int n)       /* 对 R[0..n-1]按非递减序进行直接插入排序 */
{   int i, j;
    RecType tmp;
    for (i=1; i<n; i++)                   /* 依次确定 R[1..n-1]的插入点 */
    {   tmp=R[i];                         /* 无序区的第一个元素 */
```

```
        j=i-1;                          /*有序区的最后一个元素*/
        while (j>=0 && tmp.key<R[j].key)
        {   R[j+1]=R[j];
            j--;
        }
        R[j+1]=tmp;                     /*将tmp插到j+1处*/
    }
}
```

**3. 算法分析**

直接插入排序算法的执行效率与待排序记录序列的初始状态有关。

当待排序记录序列的初始状态为正序时，每一趟排序中仅需要进行一次关键字的比较，不执行内循环（即不做记录后移）。此时的关键字比较次数和记录移动次数均达到最小值 $C_{\min}$ 和 $M_{\min}$。

$$C_{\min} = \sum_{i=1}^{n-1} 1 = n-1, \qquad M_{\min} = 0$$

当待排序记录序列的初始状态为反序时，每一趟排序中的当前有序区 $R[0..i-1]$ 中的关键字均大于待插记录 $R[i]$ 的关键字，所以内循环需要将待插记录 tmp 的关键字和 $R[0..i-1]$ 中的所有关键字依次进行比较（比较 $i$ 次），并将有序区 $R[0..i-1]$ 的所有记录依次后移（移动 $i$ 次）。另外，在内循环前后还各有一次移动（$\text{tmp}=R[i]$ 与 $R[j+1]=\text{tmp}$），所以一趟排序共需移动 $i+2$ 次。由此可见，反序时的关键字比较次数和记录移动次数均达到最大值 $C_{\max}$ 和 $M_{\max}$。

$$C_{\max} = \sum_{i=1}^{n-1} i = \frac{n(n-1)}{2} = O(n^2)$$

$$M_{\max} = \sum_{i=1}^{n-1} (i+2) = \frac{(n-1)(n+4)}{2} = O(n^2)$$

在平均情况下，将 $R[i]$ 插入有序区 $R[0..i-1]$ 时平均的移动次数为 $i/2$，平均移动次数为 $i/2+2$，故总的比较次数和移动次数约为

$$\sum_{i=1}^{n-1}\left(\frac{i}{2}+\frac{i}{2}+2\right) = \sum_{i=1}^{n-1}(i+2) = \frac{(n-1)(n+4)}{2} = O(n^2)$$

由上述分析可知，直接插入排序的最好情况是待排序记录序列的初态为正序，此时算法的时间复杂度为 $O(n)$；最坏情况为反序，时间复杂度为 $O(n^2)$；平均情况下的时间复杂度接近最坏情况，也为 $O(n^2)$。

直接插入排序算法中只使用了 $i$、$j$ 和 tmp 共三个辅助变量，与问题规模 $n$ 无关，所以其空间复杂度为 $O(1)$，是一种就地排序算法。

另外，当 $i>j$ 且 $R[i].\text{key}=R[j].\text{key}$ 时，该算法将 $R[i]$ 插入 $R[j]$ 的后面，这样使得 $R[i]$ 和 $R[j]$ 的相对位置保持不变。所以，直接插入排序算法是一种稳定的排序方法。

## 9.2.2 折半插入排序

**1. 基本思想**

折半插入排序（Binary Insertion Sort）的思想与直接插入排序类似，也是将待排序记录

序列分成有序区和无序区两个部分,差别在于:每次将无序区中的第一个元素向有序区中插入时,均采用折半查找的方法在有序区中寻找插入位置,然后再通过移动元素进行插入,这样的插入排序称为折半插入排序。折半插入排序是一种比较和移动分离的插入排序方法,而直接插入排序是比较和移动同时进行的。

**【例 9.2】** 对关键字序列{5,7,3,9,6,3*}进行折半插入排序,给出其中第 4 趟排序时,关键字 6 的插入过程。

**解** 第 4 趟排序时,为关键字 6 寻找插入位置的过程如图 9.2 所示。

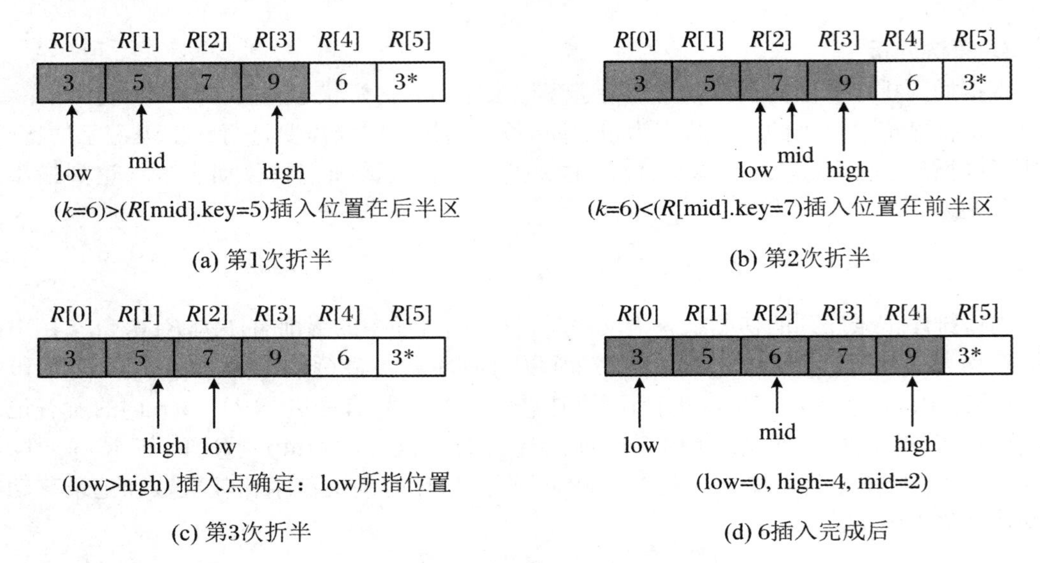


**图 9.2　折半插入排序插入 6 的过程**

**2. 算法描述**

折半插入排序算法如下:

```
void BinInsertSort(RecType R[], int n)         /* 对 R[0..n-1]按非递减序进行折半插入排序 */
{   int i, j, low, high, mid;
    RecType tmp;
    for (i=1; i<n; i++)
    {   if (R[i].key<R[i-1].key)               /* 反序时 */
        {   tmp=R[i];
            low=0;   high=i-1;
            while (low<=high)                  /* 在 R[low..high]中查找插入位置 */
            {   mid=(low+high)/2;              /* 取中间位置 */
                if (tmp.key<R[mid].key)        /* 插入点在前半区 */
                    high=mid-1;
                else                           /* 插入点在后半区 */
                    low=mid+1;
            }                                  /* 确定插入点为 high 的下一位置 */
            for (j=i-1; j>=high+1; j--)        /* high 后面[high+1..i-1]的记录后移 */
                R[j+1]=R[j];
```

```
            R[high+1]=tmp;                    /*在high+1位置插入tmp*/
        }
    }
}
```

对于同一组数据，折半插入排序算法得到的各趟结果与直接插入排序算法完全相同。

**3. 算法分析**

由于折半查找比顺序查找的效率高，因此折半插入排序的平均性能比直接插入排序好。在折半插入排序的过程中所需进行的关键字比较次数与待排序记录序列的初始状态无关，仅依赖于记录的个数。不论初始序列情况如何，在插入第 $i$ 个记录时，都需要经过 $\log_2 i+1$ 次比较才能确定它的插入位置。因此，当记录的初始状态为正序或接近正序时，折半插入排序的关键字比较次数比直接插入排序还要多。此外，虽然折半插入排序减少了排序过程中的关键字比较次数，但元素的移动次数与直接插入排序相同，即最好情况下（正序）移动次数为0，最坏情况下（反序）移动次数为 $n(n-1)/2$。因此，在平均情况下，折半插入排序的时间复杂度与直接插入排序相同，仍为 $O(n^2)$。

折半插入排序所需的附加存储空间和直接插入排序相同，只需要一个记录的辅助空间tmp，所以空间复杂度为 $O(1)$。

另外，折半插入排序算法也是一种稳定的排序方法。

## 9.2.3 希尔排序

希尔排序（Shell's Sort）又称为缩小增量排序（Diminishing Increment Sort），它是由D.L.Shell于1959年提出的一种在分组概念上的直接插入排序。

**1. 基本思想**

在进行希尔排序时，首先是将待排序记录序列（$n$ 个记录）按照一个较大的增量间隔 $d_1$ 进行分组，从而减少参与直接插入排序的数据量，对每个组内的记录分别进行直接插入排序，然后逐步缩小增量间隔（$d_2<d_1,d_3<d_2,\cdots\cdots$），重复上面的排序过程，直至某一次的增量间隔 $d_i$ 缩小为1，即所有 $n$ 个记录在同一组内，此时整个记录序列就实现了有序排列。

**【例9.3】** 已知待排序记录的关键字序列为{25,6,37,19,12,23,1,15,12*,8}，请给出使用希尔排序法对其进行非递减排列的过程。

**解** 希尔排序的过程如图9.3所示。

第1趟取增量 $d_1=n/2=5$，即将关键字序列 $R[0]\sim R[9]$ 分为5个子序列：{$R[0]$,$R[5]$}、{$R[1]$,$R[6]$}、{$R[2]$,$R[7]$}、{$R[3]$,$R[8]$}和{$R[4]$,$R[9]$}，分别对每个子序列进行直接插入排序，得到第1趟的排序结果。

第2趟取增量 $d_2=d_1/2=2$，即将第1趟排序所得的关键字序列 $R[0]\sim R[9]$ 分为2个子序列：{$R[0]$,$R[2]$,$R[4]$,$R[6]$,$R[8]$}和{$R[1]$,$R[3]$,$R[5]$,$R[7]$,$R[9]$}，分别对这两个子序列进行直接插入排序，得到第2趟的排序结果。

第3趟取增量 $d_3=d_2/2=1$，即将第2趟排序所得的关键字序列 $R[0]\sim R[9]$ 进行直接插入排序，得到最终的有序序列。

**2. 算法描述**

希尔排序算法如下：

```
void ShellSort(RecType R[], int n)          /* 对R[0..n-1]按非递减序进行希尔排序 */
{   int i, j, d;
    RecType tmp;
    d = n/2;                                /* 设置初始增量 */
    while (d>0)
    {   for (i = d; i<n; i++)               /* 对相隔d位置的元素组直接插入排序 */
        {   tmp = R[i];
            j = i - d;
            while (j>=0 && tmp.key<R[j].key)
            {   R[j+d] = R[j];
                j = j - d;
            }
            R[j+d] = tmp;
        }
        d = d/2;                            /* 减小增量 */
    }
}
```

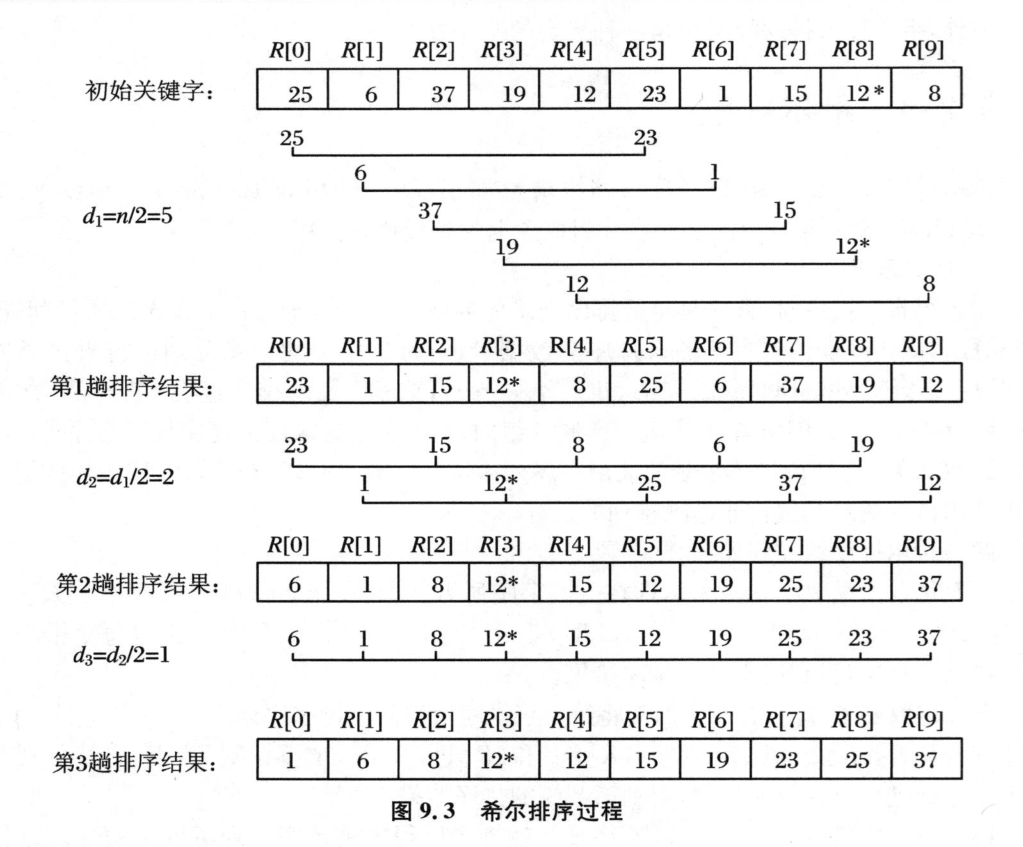


**图 9.3　希尔排序过程**

### 3. 算法分析

希尔排序的性能分析是一个复杂的问题,因为它的时间是所取"增量"序列的函数,这涉及一些数学上尚未解决的难题。到目前为止尚未有人求得一种最好的增量序列,但通常可

按 $d_1=n/2, d_{i+1}=d_i/2(i\geqslant 1)$来设置增量序列。无论增量序列如何取，都应使增量序列中的值没有除1之外的公因子，并且最后一个增量必须等于1。

希尔排序的时间复杂度难以分析。有人指出，当增量序列为 $d_i=2^{t-i+1}-1$ 时，希尔排序的时间复杂度为 $O(n^{1.5})$。其中，$t$ 为排序趟数，$1\leqslant i\leqslant t\leqslant \log_2(n+1)$。还有人在大量的实验基础上推出：当 $n$ 在某个特定范围内，希尔排序所需的比较次数和移动次数约为 $n^{1.3}$，当 $n\to\infty$ 时，可减少到 $n(\log_2 n)^2$。一般认为，希尔排序的平均时间复杂度为 $O(n^{1.3})$，其排序速度通常比直接插入排序快。

从空间来看，希尔排序与前两种插入排序算法相同，都使用了 tmp 作为辅助空间，故空间复杂度为 $O(1)$。

希尔排序是一种不稳定的排序方法。

# 9.3　交换排序

交换排序的基本思想是：两两比较待排序记录的关键字，一旦发现两个记录不满足次序要求则进行交换，直到整个序列全部满足要求为止。本节介绍两种基于简单交换思想的排序方法：冒泡排序和快速排序。

## 9.3.1　冒泡排序

**1. 基本思想**

冒泡排序(Bubble Sort)也称为起泡排序，是一种典型的交换排序方法。冒泡排序的每一趟排序过程都是通过两两比较相邻记录的关键字大小，如果为逆序则进行交换，从而使每趟排序结束时，排序范围内关键字最小的记录如同气泡一样逐渐向上“漂浮”(左移)，或者使关键字最大的记录如同石块一样逐渐向下“坠落”(右移)。

**【例9.4】**　已知待排序记录的关键字序列为{5,7,3,9,6,3＊}，请给出使用冒泡排序法对其进行非递减排列的过程。

**解**　冒泡排序的过程如图9.4所示。由于待排序记录的关键字序列中共有6个元素，即 $n=6$，所以冒泡排序共需执行 $n-1=5$ 趟。其中，第1趟先比较第1和第2个记录的关键字，两者为正序(5<7)，无需交换。再比较第2和第3个关键字，两者为逆序(7>3)，进行交换。再依次比较第3和第4、第4和第5、第5和第6个关键字，只要是逆序就进行交换。经过该趟的比较和交换后，最大关键字9“坠落”到了最后一个位置。第2趟用同样的方法，在前面的5个记录中依次进行比较和交换，第2大的关键字7“坠落”到倒数第二个位置。重复此过程，直到第 $n-1$ 趟(即第5趟)执行完毕，第5大的关键字3＊“坠落”到倒数第五个位置。至此，所有记录已按关键字非递减排列，冒泡排序结束。

**2. 算法描述**

冒泡排序算法如下：

```
void BubbleSort(RecType R[], int n)          /* 对R[0..n-1]按非递减序进行冒泡排序 */
{   int i, j;
    RecType tmp;
    for (i=1; i<n; i++)                      /* n个待排序记录,需进行n-1趟 */
    {
        for (j=0; j<n-i; j++)                /* 从前向后两两比较 */
            if (R[j].key>R[j+1].key)         /* 反序 */
            {   tmp=R[j];                    /* 交换R[j]和R[j+1] */
                R[j]=R[j+1];
                R[j+1]=tmp;
            }
    }
}
```

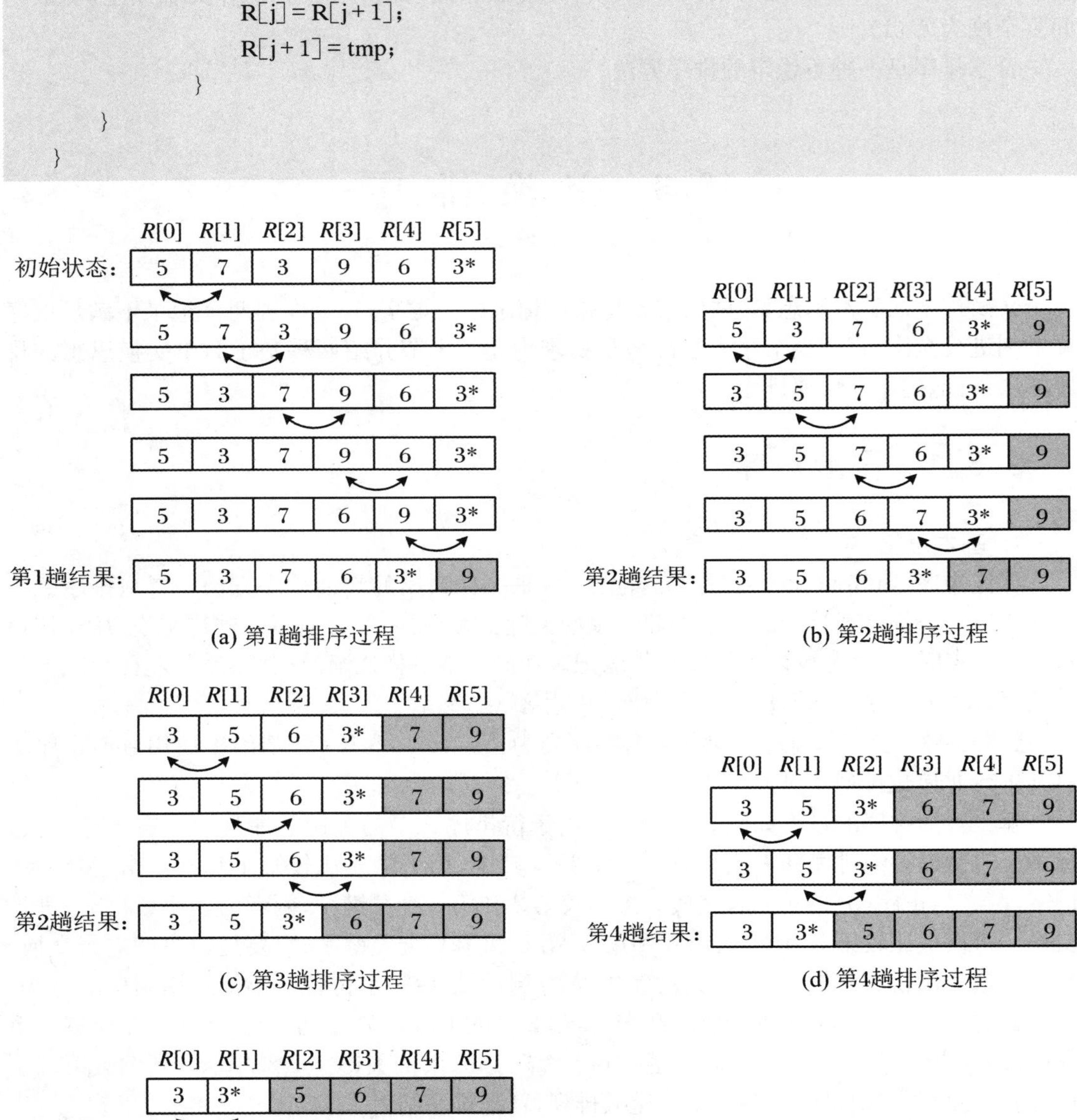


(a) 第1趟排序过程

(b) 第2趟排序过程

(c) 第3趟排序过程

(d) 第4趟排序过程

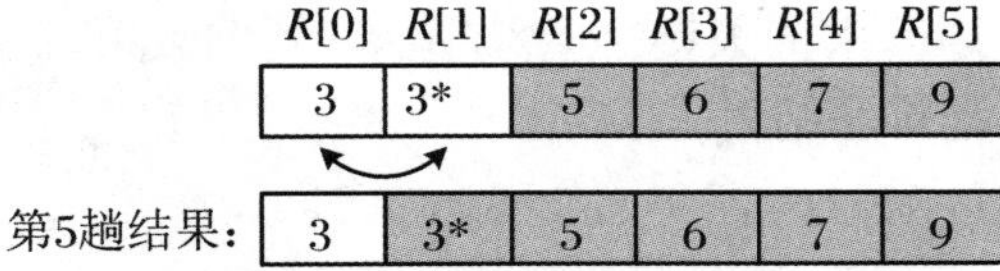


(d) 第5趟排序过程

**图 9.4 冒泡排序过程**

通常情况下,若待排序记录序列中含有 $n$ 个元素,则整个冒泡排序过程共需进行 $n-1$ 趟。但实际上,一旦发现在某一趟比较时未出现任何元素的交换,则说明所有记录已排好序,就不必再执行剩余的若干趟,可以提前结束算法了。为此,可对上述冒泡排序算法进行如下改进:

```
void BubbleSort1(RecType R[], int n)              /*改进的冒泡排序*/
{   int i, j, flag;                               /*flag为交换标志*/
    RecType tmp;
    for (i=1; i<n; i++)                           /*n个待排序记录,需进行n-1趟*/
    {   flag=0;                                   /*每趟开始时,flag置0*/
        for (j=0; j<n-i; j++)                     /*从前向后两两比较*/
            if (R[j].key>R[j+1].key)              /*反序*/
            {   tmp=R[j];                         /*交换R[j]和R[j+1]*/
                R[j]=R[j+1];
                R[j+1]=tmp;
                flag=1;                           /*发生了交换,flag置1*/
            }
        if (flag==0)   return;                    /*本趟未发生交换,提前结束算法*/
    }
}
```

**3. 算法分析**

冒泡排序算法的执行效率与待排序记录序列的初始状态有关。

当待排序记录序列的初始状态为正序时,执行一趟扫描即可完成排序,此时的关键字比较次数和记录移动次数均达到最小值 $C_{min}$ 和 $M_{min}$。

$$C_{min}=n-1,\quad M_{min}=0$$

当待排序记录序列的初始状态为反序时,需执行 $n-1$ 趟排序,每一趟排序都要对无序区 $R[0..n-i]$ 中的元素进行两两比较,比较次数为 $n-i(1\leqslant i\leqslant n-1)$,且每次比较都必须移动元素3次来达到交换元素位置的目的。此时的关键字比较次数和记录移动次数均达到最大值 $C_{max}$ 和 $M_{max}$。

$$C_{max}=\sum_{i=1}^{n-1}(n-i)=\frac{n(n-1)}{2}=O(n^2)$$

$$M_{max}=\sum_{i=1}^{n-1}3(n-i)=\frac{3n(n-1)}{2}=O(n^2)$$

平均情况的分析稍微复杂一些,因为算法可能在中间某一趟排序完成后就终止了,但可以证明平均的排序趟数仍为 $O(n)$,因此平均情况下的总比较次数仍为 $O(n^2)$,算法的平均时间复杂度为 $O(n^2)$。

由以上分析可知,冒泡排序的最好情况是待排序记录序列的初态为正序,此时算法的时间复杂度为 $O(n)$;最坏情况为反序,时间复杂度为 $O(n^2)$;平均情况下的时间复杂度接近最坏情况,也为 $O(n^2)$。尽管冒泡排序不一定要进行 $n-1$ 趟,但由于它的元素移动次数比较多,所以,一般其平均时间性能要比直接插入排序差,当待排序记录的个数 $n$ 较大时,不宜采用冒泡排序。

冒泡排序只有在两个记录交换位置时需要一个辅助空间 tmp 来暂存记录，故其空间复杂度为 $O(1)$。

另外，当 $i>j$ 且 $R[i].key = R[j].key$ 时，该算法不会对 $R[i]$ 和 $R[j]$ 进行交换，也就是说 $R[i]$ 和 $R[j]$ 的相对位置保持不变。所以，冒泡排序算法是一种稳定的排序方法。

## 9.3.2 快速排序

快速排序(Quick Sort)是由冒泡排序改进而得的，是一种基于分治思想的排序方法。

**1. 基本思想**

在进行快速排序时，首先从待排序的 $n$ 个记录中任取一个记录(通常取第一个记录)作为基准，设其关键字为 pivot，用此基准将当前无序区划分成左、右两个较小的无序子区。所有关键字小于 pivot 的记录都被交换到左边的无序子区中，所有关键字大于 pivot 的记录都被交换到右边的无序子区中，而基准放置在左右两个无序子区的分界位置，这一过程称为一次划分。然后，分别对左、右无序子区重复上述划分过程，直至每一个子区中都只有一个记录或者为空时，排序完成。

快速排序中的一次划分过程 Partition($R, s, t$)是采用从两头向中间扫描的办法，同时交换与基准逆序的记录。具体方法是设两个指示器 $i$ 和 $j$，它们的初值分别为指向无序区中的第一个和最后一个记录。假设无序区中的记录为 $R[s..t]$，则 $i$ 的初值为 $s$，$j$ 的初值为 $t$，首先将 $R[s]$ 移至变量 pivot 中作为基准，令 $j$ 自位置 t 起向前扫描直至 $R[j]$.key<pivot.key 时将 $R[j]$ 移至位置 $i$，然后让 $i$ 向后扫描直至 $R[j]$.key>pivot.key 时，将 $R[i]$ 移至位置 $j$，依此重复直至 $i=j$，此时所有 $R[k](k=s, s+1, \cdots, i-1)$ 的关键字都小于 pivot.key，而所有 $R[k](k=i+1, i+2, \cdots, t)$ 的关键字必大于 pivot.key，最后再将 pivot 中的记录移至位置 $i$。这样，变量 pivot 中的基准已归位，而原先的无序区 $R[s..t]$ 被分割为 $R[s..i-1]$ 和 $R[i+1..t]$ 两个子无序区，以便后续再分别进行排序，如图 9.5 所示。

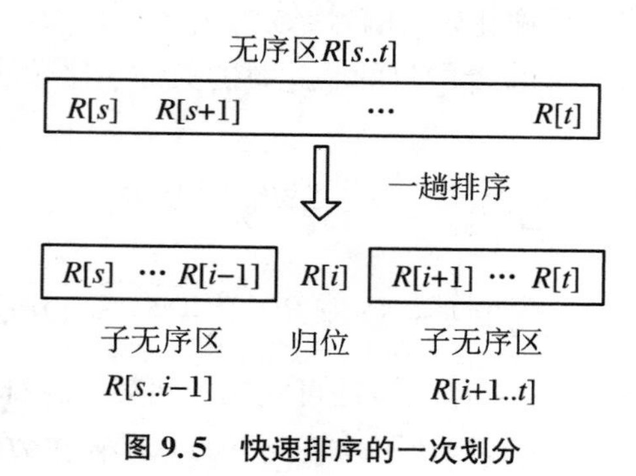


**图 9.5　快速排序的一次划分**

**【例 9.5】**　已知关键字序列{25,6,37,19,12,23,1,15,12＊,8}，请以第一个元素为基准，对上述关键字序列做一次划，将所有小于基准的元素移到基准的前面，所有大于基准的元素移到基准的后面，给出划分的过程。

**解**　以第一个元素为基准的划分过程如图 9.6 所示。

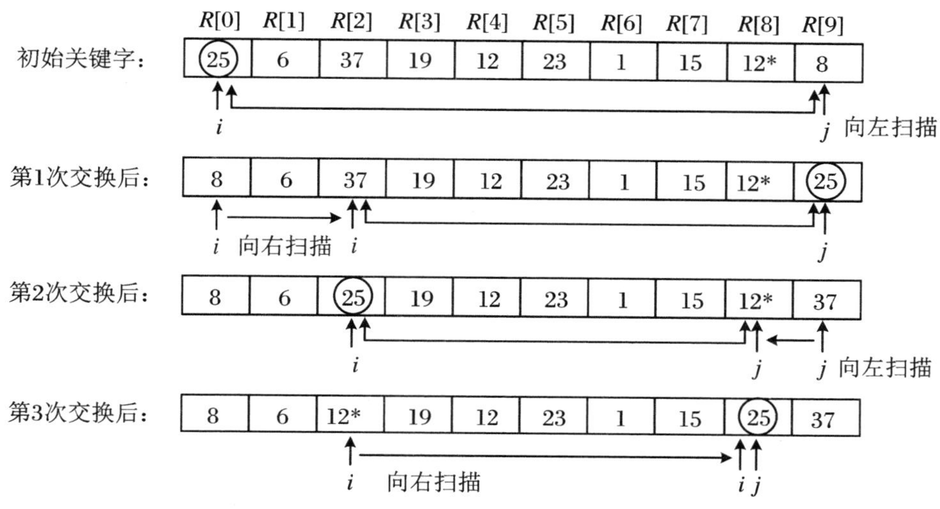


**图 9.6 以 25 为基准的第一次划分过程**

**2. 算法描述**

```
int Partition(RecType R[], int s, int t)           /* 对无序区 R[s..t]进行一次划分 */
{   int i=s, j=t;
    RecType pivot=R[i];                            /* 保存基准到 pivot */
    while (i<j)
    {   while (i<j && R[j].key>=pivot.key)         /* 从右向左扫描,找小于基准的 R[j] */
            j--;
        R[i]=R[j];
        while (i<j && R[i].key<=pivot.key)         /* 从左向右扫描,找大于基准的 R[i] */
            i++;
        R[j]=R[i];
    }
    R[i]=pivot;                                    /* 将基准归位到 R[i] */
    return i;                                      /* 返回基准的位置 */
}
```

需指出,在上述算法中,每次当 $j$ 从右向左扫描到一个小于基准的 $R[j]$(或者当 $i$ 从左向右扫描到一个大于基准的 $R[i]$)时,并未执行 $R[j]$与 $R[i]$(或者 $R[i]$与 $R[j]$)的交换,而是用 $R[j]$覆盖 $R[i]$(或者 $R[i]$覆盖 $R[j]$)。这样做的原因是为了减少记录的移动次数,提高算法的执行效率。

快速排序实际上是在划分基础上实现的一个递归过程,对应的递归算法如下:

```
void QuickSort(RecType R[], int s, int t)  /* 对记录序列 R[s..t]进行快速排序 */
{   int i;
    if (s<t)                               /* 排序区间内至少存在两个元素 */
    {   i=Partition(R, s, t);              /* 对无序区 R[s..t]进行一次划分,返回基准位置 */
        QuickSort(R, s, i-1);              /* 对左子区间 R[s..i-1]递归排序 */
        QuickSort(R, i+1, t);              /* 对右子区间 R[i+1..t]递归排序 */
    }
}
```

对例 9.5 中的关键字序列{25, 6, 37, 19, 12, 23, 1, 15, 12 *, 8}进行快速排序的过程可描述为如图 9.7 所示的递归树。

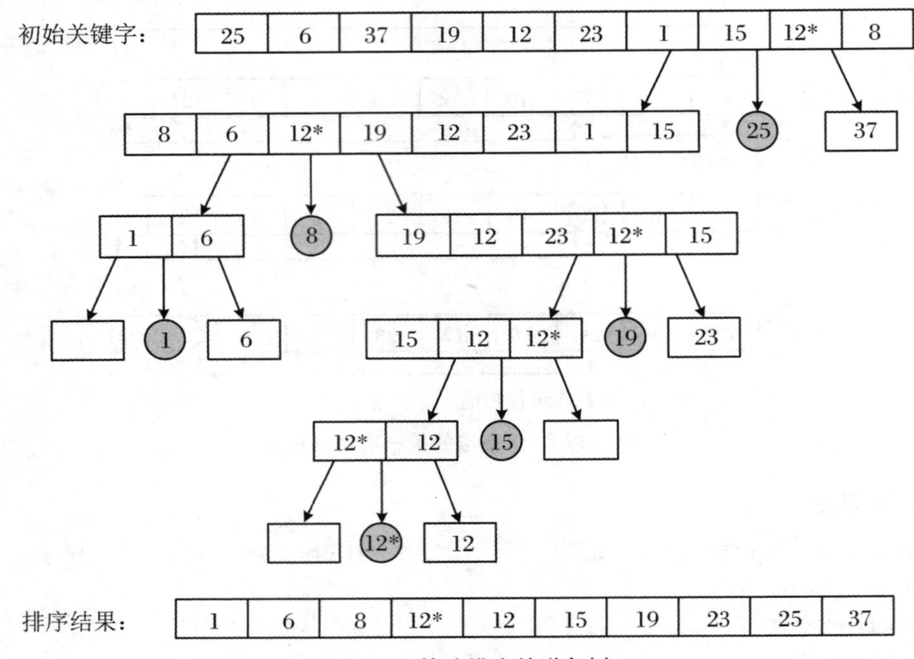


**图 9.7 快速排序的递归树**

在快速排序的递归树中，每个分支结点对应一次递归调用，这里的递归次数为 6 次。从中可以看出，对左、右无序子区处理的顺序是无关的，也就是说，当一次划分产生两个子区间时，先处理左子区还是右子区不影响排序的结果，这两个子问题是独立的。

**3. 算法分析**

快速排序算法的执行效率同样与待排序记录序列的初始状态有关。

如果对包含 $n$ 个记录的序列进行快速排序，则最好的情况是每一次划分得到的左、右子序列的长度大致相等，此时对应的递归树高度为 $O(\log_2 n)$，而每一层划分的时间为 $O(n)$，所以算法的时间复杂度为 $O(n\log_2 n)$。最坏的情况是每次划分选取的基准都是当前无序区中关键字最小(或最大)的记录，划分的结果是基准左边(或右边)的子区间为空，而划分所得的另一个非空子区间中的记录数目仅比划分前的无序区中的记录个数减少一个。这样的递归树高度为 $n$，需要做 $n-1$ 次划分，此时算法的时间复杂度为 $O(n^2)$。理论上可以证明，快速排序在平均情况下的时间复杂度为 $O(n\log_2 n)$。

由于快速排序需要通过递归实现，而递归过程中需要使用栈来存放每次调用时断点的相关数据，栈的容量与递归调用的次数一致，因此，快速排序在最好情况下的空间复杂度为 $O(\log_2 n)$，最坏情况下为 $O(n)$。

快速排序算法是一种不稳定的排序方法。

# 9.4 选 择 排 序

选择排序是通过每一趟从待排序记录序列中选择出关键字最小(或最大)的记录,将其依次放在已排序的记录序列的最后端的方法来实现全部记录的有序排列。常用的选择排序方法主要包括简单选择排序和堆排序两种,其中堆排序是一种基于完全二叉树的简单选择排序改进算法。

## 9.4.1 简单选择排序

**1. 基本思想**

简单选择排序(Simple Select Sort)也称为直接选择排序,其基本思路如下:假设待排序记录序列保存在 $R[0]\sim R[n-1]$中,第 1 趟在所有待排序的 $n$ 个记录中选出关键字最小的记录,将它与第一个记录 $R[0]$交换位置,使关键字最小的记录处于所有记录序列的最前端;第 2 趟在 $R[0]$后面的 $n-1$ 个记录中再选出关键字最小的记录,将其与第二个记录 $R[1]$交换位置,使关键字次小的记录处于所有记录序列的第二个位置;重复这样的操作,直到经过 $n-1$ 趟排序后,关键字第三小、第四小、…、第 $n-1$ 小的元素分别被交换到了所有记录序列的第三、第四、…、第 $n-1$ 位置上,剩下一个最大的记录就直接排在了最后,排序完成。

**【例 9.6】** 设待排序记录的关键字序列为{3,7,3*,9,6,1},说明采用简单选择排序方法对其进行非递减排序的过程。

**解** 其简单选择排序过程如图 9.8 所示,图中阴影内的部分表示当前的有序区。

**2. 算法描述**

```
void SelectSort(RecType R[], int n)         /* 对R[0..n-1]按非递减序进行简单选择排序 */
{   int i, j, k;
    RecType tmp;
    for (i=0; i<n-1; i++)                   /* n个元素共需做第n-1趟排序 */
    {   k=i;                                /* 每一趟开始时,先认为最小记录在i位置 */
        for (j=i+1; j<n; j++)               /* 扫描从i的下一位置开始,至最后一个记录为止 */
            if (R[j].key<R[k].key)          /* 若发现更小的记录,则将其位置记入k */
        k=j;
        if (k!=i)                           /* 若R[i]不是真正的最小记录R[k] */
        {   tmp=R[i];                       /* 则交换R[i]和R[k] */
            R[i]=R[k];
            R[k]=tmp;
        }
    }
}
```

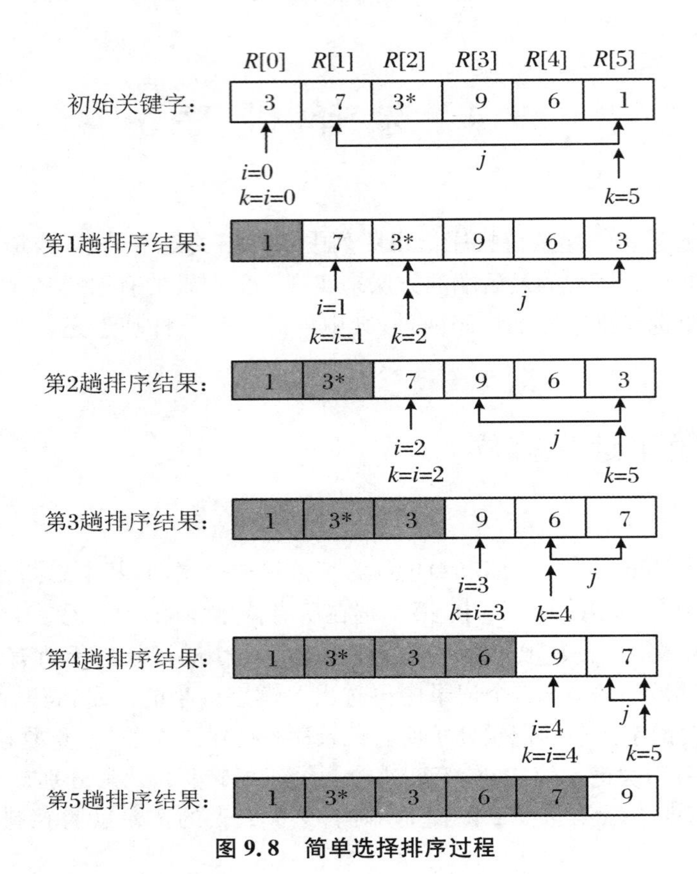


**图 9.8　简单选择排序过程**

**3. 算法分析**

简单选择排序算法的执行效率与待排序记录序列的初始状态无关。

不论初始记录序列状态如何,都需要进行 $n-1$ 趟排序,其中在第 $i$ 趟为了选出第 $i$ 小的记录,内循环需要做 $n-1-i$ 次比较。因此,总的关键字比较次数为

$$C(n)=\sum_{i=0}^{n-2}(n-i-1)=\frac{n(n-1)}{2}=O(n^2)$$

对于记录的移动次数,当待排序记录序列为正序时,移动次数为0;当待排序记录序列为反序时,每趟排序均要执行交换操作,所以总的移动次数达到最大值 $3(n-1)$。

由此可见,简单选择排序的时间复杂度为 $O(n^2)$。

简单选择排序需要 tmp 作为交换记录的辅助空间,故其空间复杂度为 $O(1)$。另外,从例 9.6 中可以看出,简单选择排序算法是一种不稳定的排序方法。

## 9.4.2　堆排序

简单选择排序的主要操作是进行关键字之间的比较,因此改进简单选择排序应从如何减少“比较”的角度进行考虑。简单选择排序在从 $n$ 个记录中选出关键字最小的记录时,至少要进行 $n-1$ 次比较,然而,继续在剩下的 $n-1$ 个记录中选择关键字次小的记录时并非一定要进行 $n-2$ 次比较,若能利用前 $n-1$ 次比较所得的信息,则可减少以后各趟排序中所用的比较次数。堆排序正是利用了这种思想,在原有的简单选择排序基础上对其进行了改进。

**1. 基本思想**

堆排序(Heap Sort)是一种树形选择排序,其特点是将待排序记录序列 $R[1..n]$ 看成是一棵完全二叉树的顺序存储结构,利用完全二叉树中双亲结点和孩子结点之间的内在关系,在当前无序的序列中选择关键字最大(或最小)的记录。

首先给出堆的定义。

$n$ 个记录的关键字序列 $k_1,k_2,\cdots,k_n$ 称为堆,当且仅当该序列满足如下性质(简称为堆性质):

$$(1)\ k_i \leqslant k_{2i} 且 k_i \leqslant k_{2i+1} \quad 或 \quad (2)\ k_i \geqslant k_{2i} 且 k_i \geqslant k_{2i+1} \quad (1 \leqslant i \leqslant n/2)$$

满足(1)的堆称为小根堆,满足(2)的堆称为大根堆。

若将和此序列对应的一维数组 $R[1..n]$(即以一维数组作为此序列的存储结构)看成一棵完全二叉树,则堆实际上是满足如下性质的完全二叉树:树中所有分支结点的值均小于等于(或大于等于)其左、右孩子结点的值。

例如,关键字序列{3,9,5,11,16,8,7,15,13,20}和{20,16,11,15,9,7,8,13,5,3}分别是满足条件(1)和条件(2)的小根堆和大根堆,它们对应的完全二叉树如图 9.9(a)和(b)所示。显然,在这两种堆中,堆顶元素(即完全二叉树的根)必为序列中的最小(或最大)值。

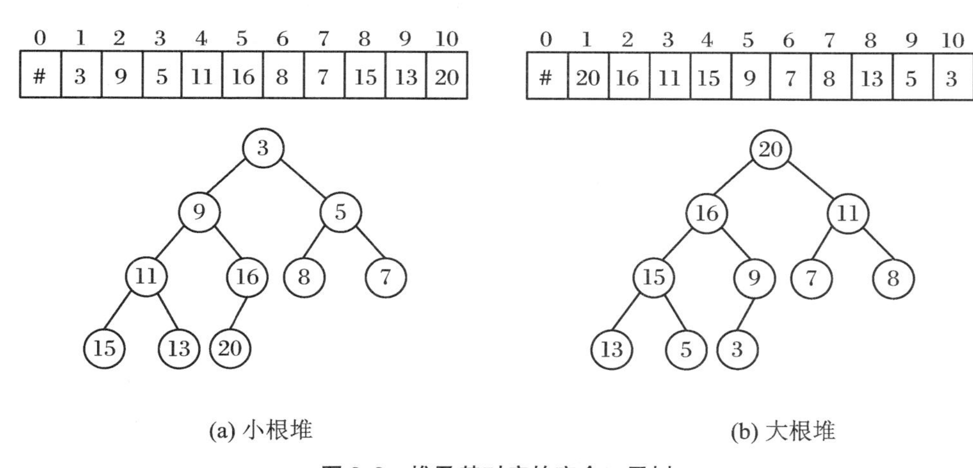


**图 9.9 堆及其对应的完全二叉树**

堆排序利用了大根堆(或小根堆)堆顶记录的关键字最大(或最小)这一特征,使得在当前无序的序列中选择关键字最大(或最小)的记录变得简单。下面讨论用大根堆进行排序,堆排序的思想如下:

(1) 按照堆的定义将待排序序列 $R[1..n]$ 调整为大根堆(这个过程称为建初始堆),交换 $R[1]$ 和 $R[n]$,则 $R[n]$ 为关键字最大的记录。

(2) 将 $R[1..n-1]$ 重新调整为堆,交换 $R[1]$ 和 $R[n-1]$,则 $R[n-1]$ 为关键字次大的记录。

(3) 循环 $n-1$ 次,直到交换了 $R[1]$ 和 $R[2]$ 为止,得到一个非递减有序序列 $R[1..n]$。

同样,可以通过构造小根堆得到一个非递增的有序序列。

由此,实现堆排序需要解决如下两个问题:

(1) 建初始堆:如何将一个无序序列建成一个堆?

(2) 调整堆:交换堆顶记录和堆中的最后一个记录后,除去最后一个记录,如何调整剩余记录使之成为一个新的堆?

**2. 算法描述**

因建初始堆需要用到调整堆的操作,所以下面先讨论调整堆的过程。

假设堆对应的完全二叉树的根结点是 $R[i]$,它的左、右子树已是大根堆,将其两个孩子结点的关键字 $R[2i]$.key 和 $R[2i+1]$.key 的最大者与 $R[i]$.key 进行比较,若 R[i].key 较小,则将其与最大的孩子进行交换,这有可能破坏下一级的堆。继续采用上述方法调整下一级的堆,直到这棵完全二叉树变成一个大根堆为止。

例如,对于图 9.10(a)所示的大根堆,将堆顶元素 9 和堆中的最后一个元素 2 交换后,如图 9.10(b)所示。由于此时除根结点外,其余结点均满足堆的性质,因此仅需自上而下地进行一条路径上的结点调整即可。首先以堆顶元素 2 和其左、右子树根结点的值进行比较,由于左子树根结点的值 8 大于右子树根结点的值 7 且大于根结点的值 2,因此将 2 和 8 交换,如图 9.10(c)所示。由于 2 替代了 8 之后破坏了左子树的“堆”,因此需要再进行和上述过程相同的调整,即将 2 和 6 交换。至此,从上而下的调整进行到了叶子结点,调整过程结束,得到如图 9.10(d)所示的新的堆。

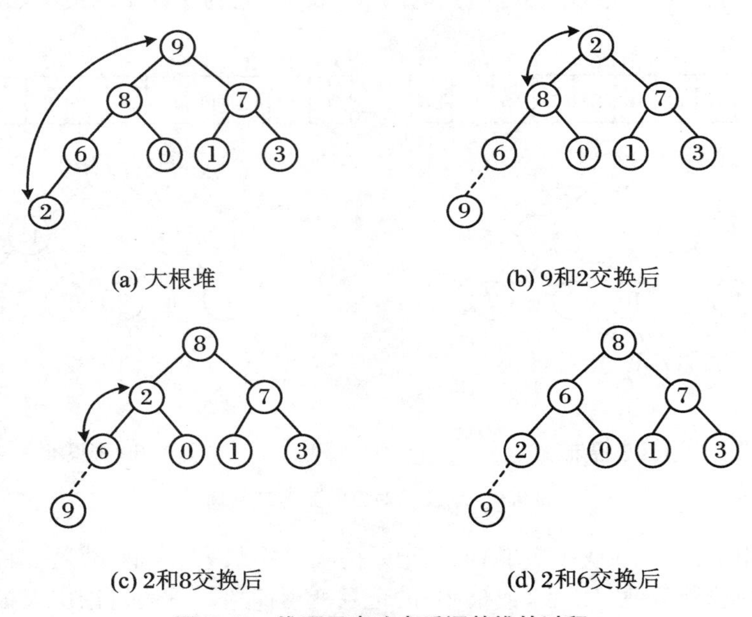


**图 9.10 堆顶元素改变后调整堆的过程**

上述过程就像过筛子一样,把较小的关键字逐层筛下去,而将较大的关键字逐层选上来,因此,该方法被称为“筛选法”。

假设对 $R[low..high]$进行筛选,则必须满足 $R[low]$为根结点的左子树和右子树均为大根堆,其筛选算法如下:

```
void sift(RecType R[], int low, int high)              /*用筛选法调整堆*/
{    int i=low, j=2*i;                                 /*R[j]是R[i]的左孩子*/
     RecType tmp=R[i];
     while (j<=high)
```

```
    {   if (j<high && R[j].key<R[j+1].key)      /* 若右孩子较大,把j指向右孩子 */
            j++;
        if (tmp.key<R[j].key)                    /* 若双亲结点的关键字较小 */
        {   R[i]=R[j];                           /* 将R[j]调整到双亲结点位置上 */
            i=j;                                 /* 修改i和j值,以便继续向下筛选 */
            j=2*i;
        }
        else break;                              /* 若双亲结点的关键字大于其孩子,不做调整 */
    }
    R[i]=tmp;                                    /* 被筛选结点放入最终位置 */
}
```

建初始堆 $R[1..n]$的过程是:对于一棵完全二叉树,从 $i=(n/2)\sim1$,即从最后一个分支结点开始,反复利用上述筛选方法建堆。大者"上浮",小者被"筛选"下去。即

```
for (i=n/2; i>=1; i--)
    sift(R, i, n);
```

在初始堆 $R[1..n]$构造好以后,根结点 $R[1]$一定是最大关键字结点,将其放到排序序列的最后,也就是将堆中的根与最后一个叶子交换。由于最大记录已归位,整个待排序的记录个数减少一个。由于根结点的改变,这 $n-1$ 个结点 $R[1..n-1]$不一定为堆,但其左子树和右子树均为堆,再调用一次 sift 算法将这个 $n-1$ 个结点 $R[1..n-1]$调整为堆,其根结点为次大的记录,将它放到排序序列的倒数第 2 个位置,即将堆中的根与最后一个叶子交换,待排序的记录个数变为 $n-2$ 个,即 $R[1..n-2]$,再调整,再将根结点归位,如此这样,直到完全二叉树只剩一个根为止。实现堆排序的算法如下:

```
void HeapSort(RecType R[], int n)
{   int i;
    RecType tmp;
    for (i=n/2; i>=1; i--)                /* 循环建立初始堆,调用sift算法⌊n/2⌋次 */
        sift(R, i, n);
    for (i=n; i>=2; i--)                  /* 堆排序需进行n-1趟,每趟堆中记录减少一个 */
    {   tmp=R[1];                         /* 将堆中最后一个记录R[i]与根R[1]交换 */
        R[1]=R[i];
        R[i]=tmp;
        sift(R, 1, i-1);                  /* 对R[1..i-1]进行筛选,得到i-1个结点的堆 */
    }
}
```

**【例 9.7】** 设待排序记录的关键字序列为{6,8,7,9,0,1,3,2},说明采用堆排序方法对其进行非递减排序的过程。

**解** 堆排序的过程如图 9.11 所示。首先由给定的关键字序列建立对应的完全二叉树,如图 9.11(a)所示,然后利用筛选法将其调整为大根堆,如图 9.11(b)所示。在初始建成的大根堆基础上,反复交换堆顶记录和待排序的最后一个记录,然后重新调整,直至最后得到一个有序序列。

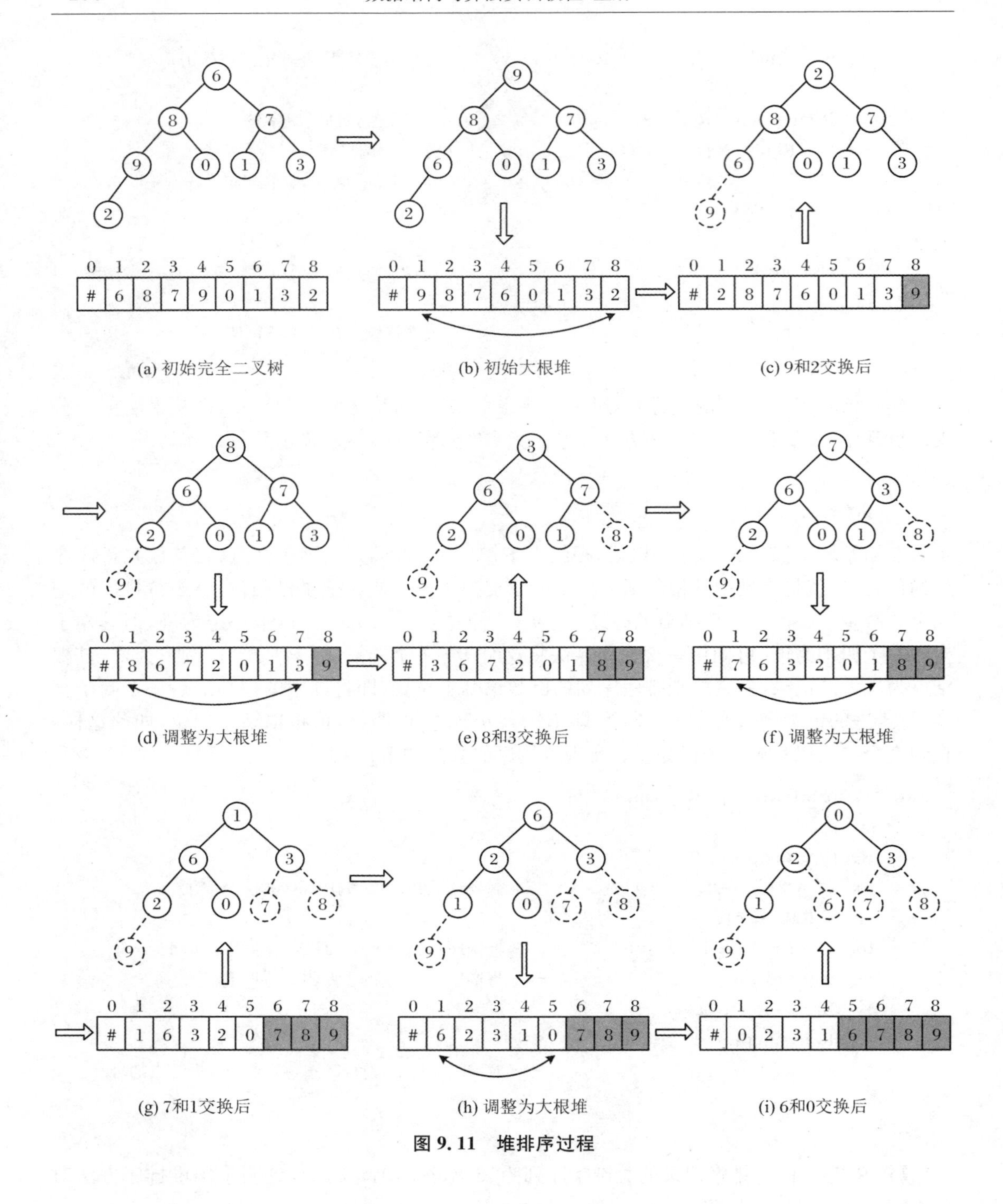
(a) 初始完全二叉树
(b) 初始大根堆
(c) 9和2交换后
(d) 调整为大根堆
(e) 8和3交换后
(f) 调整为大根堆
(g) 7和1交换后
(h) 调整为大根堆
(i) 6和0交换后

**图 9.11 堆排序过程**

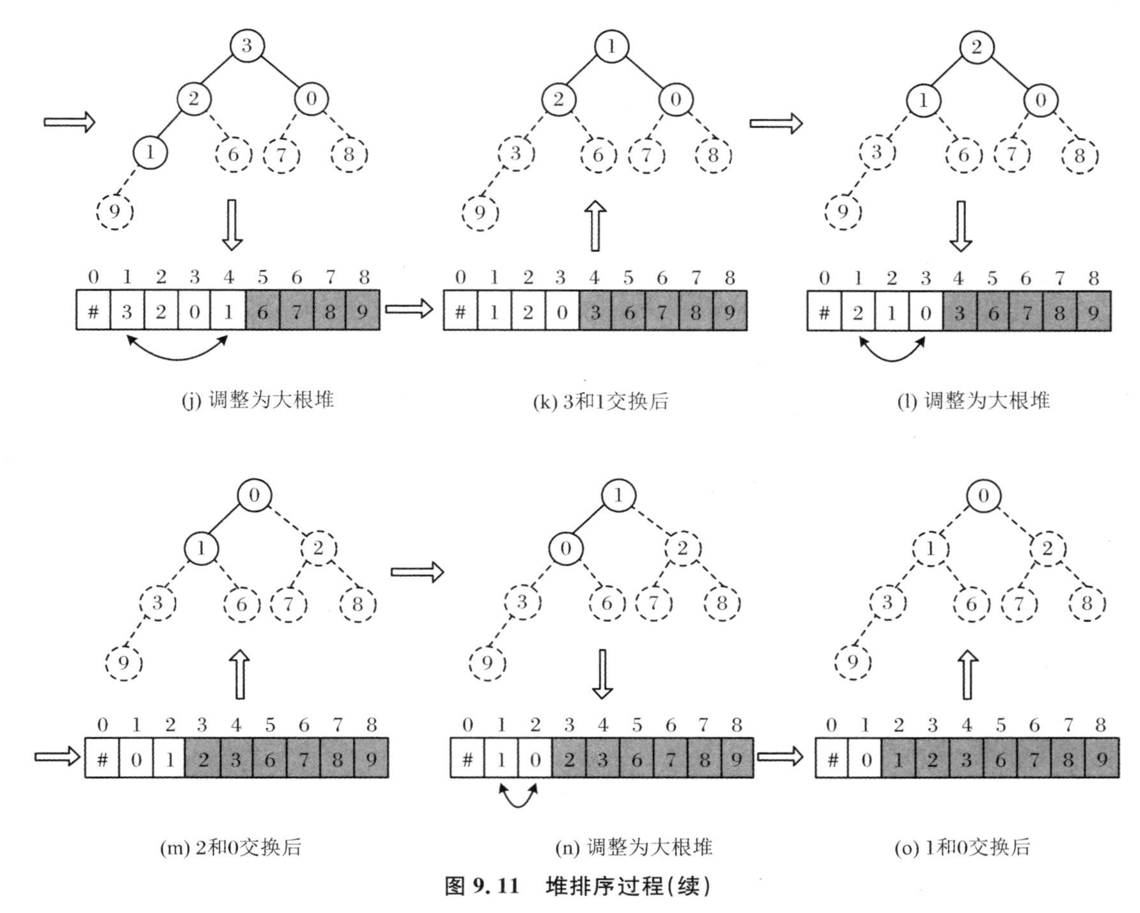


(j) 调整为大根堆　(k) 3和1交换后　(l) 调整为大根堆

(m) 2和0交换后　(n) 调整为大根堆　(o) 1和0交换后

**图 9.11　堆排序过程(续)**

### 3. 算法分析

堆排序的时间主要由建立初始堆和反复重建堆这两部分的时间构成，它们均是通过调用 sift()实现的。

设有 $n$ 个记录的初始序列对应的完全二叉树的深度为 $h$，建初始堆时，每个非终端结点都要自上而下地进行“筛选”。由于第 $i$ 层上的结点数小于等于 $2^{i-1}$，且第 $i$ 层结点最大下移的深度为 $h-i$，每下移一层要做两次比较，所以建初始堆时，关键字总的比较次数为

$$\begin{aligned}\sum_{i=h-1}^{1} 2^{i-1}\times 2(h-i) &= \sum_{i=h-1}^{1} 2^{i}\times(h-i) = \sum_{j=1}^{h-1} 2^{h-j}\times j \\ &= 2^{h-1}\times 1 + 2^{h-2}\times 2 + \cdots + 2^{1}\times(h-1) \\ &= 2^{h+1}-2h-2 < 2^{\lfloor \log_2 n\rfloor+2} < 4\times 2^{\log_2 n} = 4n\end{aligned}$$

调整建新堆时要做 $n-1$ 次“筛选”，每次“筛选”都要将根结点下移到合适的位置。$n$ 个结点的完全二叉树的深度为 $\lfloor \log_2 n\rfloor+1$，则重建堆时关键字总的比较次数不超过 $2(\lfloor \log_2(n-1)\rfloor + \lfloor \log_2(n-2)\rfloor + \cdots + \log_2 2) < 2n\lfloor \log_2 n\rfloor$。

因此，堆排序在最坏情况下的时间复杂度为 $O(n\log_2 n)$。堆排序的平均性能分析较难，但实验研究表明，它接近最坏性能。实际上，堆排序的时间性能与初始序列的顺序无关，也就是说，堆排序的最好、最坏和平均时间复杂度都是 $O(n\log_2 n)$。

堆排序中需要变量 tmp 作为交换记录的辅助空间，故其空间复杂度为 $O(1)$。

经证明，堆排序算法是一种不稳定的排序方法。

# 9.5 归并排序

归并排序(Merge Sort)是一种基于分治法的排序,它把待排序的记录序列分成若干个子序列,先将每个子序列的记录排序,再将已排序的子序列合并,最终得到完全排序的记录序列。归并排序可分为多路归并排序和二路归并排序,本节仅讨论归并排序中最常用的二路归并排序。

**1. 基本思想**

二路归并排序(2-way Merge Sort)的基本思路是将存有 $n$ 个记录的 $R[0..n-1]$ 看成 $n$ 个长度为 1 的有序序列,然后进行两两归并,得到 $\lceil n/2 \rceil$ 个长度为 2(最后一个有序序列的长度可能小于 2)的有序序列,再进行两两归并,得到 $\lceil n/4 \rceil$ 个长度为 4(最后一个有序序列的长度可能小于 4)的有序序列……直到得到一个长度为 $n$ 的有序序列。

**【例 9.8】** 已知待排序记录的关键字序列为(25,6,37,19,12,23,1,15,12＊,8),请给出采用二路归并排序方法对其进行非递减排序的过程。

**解** 二路归并排序的过程如图 9.12 所示。

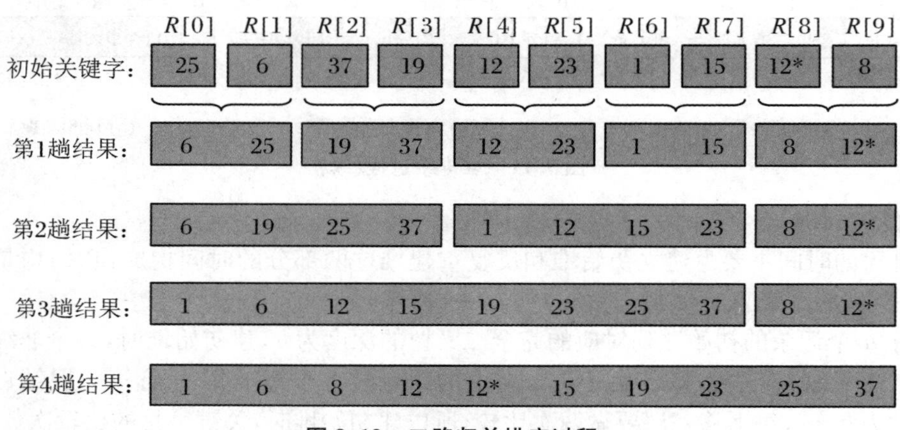


**图 9.12　二路归并排序过程**

**2. 算法描述**

二路归并排序中的核心操作是将待排序序列中前后相邻的两个有序序列归并为一个有序序列。其过程如下:假设两个有序表存放在同一个数组中相邻的位置 $R[low..mid]$ 和 $R[mid+1..high]$,分别对两个有序表从前向后进行扫描,每次分别从两个表中取出当前扫描到的一个记录并进行关键字比较,将较小者放入 $R1[low..high]$ 中,然后继续向后扫描较小者的下一个记录。重复此过程,直到其中一个表为空,此时将另一个非空表中余下的记录直接复制到 $R1$ 中即可。对应的算法如下:

```
void Merge(RecType R[], int low, int mid, int high)
{   /* 对 R[low..mid]和 R[mid+1..high]进行二路归并的算法 */
    RecType *R1;
```

```
    int i=low, j=mid+1, k=0;                    /*i、j分别为两子序列的下标,k是R1的下标*/
    R1=(RecType *)malloc((high-low+1)*sizeof(RecType));
    while (i<=mid && j<=high)                   /*两子序列均未扫描完*/
        if (R[i].key<=R[j].key)                 /*将第1段中的记录放入R1*/
        {   R1[k]=R[i];
            i++;  k++;
        }
        else                                    /*将第2段中的记录放入R1*/
        {   R1[k]=R[j];
            j++;  k++;
        }
    while (i<=mid)                              /*将第1段余下部分复制到R1*/
    {   R1[k]=R[i];
        i++;  k++;
    }
    while (j<=high)                             /*将第2段余下部分复制到R1*/
    {   R1[k]=R[j];
        j++;  k++;
    }
    for (k=0, i=low; i<=high; k++, i++) /*将R1复制到R[low..high]中*/
        R[i]=R1[k];
    free(R1);
}
```

Merge()实现了一次归并,其中使用的辅助空间正好是要归并的记录个数。接下来需利用Merge()来解决一趟归并问题。在某趟归并中,假设各子表的长度为length(最后一个子表的长度可能小于length),则归并前$R[0..n-1]$中共有$\lceil n/\text{length}\rceil$个有序的子表:$R[0..\text{length}-1]$,$R[\text{length}..2\text{length}-1]$,…,$R[(\lceil n/\text{length}\rceil)\times\text{length}..n-1]$。

在调用Merge()将相邻的一对子表进行归并时,必须对表的个数可能是奇数以及最后一个子表的长度小于length这两种特殊情况进行特殊处理:若子表的个数为奇数,则最后一个子表无须和其他子表归并(即本趟轮空);若子表的个数为偶数,则要注意到最后一对子表中后一个子表的区间上界是$n-1$。一趟归并的算法如下:

```
void MergePass(RecType R[], int length, int n)
{   int i;
    for (i=0; i+2*length-1<n; i=i+2*length)     /*归并length长的两个相邻子表*/
        Merge(R, i, i+length-1, i+2*length-1);
    if (i+length-1<n-1)                          /*余下两个子表,后者长度小于length*/
    Merge(R, i, i+length-1, n-1);                /*归并这两个子表*/
}
```

在进行二路归并排序时,第1趟归并排序对应length=1,第2趟归并排序对应length=2,…,以此类推,每一次length增大两倍,但length总是小于$n$,故总趟数为$\lceil\log_2 n\rceil$。对应的二路归并排序算法如下:

```
void MergeSort(RecType R[], int n)
{   int length;
    for (length=1; length<n; length=2*length)          /*进行⌈log₂n⌉趟归并*/
        MergePass(R, length, n);
}
```

**3. 算法分析**

当待排序序列中包含 $n$ 个记录时,二路归并排序需进行$\lceil \log_2 n \rceil$趟,每趟归并过程中的关键字比较次数不超过 $n$,元素移动次数均为 $n$。因此,归并排序无论是在最好还是最坏情况下的时间复杂度均为 $O(n\log_2 n)$,平均时间复杂度也是 $O(n\log_2 n)$。

在排序过程中,由于每次二路归并都需要使用一个辅助数组来暂存两个有序子表归并的结果,而每次二路归并后都会释放其空间,但最后一趟需要所有元素参与归并,所以空间复杂度为 $O(n)$。

在一次二路归并中,如果第1段中的记录 $R[i]$和第2段中的记录 $R[j]$的关键字相同,总是将 $R[i]$放在前面,$R[j]$放在后面,也就是说,$R[i]$和 $R[j]$在排序前后的相对次序不会发生改变。所以,二路归并排序是一种稳定的排序算法。

# 9.6 基数排序

前面几节所讨论的排序算法都是建立在对待排序记录的关键字大小进行比较的基础上的,而本节介绍的基数排序(Radix Sort)是通过"分配"和"收集"的过程来实现排序的,不需要进行关键字间的比较,是一种借助多关键字排序的思想对单关键字进行排序的方法。

一般情况下,元素 $R[i]$的关键字 $R[i]$.key 由 $d$ 位数字(或字符)组成,即 $k^{d-1}k^{d-2}\cdots k^1k^0$,每一个数字表示关键字的一位,其中 $k^{d-1}$ 为最高位、$k^0$ 为最低位,每一位的值都在 $0\leqslant k^i<r$ 范围内,其中 $r$ 称为基数。例如,对于二进制数 $r$ 为2,对于十进制数 $r$ 为10。

基数排序有两种,即最低位优先(Least Significant Digit First,LSD)和最高位优先(Most Significant Digit First,MSD)。其中,最低位优先的过程是先按最低位的值对元素进行排序,在此基础上再按次低位进行排序,以此类推。由低位向高位,每趟都是根据关键字的一位并在前一趟的基础上对所有元素进行排序,直至最高位,则完成了基数排序的整个过程,最高位优先法与此雷同。

在对一个数据序列进行排序时,是采用最低位优先还是最高位优先排序方法是由数据序列的特点确定的。例如,对于整数序列递增排序,由于个位数的重要性低于十位数,十位数的重要性低于百位数,一般越重要的位越放在后面排序,个位数属于最低位,所以对整数序列递增排序时应该采用最低位优先排序法。本节主要讨论的就是最低位优先法。

**1. 基本思想**

以 $r$ 为基数的最低位优先排序的过程是假设线性表由元素 $a_0, a_1, \cdots, a_{n-1}$ 构成,每个元素 $a_j$ 的关键字为 $d$ 元组:

$$k_j^{d-1}, k_j^{d-2}, \cdots, k_j^1, k_j^0$$

其中,$0\leqslant k_j^i\leqslant r-1(0\leqslant j<n, 0\leqslant i\leqslant d-1)$。在排序过程中使用 $r$ 个队列 $Q_0, Q_1, \cdots,$

$Q_{r-1}$。排序过程如下：

对于 $i=0,1,\cdots,d-1$,依次进行“分配”和“收集”(其实就是一次稳定的排序过程)。

分配:开始时,把 $Q_0,Q_1,\cdots,Q_{r-1}$ 各个队列置成空队列,然后依次考查线性表中的每一个元素 $a_j(j=0,1,\cdots,n-1)$,如果元素 $a_j$ 的关键字 $k_j^i=k$,就把元素 $a_j$ 插入 $Q_k$ 队列中。

收集:将 $Q_0,Q_1,\cdots,Q_{r-1}$ 各个队列中的元素依次首尾相接,得到新的元素序列,从而组成新的线性表。

经过 $d$ 趟“分配”和“收集”后,数据序列就有序了。

**【例 9.9】** 已知待排序记录的关键字序列为{278,109,63,930,589,184,505,269,8,83},请给出采用基数排序方法对其进行非递减排序的过程。

**解** 由题可知,$n=10$($n$ 为关键字个数),$r=10$($r$ 为基数,即待排序关键字是十进制数,需要建立 10 个队列),$d=3$($d$ 为关键字的最大位数,排序需进行 3 趟)。排序序列采用链式存储结构,初始顺序为给定的关键字顺序,如图 9.13(a)所示。

p → 278 → 109 → 63 → 930 → 589 → 184 → 505 → 269 → 8 → 83

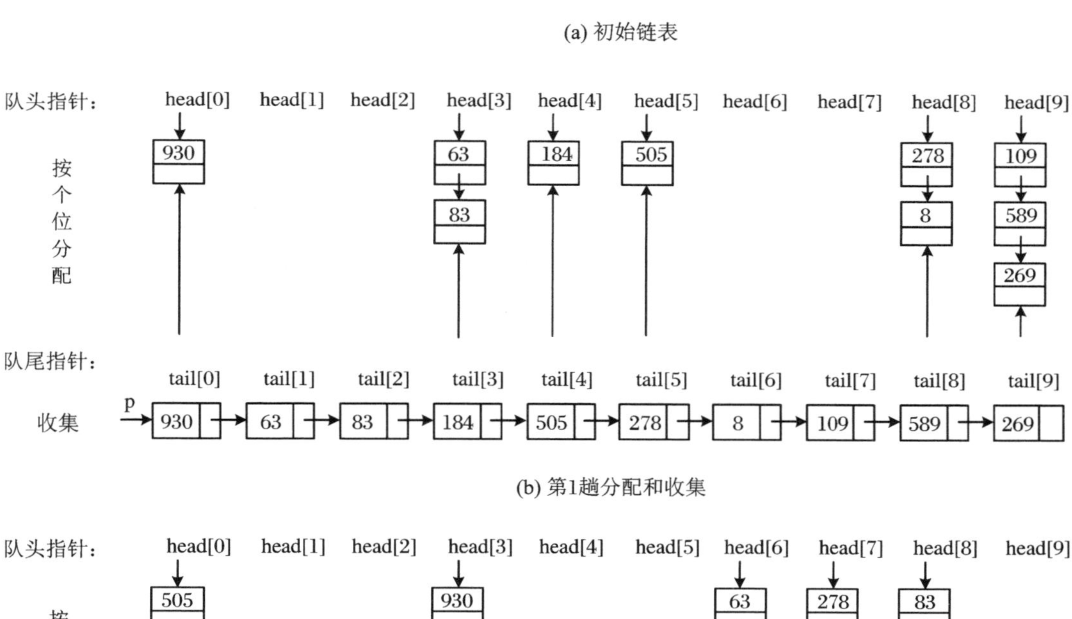


(b) 第1趟分配和收集

队头指针:　head[0] head[1] head[2] head[3] head[4] head[5] head[6] head[7] head[8] head[9]

按十位分配:　505 → 8 → 109;　930;　63 → 269;　278;　83 → 184 → 589

队尾指针:　tail[0] tail[1] tail[2] tail[3] tail[4] tail[5] tail[6] tail[7] tail[8] tail[9]

收集:　p → 505 → 8 → 109 → 930 → 63 → 269 → 278 → 83 → 184 → 589

(c) 第2趟分配和收集

**图 9.13　基数排序过程**

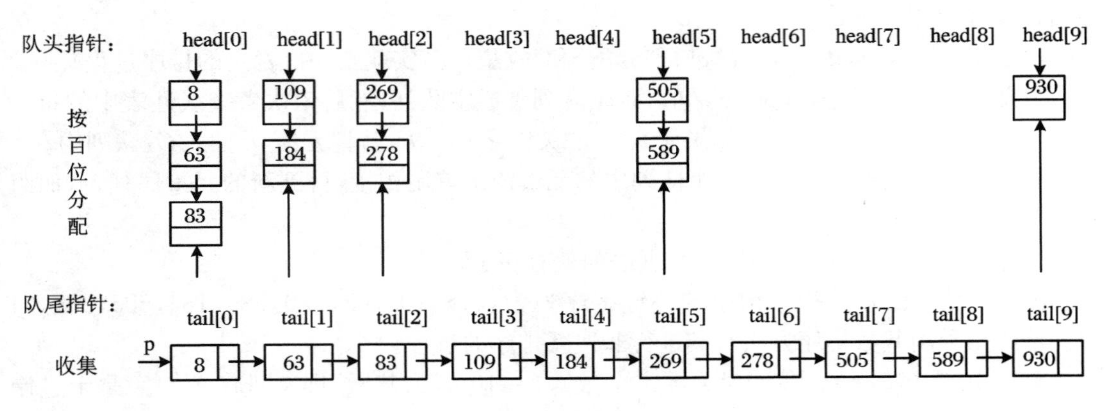


(d) 第3趟分配和收集

**图 9.13 基数排序过程(续)**

由于各关键字都是十进制数,所以需要构建 10 个空队列,然后依次考查每个关键字,先按照个位数字将这些关键字"分配"到对应的队列中,比如,278 的个位数字是 8,所以将它插入 head[8]为队头指针的队列中;109 的个位数字是 9,所以将它插入 head[9]为队头指针的队列中;其他各关键字以此类推,tail[0]~tail[9]分别为各队列的队尾指针。所有关键字入队后,再对各队列中的关键字进行"收集",即将它们依次首尾相接,得到一个新的关键字序列,组成一个新的链表,如图 9.13(b)所示。在此基础上,可继续按照十位数字和百位数字进行"分配"和"收集",其过程如图 9.13(c)和 9.13(d)所示。

**2. 算法描述**

在基数排序中,每个元素多次进出队列,如果采用顺序存储结构,则需要大量元素的移动,而采用链式存储结构时,只需要修改相关指针域。所以这里将排序序列采用链式存储结构。

假设待排序的数据序列存放在以 p 为首结点指针的单链表中,其结点类型 NodeType 的声明如下:

```
typedef struct node
{   char data[MAXD];                  /* MAXD 为最大的关键字位数 */
    struct node *next;                /* 指向下一个结点 */
}NodeType;                            /* 基数排序数据的结点类型 */
```

其中,data 域存放关键字,它是一个字符数组,data[0..MAXD-1]依次存放关键字的低位到高位的各数字字符,关键字的实际位数由参数 $d$ 指定。

以下基数排序算法 RadixSort(p,r,d)实现 LSD 方法,其中参数 p 为存储的待排序序列的单链表的指针,$r$ 为基数,$d$ 为关键字位数。

```
voidRadixSort(NodeType *&p, int r, int d)               /* LSD 基数排序算法 */
{   NodeType  *head[MAXR], *tail[MAXR], *t;  /* 定义各链队的首尾指针 */
    int i, j, k;
    for (i=0; i<=d-1; i++)                              /* 从低位到高位循环 */
    {   for (j=0; j<r; j++)                             /* 初始化各链队的队首和队尾指针 */
            head[j]=tail[j]=NULL;
```

```
        while (p! = NULL)                         /* 分配:对于原链表中每个结点循环 */
        {   k = p->data[i] - '0';                 /* 找第 k 个链队 */
            if (head[k] = = NULL)                 /* 第 k 个链队空时,队首、队尾均指向结点 p */
            {   head[k] = p;
                tail[k] = p;
            }
            else                                  /* 第 k 个链队非空时,结点 p 进队 */
            {   tail[k] -> next = p;
                tail[k] = p;
            }
            p = p -> next;                        /* 取下一个待排序的元素 */
        }
        p = NULL;                                 /* 重新用 p 来收集所有结点 */
        for (j = 0; j<r; j + +)                   /* 收集:对于每一个链队循环 */
            if (head[j]!  = NULL)                 /* 若第 j 个链队是第一个非空链队 */
            {   if (p = = NULL)
                {   p = head[j];
                    t = tail[j];
                }
                else                              /* 若第 j 个链队是第一个非空链队 */
                {   t -> next = head[j];
                    t = tail[j];
                }
            }
        t -> next = NULL;                         /* 最后一个结点的 next 域置 NULL */
    }
}
```

**3. 算法分析**

在基数排序过程中共进行了 $d$ 趟“分配”和“收集”。每一趟中“分配”过程需要扫描所有结点,而“收集”过程是按队列进行的,所以一趟的执行时间是 $O(n+r)$,因此基数排序的时间复杂度是 $O(d(n+r))$。

在基数排序中,第一趟排序需要创建 $r$ 个队列,以后的各趟排序中重复使用这些队列,辅助空间为 $2r$ 个队列指针,另外由于需要用链表作为存储结构,这相对于其他以顺序结构存储记录的排序方法而言,又增加了 $n$ 个指针域的空间,所以空间复杂度为 $O(n+r)$。

另外,在基数排序中使用的是队列,由于队列具有先进先出的特性,这就保证了排在后面的元素只能排在前面相同关键字元素的后面,它们的相对位置不会发生改变,因此基数排序是一种稳定的排序算法。

# 9.7 内排序方法的比较

本章介绍了多种内排序方法，包括插入排序中的直接插入排序、折半插入排序和希尔排序，交换排序中的冒泡排序和快速排序，选择排序中的简单选择排序和堆排序，以及归并排序和基数排序。在学习这些排序算法时，应关注每种排序算法的基本思想、算法描述、时间复杂度、空间复杂度及稳定性。在具体应用中，应能根据待排序关键字序列的规模、存储结构、关键字的初始排列情况以及实际问题对算法性能的各方面要求，选择较为合适的排序算法。

为了便于对本章介绍的各种排序算法的性能进行全面的比较，表 9.1 列出了这些算法的时间复杂度、空间复杂度及稳定性。

**表 9.1 排序方法的比较**

| 排序方法 | 时间复杂度 | | | 空间复杂度 | 稳定性 |
|---|---|---|---|---|---|
| | 最好情况 | 最坏情况 | 平均情况 | | |
| 直接插入排序 | $O(n)$ | $O(n^2)$ | $O(n^2)$ | $O(1)$ | 稳定 |
| 折半插入排序 | $O(n\log_2 n)$ | $O(n^2)$ | $O(n^2)$ | $O(1)$ | 稳定 |
| 希尔排序 | — | — | $O(n^{1.3})$ | $O(1)$ | 不稳定 |
| 冒泡排序 | $O(n)$ | $O(n^2)$ | $O(n^2)$ | $O(1)$ | 稳定 |
| 快速排序 | $O(n\log_2 n)$ | $O(n^2)$ | $O(n\log_2 n)$ | $O(\log_2 n)$ | 不稳定 |
| 简单选择排序 | $O(n^2)$ | $O(n^2)$ | $O(n^2)$ | $O(1)$ | 不稳定 |
| 堆排序 | $O(n\log_2 n)$ | $O(n\log_2 n)$ | $O(n\log_2 n)$ | $O(1)$ | 不稳定 |
| 归并排序 | $O(n\log_2 n)$ | $O(n\log_2 n)$ | $O(n\log_2 n)$ | $O(n)$ | 稳定 |
| 基数排序 | $O(d(n+\mathrm{r}))$ | $O(d(n+\mathrm{r}))$ | $O(d(n+\mathrm{r}))$ | $O(n+\mathrm{r})$ | 稳定 |

通过表 9.1 可以看出，算法实现较简单的直接插入排序、折半插入排序、冒泡排序和简单选择排序的时间效率较低，而算法较复杂的其他几种排序算法则时间效率较高。空间复杂度较高的快速排序、归并排序和基数排序都是时间效率高的算法。各种算法各有优缺点，在实际应用中应权衡多种因素进行选择，需考虑的主要因素包括：数据表的规模、稳定性要求、数据表的存储结构和初始状态等。

**1. 数据表的规模**

当待排序数据表的规模较大时，应选择时间效率高的排序算法，其中快速排序法速度最快，被认为是目前基于比较的排序方法中最好的方法。当待排序的记录是随机分布时，快速排序的平均时间最短，但快速排序有可能出现最坏情况，其时间复杂度为 $O(n^2)$，且递归深度为 $n$，即所需栈空间为 $O(n)$。当待排序数据表规模较小时，则采用简单的选择排序比较合适，如直接插入排序或简单选择排序。由于直接插入排序法所需记录的移动较多，当空间的要求比较容易满足时，可以采用插入排序法减少记录的移动。

**2. 稳定性要求**

若排序关键字为主关键字，则无需考虑排序算法的稳定性；若排序关键字为次关键字，则通常需要选择稳定的排序算法。

**3. 数据表的存储结构**

本章介绍的所有排序算法，虽然多数都是采用顺序表实现的，但直接插入排序、冒泡排序、简单选择排序和归并排序等算法均可以方便地应用于链表上。特别是当数据表中记录个数较多且频繁进行增删操作时，可考虑采用链式存储结构实现。但是本章介绍的某些排序算法，如折半插入排序、希尔排序、快速排序和堆排序难以在链表上实现。

**4. 数据表的初始状态**

大多数排序算法效率的高低与待排序的数据表初始状态相关。例如，当数据表初始状态基本有序时，采用直接插入排序、冒泡排序这样的简单排序算法即可实现高效的排序，而采用快速排序则速度较慢。当数据表初始状态分布均匀时，采用快速排序可以取得较高的效率。